Beiträge zur Numerischen Mathematik 1

Beiträge zur Numerischen Mathematik 1

Herausgegeben von
Frieder Kuhnert und Jochen W. Schmidt

R. Oldenbourg Verlag München Wien 1974

Lizenzausgabe für den R. Oldenbourg Verlag, München–Wien
Printed in the German Democratic Republic
Lizenz-Nr. 206 · 435/194/74
Gesamtherstellung: IV/2/14 VEB Druckerei »Gottfried Wilhelm Leibniz«,
445 Gräfenhainichen/DDR · 3892
ISBN: 3-486-34401-3

Geleitwort

Die Anwendung mathematischer Erkenntnisse in anderen Wissenschaftszweigen, in der Technik und in weiten Bereichen der Volkswirtschaft ist in den meisten Fällen in irgendeiner Weise mit dem Begriff „Numerische Mathematik" verbunden. Der numerische Algorithmus als zentraler Begriff der Numerischen Mathematik soll deshalb auch der inhaltlichen Gestaltung der Zeitschriftenreihe zugrunde liegen. Dabei sollen alle Aspekte des numerischen Algorithmus, wie etwa seine Herkunft, Begründung, Konvergenz, Realisierung, Testung und Anwendung, in gleichem Maße in der Zeitschriftenreihe erörtert werden können.

Die Herausgeber

Hinweise für Autoren

Zur Veröffentlichung vorgesehene Manuskripte (in deutscher, englischer, französischer und russischer Sprache) sind in einwandfrei leserlicher und druckfertiger Form (Schreibmaschinenoriginal mit einer Kopie, zweizeilig, Formeln gut leserlich) einzureichen an Prof. Dr. F. KUHNERT, Sektion Mathematik der Technischen Hochschule Karl-Marx-Stadt, DDR-9023 Karl-Marx-Stadt, Reichenhainer Str. 41, oder Prof. Dr. J. W. SCHMIDT, Sektion Mathematik der Technischen Universität Dresden, DDR-8027 Dresden, Zellescher Weg 12–14.

Herausgeber und Verlag bitten, unbedingt die folgenden Auszeichnungsregeln zu beachten: Kursive (schräge) Buchstaben sind blau zu unterstreichen, halbfett kursive zweimal blau; griechische Buchstaben rot; Fraktur grün; Schreibschrift gelb; grotesk braun; kursiver Text blau; Sperrung gestrichelt; Kleindruck ist durch grünen Strich am linken Rand zu kennzeichnen.

Formelzähler sind an den rechten Rand zu stellen. Die Autoren werden gebeten, durch Benutzung geeigneter Abkürzungen komplizierte Formelausdrücke zu vermeiden. Abbildungen sind dem Manuskript gesondert beizufügen. Der Literaturnachweis ist in eckiger Klammer durchzunumerieren. Im Text ist auf die Literatur mit der Ziffer in eckiger Klammer zu verweisen. Je nachdem, ob Literaturhinweise aus Büchern, Zeitschriften oder Sammelwerken erfolgen, ist nach folgenden Mustern zu verfahren:

[1] FADDEJEW, D. K., und W. N. FADDEJEWA, Numerische Methoden der linearen Algebra, 3. Aufl., VEB Deutscher Verlag der Wissenschaften, Berlin 1973 (Übersetzung aus dem Russischen). FADDEJEW, D. K., und W. N. FADDEJEWA, Numerische Methoden der linearen Algebra, 3. Aufl., R. Oldenbourg Verlag, München–Wien 1973 (Übersetzung aus dem Russischen).

[2] SCHMIDT, J. W., Defektabschätzungen bei Differenzenverfahren, ZAMM **46** (1966), 17–39.

[3] TEMPLE, G., Linearization and delinearization. In: Proceedings of the International Congress of Mathematicians 1958, Cambridge 1960, p. 233–247.

[4] Ульм, С., Принцип мажорант и метод хорд, Изв. АН ЭстССР, Физ.-матем., 13 (1964), 217–227.

Die Korrekturen sind spätestens 5 Tage nach Eingang an Prof. Dr. F. KUHNERT (Anschrift s. o.) zu senden. Durch nachträgliche Änderungen entstehende zusätzliche Korrekturkosten sind vom Autor zu tragen.

Die Verfasser erhalten von ihren Arbeiten 50 Sonderdrucke sowie ein Exemplar des gesamten Heftes unentgeltlich. Bei zwei und mehr Autoren einer Arbeit erhält jeder Autor ein Belegexemplar des Heftes; die 50 Sonderdrucke sind nach eigenem Ermessen unter die Autoren zu verteilen.

Inhalt

Beiträge zur Numerischen Mathematik
1 (1974), 9–42

Untersuchungen zur Einschließung der Lösungen von Systemen gewöhnlicher Differentialgleichungen[1])

KARL-HEINZ BACHMANN

1. Ein Einschließungsverfahren für Anfangswertaufgaben

1.1. *Einleitung*

Zur Fehlerabschätzung bei der genäherten Lösung von Differentialgleichungen sind Iterationsverfahren gut geeignet, da hierfür allgemeine Abschätzungssätze bekannt sind. Um derartige meist für die Lösung von Gleichungen in Banachräumen hergeleitete Sätze bei Diskretisierungsverfahren nutzen zu können, ist es erforderlich, aus punktweise verfügbaren Näherungen Näherungsfunktionen zu konstruieren. Verwendet man eine solche Funktion als Anfangselement einer Iteration, so lassen sich weitere Näherungen ermitteln und Aussagen über ihre Fehler machen. Ein von J. SCHRÖDER angegebener Einschließungssatz [2] liefert in Verallgemeinerung des Iterationsverfahrens Folgen von unteren und oberen Schranken. Dieser Einschließungssatz soll hier zur Lösung der Anfangswertaufgabe für Systeme gewöhnlicher Differentialgleichungen angewandt werden.

1.2. *Bezeichnungen*

Es bezeichne I das reelle abgeschlossene Intervall $[t_0, T]$, R sei der Raum von n-tupeln stetig differenzierbarer Funktionen von $t \in I$. Die Komponenten eines Elementes $x \in R$ seien mit $x^{(1)}(t), \ldots, x^{(n)}(t)$ bezeichnet. Über R sei eine Halbordnung definiert:

$$x \leqq y, \text{ falls } x^{(i)}(t) \leqq y^{(i)}(t) \quad \text{für alle} \quad t \in I \quad \text{und} \quad i = 1, \ldots, n. \tag{1}$$

N sei ein n-dimensionaler reeller normierter Vektorraum, ein Vektor $v \in N$ habe die Komponenten $v^{(1)}, \ldots, v^{(n)}$. Als Norm wird hier die Maximumnorm

---

[1]) Gekürzte Fassung der 1970 von der Technischen Universität Dresden angenommenen Habilitationsschrift des Verfassers. Den Referenten, Herrn Prof. Dr. N. J. LEHMANN, Herrn Prof. Dr. G. OPITZ und Herrn Prof. Dr. J. W. SCHMIDT sei auch an dieser Stelle für ihre Unterstützung durch wertvolle Hinweise gedankt.

$\|v\| = \max_i |v^{(i)}|$ verwendet. Es lassen sich jedoch auch mit anderen Vektornormen den hergeleiteten Abschätzungen entsprechende Resultate erzielen.

Betrachtet wird das Anfangswertproblem

$$y' = \frac{dy}{dt} = f(y, t), \quad y(t_0) = y_0 \in W \subset N. \tag{2}$$

W ist ein n-dimensionales Teilgebiet von N, f eine Abbildung von $N \times I$ in N. Die Funktion f genüge in einer Kugel $K \subset W$ der Lipschitzbedingung

$$\begin{aligned} &\|f(w, t) - f(v, t)\| \leqq L\|w - v\|, \\ &w \in K,\ v \in K,\ K = \{y : \|y - y_0\| \leqq r_0,\ r_0 > 0\},\ L > 0. \end{aligned} \tag{3}$$

Jedes der Anfangswertprobleme

$$\begin{aligned} &u' = f(u, t),\ u(t_0) = u_0 \in K', \\ &K' = \{y : \|y - y_0\| \leqq r_1 < r_0,\ r_1 > 0\} \end{aligned} \tag{4}$$

ist dann für genügend kleines $t - t_0$ eindeutig lösbar. Durch

$$T\,u = u(t_0) + \int_{t_0}^{t} f(u(s), s)\, ds \tag{5}$$

wird ein Operator T definiert, der eine Teilmenge von R in R abbildet. Die Lösung eines Anfangswertproblems (4) kann für genügend kleines $t - t_0$ durch das Picardsche Iterationsverfahren

$$\begin{aligned} &u_{j+1} = T\,u_j \quad (j = 1, 2, \ldots) \\ &u_1 \in R, \quad u_1(t_0) = u_0, \quad u_1(t) \in K \quad \text{für} \quad t \in I \end{aligned} \tag{6}$$

bestimmt werden.

1.3. *Fehlerschranken*

Aus der Iterationsvorschrift (6) lassen sich leicht Fehlerschranken ableiten. Es gilt

$$\begin{aligned} \|u_3(t) - u_2(t)\| &= \left\| \int_{t_0}^{t} [f(u_2(s), s) - f(u_1(s), s)]\, ds \right\| \\ &\leqq \int_{t_0}^{t} \|f(u_2(s), s) - f(u_1(s), s)\|\, ds \\ &\leqq \int_{t_0}^{t} L\|u_2(s) - u_1(s)\| ds \leqq L\,\varepsilon(t - t_0), \end{aligned} \tag{7}$$

falls $\|u_2(s) - u_1(s)\| \leqq \varepsilon$ für $s \in [t_0, t] \subset I$.

Durch Induktionsschluß folgt

$$\|u_{j+1}(t) - u_j(t)\| \leqq \int_{t_0}^{t} L\|u_j(s) - u_{j-1}(s)\|ds \leqq L^{j-1}\,\varepsilon\,\frac{(t-t_0)^{j-1}}{(j-1)!}, \tag{8}$$

$$\begin{aligned}\|u_{j+m}(t) - u_j(t)\| &\leqq \sum_{r=1}^{m} \|u_{j+r}(t) - u_{j+r-1}(t)\| \\ &\leqq L^{j-1}\,\varepsilon\,\frac{(t-t_0)^{j-1}}{(j-1)!}\,e^{L(t-t_0)}.\end{aligned} \tag{9}$$

Diese Ungleichungen gelten, solange alle $u_j(t)$ in K liegen, also wegen der Stetigkeit der $u_j(t)$ für genügend kleines $t - t_0$. Für diese t konvergiert die Folge der $u_j(t)$ sowohl hinsichtlich der Norm als auch komponentenweise gleichmäßig gegen eine Funktion $U(t)$, die die gesuchte Lösung des Anfangswertproblems (4) ist. Aus (9) folgt für $j = 2$ und $m \to \infty$ die Abschätzung

$$\begin{aligned}\|U(t) - u_2(t)\| &\leqq \sum_{r=1}^{\infty} \|u_{2+r}(t) - u_{1+r}(t)\| \leqq \varepsilon \sum_{r=1}^{\infty} \frac{(L(t-t_0))^r}{r!} \\ &= \varepsilon(e^{L(t-t_0)} - 1).\end{aligned} \tag{10}$$

Ist statt der in (7) benutzten Abschätzung $\|u_2(s) - u_1(s)\| \leqq \varepsilon$ eine Abschätzung der Form

$$\|u_2(s) - u_1(s)\| \leqq \sigma(s - t_0) \quad \text{für} \quad s \in [t_0, t] \subset I \tag{11}$$

bekannt, so folgt

$$\|u_3(t) - u_2(t)\| \leqq \frac{1}{2} L\,\sigma(t-t_0)^2, \tag{12}$$

$$\|U(t) - u_2(t)\| \leqq \frac{\sigma}{L}(e^{L(t-t_0)} - L(t-t_0) - 1), \tag{13}$$

$$\|U(t) - u_1(t)\| \leqq \frac{\sigma}{L}(e^{L(t-t_0)} - 1). \tag{14}$$

Diese Form entspricht der von TOLLMIEN [3] angegebenen Abschätzung für das Anfangswertproblem bei einer gewöhnlichen Differentialgleichung erster Ordnung.

Zweckmäßig benutzt man zur Rechnung den Defekt der Näherungslösung $u_1(t)$

$$d(t; u_1) = f(u_1(t), t) - u_1'(t). \tag{15}$$

Dann gilt

$$u_2(t) - u_1(t) = \int_{t_0}^{t} d(s; u_1)\,ds \tag{16}$$

und

$$\begin{aligned}\|u_2(t) - u_1(t)\| &= \left\|\int_{t_0}^{t} d(s; u_1)\,ds\right\| \leqq \int_{t_0}^{t} \|d(s; u_1)\|\,ds \\ &\leqq \max_{s \in [t_0, t]} \|d(s; u_1)\| \cdot (t - t_0).\end{aligned} \tag{17}$$

Je nach den über den Defekt $d(t;u_1)$ vorliegenden Informationen läßt sich eine der in den Abschätzungen verwendeten Konstanten ε oder σ berechnen.

Wird das betrachtete Anfangswertproblem schrittweise genähert gelöst, so ist der Anfangsvektor für einen Integrationsschritt höchstens beim ersten Schritt genau bekannt. Im allgemeinen ist der Anfangsvektor als Resultat des vorhergehenden genäherten Integrationsschrittes fehlerbehaftet. Die Norm der Differenz der Lösungen $Y(t)$ und $U(t)$ der benachbarten Anfangswertprobleme (2) und (4) kann für genügend kleines $t - t_0$ abgeschätzt werden durch

$$\|Y(t) - U(t)\| \leqq r_1\, e^{L(t-t_0)}. \tag{18}$$

Beweis. Die Iteration $y_{n+1} = T\, y_n$ führt ausgehend von

$$y_1(t) = U(t) + y_0 - u_0 \tag{19}$$

zu

$$\begin{aligned} \|y_2(t) - U(t)\| &\leqq \|y_0 - u_0\| + \int_{t_0}^{t} \|f(y_1(s), s) - f(U(s), s)\| ds \\ &\leqq \|y_0 - u_0\| + \int_{t_0}^{t} L\|y_0 - u_0\| ds \\ &\leqq r_1 + L\, r_1 (t - t_0) \end{aligned} \tag{20}$$

und

$$\begin{aligned} \|y_{n+1}(t) - U(t)\| &\leqq \|y_0 - u_0\| + \int_{t_0}^{t} \|f(y_n(s), s) - f(U(s), s)\| ds \\ &\leqq \|y_0 - u_0\| + L \int_{t_0}^{t} \|y_n(s) - U(s)\| ds \\ &\leqq r_1 \sum_{k=0}^{n} \frac{L^k (t - t_0)^k}{k!} \leqq r_1 \cdot e^{L(t-t_0)}. \end{aligned} \tag{21}$$

Wegen $\lim\limits_{n\to\infty} y_n(t) = Y(t)$ folgt daraus (18).

Die Norm der Differenz zwischen einer berechneten Näherungslösung $\tilde{U}(t)$ des Anfangswertproblems (4) und der Lösung $Y(t)$ des Anfangswertproblems (2) kann abgeschätzt werden durch

$$\|\tilde{U}(t) - Y(t)\| \leqq \|\tilde{U}(t) - U(t)\| + \|U(t) - Y(t)\|. \tag{22}$$

Der an der Stelle t_r berechnete Näherungsvektor $\tilde{U}(t_r)$ sei abkürzend mit $\tilde{u}_r$ bezeichnet, eine Abschätzung $\|\tilde{u}_r - Y(t_r)\| \leqq \delta_r$ sei bekannt. Die Lösung des Anfangswertproblems

$$u' = f(u, t), \qquad u(t_r) = \tilde{u}_r \tag{23}$$

sei mit $U_r(t)$ bezeichnet. An der Stelle $t_{r+1} = t_r + h$ $(h > 0)$ gilt dann die Abschätzung

$$\|\tilde{u}_{r+1} - Y(t_{r+1})\| \leqq \delta_r\, e^{Lh} + \|\tilde{u}_{r+1} - U_r(t_{r+1})\| = \delta_{r+1}, \tag{24}$$

wobei $\tilde{u}_{r+1}$ durch genäherte Lösung des Anfangswertproblems (23) an der Stelle t_{r+1} berechnet wird. Geschieht diese Berechnung mittels eines oder zweier Schritte des Iterationsverfahrens, so kann $\|\tilde{u}_{r+1} - U_r(t_{r+1})\|$ durch eine der Formeln (10), (13) oder (14) abgeschätzt werden. (24) stellt somit eine rekurrente Fehlerabschätzung für das Anfangswertproblem (2) dar. Die darin enthaltene Exponentialfunktion mit dem positiven Exponenten $L\,h$ bewirkt, daß diese Fehlerabschätzung für praktische Zwecke bei einer größeren Zahl von Integrationsschritten durch ihr starkes Wachstum unbrauchbar ist, sofern nicht die exakte Lösung ein ähnliches Wachstumsverhalten zeigt.

1.4. *Einschließungssatz*

Mittels eines von J. Schröder stammenden Einschließungssatzes [2], der im wesentlichen auf einer Zerlegung des Iterationsoperators in monotone Anteile beruht, jedoch allgemeiner formuliert wurde, lassen sich Fehlerschranken verbessern. Der Einschließungssatz lautet in einer speziellen Fassung:

Es sei P ein reeller halbgeordneter linearer Raum, $\langle v, w\rangle$ bezeichne die Menge aller $u \in P$ mit $v \leqq u \leqq w$; S sei ein Operator, der $\langle v, w\rangle$ in P abbildet. Es existiere eine für $u_1 \in \langle v, w\rangle$ und $u_2 \in \langle v, w\rangle$ definierte Funktion $H(u_1, u_2)$ mit den Eigenschaften

(A) $H(u, u) = S\,u,$

(B) $H(u_1, v_1) \leqq H(u_2, v_2)$ *für* $u_1 \leqq u_2$ *und* $v_2 \leqq v_1.$

Es seien weiter zwei Elemente $x \in \langle v, w\rangle$ und $z \in \langle v, w\rangle$ bekannt, für die

(V 1) $x \leqq z, \quad x \leqq H(x, z), \quad H(z, x) \leqq z$

gilt. Falls ein Fixpunktsatz eine eindeutige Lösung y der Gleichung $u = S\,u$ garantiert, wird diese Lösung durch

(C) $H(x, z) \leqq y \leqq H(z, x)$

eingeschlossen.

Ist bereits bekannt, daß

(V 2) $x \leqq y \leqq z$

gilt, so kann auf die Voraussetzung (V 1) verzichtet werden. Aus den Eigenschaften (A) und (B) folgt dann

$$\left.\begin{aligned} &H(x, z) \leqq H(x, y) \leqq H(y, y) = y,\\ &y = H(y, y) \leqq H(z, y) \leqq H(z, x). \end{aligned}\right\} \tag{25}$$

Es kann vorkommen, daß $H(x, z)$ in diesem Fall eine schlechtere untere Schranke für y ist als x, z. B. wird für $x = y$

$$H(x, z) = H(y, z) \leqq H(y, y) = y = x. \tag{26}$$

Entsprechend gilt für $z = y$ die Ungleichung

$$z = y = H(y, y) \leqq H(y, x) = H(z, x). \tag{27}$$

Unter der Voraussetzung (V 2) sind also $H(x, z)$ und $H(z, x)$ nicht immer verbesserte Schranken für y. Um die praktisch schwierige Überprüfung von (V 1) zu vermeiden, wird im folgenden nur vorausgesetzt, daß (V 2) erfüllt ist.

1.5. *Anwendung des Einschließungssatzes*

Zur Anwendung des Einschließungssatzes zur Lösung des Anfangswertproblems (2) ist eine Funktion H zu konstruieren, die die Eigenschaften (A) und (B) aus 1.4. hat. Zusätzlich gelte noch die Voraussetzung:

(V 3) $f(v, t)$ hat für $v \in K$, $t \in I$ stetige partielle Ableitung erster Ordnung und nicht wechselnden Vorzeichens nach den Komponenten von v.

Als Abkürzung wird

$$s_{ik} = \operatorname{sign}\left(\frac{\partial f^{(i)}(v, t)}{\partial v^{(k)}}\right) \quad \text{für} \quad v \in K, \quad t \in I, \quad k = 1, \ldots, n \tag{28}$$

verwendet. Die Funktion $H(x, z)$ wird definiert durch

$$H(x, z) = x(t_0) + \int_{t_0}^{t} g(x(s), z(s), s)\, ds, \tag{29}$$

wobei

$$g^{(i)}(x(s), z(s)\, s) = f^{(i)}(r_i(s), s)$$
$$\text{mit} \quad r_i^{(k)}(s) = \begin{cases} x^{(k)}(s) & \text{für} \quad s_{ik} \geqq 0, \\ z^{(k)}(s) & \text{für} \quad s_{ik} < 0. \end{cases} \tag{30}$$

Für $x = z = u$ wird $H(u, u) = T\,u$, also hat H die Eigenschaft (A) für den Operator T. Die Eigenschaft (B) läßt sich ebenfalls leicht nachweisen:

$$H(u_2, v_2) - H(u_1, v_1)$$
$$= u_2(t_0) - u_1(t_0) + \int_{t_0}^{t} [g(u_2(s), v_2(s), s) - g(u_1(s), v_1(s), s)]\, ds, \tag{31}$$

$$g^{(i)}(u_2(s), v_2(s), s) - g^{(i)}(u_1(s), v_1(s), s)$$
$$= f^{(i)}(r_{2i}(s), s) - f^{(i)}(r_{1i}(s), s) = \sum_{k=1}^{n} (r_{2i}^{(k)}(s) - r_{1i}^{(k)}(s)) \left.\frac{\partial f^{(i)}}{\partial v^{(k)}}\right|_M. \tag{32}$$

In (32) sind die Werte der auftretenden partiellen Ableitungen an einer Mittelstelle zwischen $r_{2i}(s)$ und $r_{1i}(s)$ zu nehmen. Die $r_{2i}(s)$ und $r_{1i}(s)$ stimmen komponentenweise mit $u_2(s)$ bzw. $v_2(s)$ und $u_1(s)$ bzw. $v_1(s)$ entsprechend den Werten der s_{ik} überein. Aus $u_1 \leqq u_2$ und $v_2 \leqq v_1$ folgt

$$\left.\begin{aligned} r_{2i}^{(k)}(s) - r_{1i}^{(k)}(s) &= u_2^{(k)}(s) - u_1^{(k)}(s) \geqq 0 \quad \text{für} \quad s_{ik} \geqq 0, \\ r_{2i}^{(k)}(s) - r_{1i}^{(k)}(s) &= v_2^{(k)}(s) - v_1^{(k)}(s) \leqq 0 \quad \text{für} \quad s_{ik} < 0. \end{aligned}\right\} \tag{33}$$

Die einzelnen Summanden in (32) sind daher nicht negativ. Somit folgt wegen $u_2(t_0) \geqq u_1(t_0)$ die Eigenschaft (B) direkt aus (31). Da die Gleichung $u = Tu$ einen eindeutig bestimmten Fixpunkt hat, ist der Einschließungssatz anwendbar. Als Ausgangsfunktionen können nach 1.3. gewonnene Schranken x und z benutzt werden.

1.6. *Wachstum der Fehlerschranken*

Maßgebend für die Güte der neuen Schranken $x_1 = H(x, z)$ und $z_1 = H(z, x)$ ist das Wachstum der Differenz $z_1(t) - x_1(t)$ mit t. Zur Untersuchung der Differenz $z_1(t) - x_1(t)$ werden folgende Bezeichnungen eingeführt:

$$\left.\begin{aligned} \delta^{(k)} &= \min_{s \in [t_0, t]} \left(z^{(k)}(s) - x^{(k)}(s)\right), \\ \Delta^{(k)} &= \max_{s \in [t_0, t]} \left(z^{(k)}(s) - x^{(k)}(s)\right). \end{aligned}\right\} \tag{34}$$

Weiter sei die partielle Ableitung $\dfrac{\partial f^{(i)}}{\partial v^{(k)}}(v, s)$ abkürzend mit $f_{ik}(v, s)$ bezeichnet.

Die i-te Komponente $x_1^{(i)}(t)$ von $x_1(t)$ läßt sich darstellen als

$$\begin{aligned} x_1^{(i)}(t) &= x^{(i)}(t_0) + \int_{t_0}^{t} g^{(i)}(x(s), z(s), s)\, ds \\ &= x^{(i)}(t_0) + \int_{t_0}^{t} f^{(i)}(r_i(s), s)\, ds \\ &= x^{(i)}(t_0) + \int_{t_0}^{t} \Big[f^{(i)}(x(s), s) + \sum_{k=1}^{n} f_{ik}(m_i(s), s) \cdot \delta_i^{(k)}(s)\Big]\, ds \end{aligned}$$

$$\begin{aligned} \text{mit} \quad & \delta_i^{(k)}(s) = r_i^{(k)}(s) - x^{(k)}(s), \\ & m_i(s) = x(s) + \vartheta\left(r_i(s) - x(s)\right), \quad 0 \leqq \vartheta \leqq 1. \end{aligned} \tag{35}$$

Für $s_{ik} \geqq 0$ stimmen $r_i(s)$ und $x(s)$ überein, daher bleiben von der in (35) vorkommenden Summe nur die Glieder mit negativem Vorzeichen von f_{ik} übrig. Die Summe über diese Glieder sei mit $\sum_k{}' f_{ik}\, \delta_i^{(k)}$ bezeichnet. Da dann $r_i^{(k)}(s) = z^{(k)}(s)$ gilt, entsteht

$$\begin{aligned} x_1^{(i)}(t) &= x^{(i)}(t_0) \\ &\quad + \int_{t_0}^{t} \Big[f^{(i)}(x(s), s) + \sum_k{}' f_{ik}(m_i, s)\left(z^{(k)}(s) - x^{(k)}(s)\right)\Big]\, ds. \end{aligned} \tag{36}$$

Da die $z^{(k)}(s) - x^{(k)}(s)$ nicht negativ sind, sind die einzelnen Summenglieder negativ oder Null, es folgt mit der Abkürzung φ_{ik} für $\min\limits_{s\in[t_0,t]} |f_{ik}(m_i, s)|$ die Abschätzung

$$\begin{aligned} x_1^{(i)}(t) &\leqq x^{(i)}(t_0) + \int_{t_0}^{t} f^{(i)}(x(s), s)\, ds - \sum_k{}' \delta^{(k)} \cdot \varphi_{ik}(t - t_0) \\ &= x_2^{(i)}(t). \end{aligned} \tag{37}$$

Analog läßt sich die Ungleichung

$$z_1^{(i)}(t) \geqq z^{(i)}(t_0) + \int_{t_0}^{t} f^{(i)}(z(s), s)\, ds + \sum_k{}' \delta^{(k)} \cdot \varphi_{ik}(t - t_0) = z_2^{(i)}(t) \tag{38}$$

herleiten. Hieraus folgt

$$\begin{aligned} z_1^{(i)}(t) - x_1^{(i)}(t) &\geqq z_2^{(i)}(t) - x_2^{(i)}(t) \\ &= z^{(i)}(t_0) - x^{(i)}(t_0) + \int_{t_0}^{t} [f^{(i)}(z(s), s) - f^{(i)}(x(s), s)]\, ds \\ &\quad + 2\,\psi_i(t - t_0) \\ \text{mit}\quad \psi_i &= \sum_k{}' \delta^{(k)} \cdot \varphi_{ik}, \end{aligned} \tag{39}$$

$$\begin{aligned} z_2^{(i)}(t) - x_2^{(i)}(t) &= z^{(i)}(t_0) - x^{(i)}(t_0) \\ &\quad + \int_{t_0}^{t} \sum_{k=1}^{n} f_{ik}(m_i^*(s), s)\,(z^{(k)}(s) - x^{(k)}(s))\, d\,s + 2\,\psi_i(t - t_0) \\ &\text{mit } m_i^*(s) = x(s) + \vartheta^*(z(s) - x(s)),\ 0 \leqq \vartheta^* \leqq 1. \end{aligned} \tag{40}$$

Die rechte Seite von (40) wird verkleinert, wenn aus der vorkommenden Summe die nichtnegativen Glieder weggelassen werden:

$$\begin{aligned} z_2^{(i)}(t) - x_2^{(i)}(t) &\geqq z^{(i)}(t_0) - x^{(i)}(t_0) \\ &\quad - \sum_k{}' \Phi_{ik}\, \Delta^{(k)}(t - t_0) + 2\,\psi_i(t - t_0) \\ \text{mit}\quad \Phi_{ik} &= \max_{s\in[t_0,t]} |f_{ik}(m_i^*(s), s)|. \end{aligned} \tag{41}$$

Zusammenfassend gilt also mit $\Psi_i = \sum\limits_k{}' \Phi_{ik}\, \Delta^{(k)}$

$$z_1^{(i)}(t) - x_1^{(i)}(t) \geqq z^{(i)}(t_0) - x^{(i)}(t_0) + (2\,\psi_i - \Psi_i)(t - t_0). \tag{42}$$

Im allgemeinen werden ψ_i und Ψ_i nur wenig verschieden sein, der Ausdruck $2\,\psi_i - \Psi_i$ wird also nicht negativ sein, die Differenz $z_1^{(i)}(t) - x_1^{(i)}(t)$ ist dann monoton wachsend. Wenn außerdem $z^{(i)}(t_0) - x^{(i)}(t_0)$ verschwindet, wird es sogar eine positive Konstante $\varkappa_i$ geben, mit der

$$2\,\psi_i - \Psi_i \geqq \varkappa_i\,(z^{(i)}(t_0) - x^{(i)}(t_0))$$

gilt,

Führt man noch die Bezeichnungen

$$\delta_0^{(i)} = z^{(i)}(t_0) - x^{(i)}(t_0), \qquad \delta_1^{(i)} = z_1^{(i)}(t_1) - x_1^{(i)}(t_1)$$

und $h = t_1 - t_0$ ein, so ergibt sich

$$\delta_1^{(i)} \geqq \delta_0^{(i)}(1 + \varkappa_i h). \tag{43}$$

Wenn $\varkappa_i$ positiv ist, wächst hiernach die Differenz $z_1^{(i)}(t) - x_1^{(i)}(t)$ bei schrittweise ausgeführter Integration exponentiell mit t. Bei nicht exponentiell wachsenden Lösungen erhält man also auch durch Anwendung des Einschließungssatzes in der beschriebenen Form für größere t praktisch unbrauchbare Schranken.

1.7. *Randlösungen*

Das ungünstige Wachstumsverhalten der erhaltenen Schranken beruht darauf, daß die Lösungen aller Anfangswertprobleme mit Anfangsvektoren aus einem Intervall

$$J = \{v : x_0 \leqq v \leqq z_0\} \subset N \tag{44}$$

gemeinsam abgeschätzt werden und daß die als Argumente auftretenden $r_i(s)$ an der Stelle $s = t_0$ im allgemeinen nicht mit $x(t_0)$ bzw. $z(t_0)$ übereinstimmen. Dadurch tritt in (36) das negative Glied

$$\sum_k{}' f_{ik}(m_i, s) \cdot (z^{(k)}(s) - x^{(k)}(s))$$

auf, welches bewirkt, daß $x_1^{(i)}(t)$ unter Umständen wesentlich zu klein wird. Ebenso kann $z_1^{(i)}(t)$ wesentlich zu groß werden. Unterteilt man das Intervall J in Teilintervalle kleineren Durchmessers und schätzt die Lösungen in diesen Teilintervallen einzeln ab, so ergeben sich günstigere Verhältnisse, da die Differenzen zwischen oberen und unteren Schranken der einzelnen Teilintervalle kleiner sind. Durch Maximum- bzw. Minimumbildung über alle Teilintervalle erhält man eine neue obere bzw. untere Schranke für die Lösungen aus dem gesamten Intervall. Dabei sind unter der Voraussetzung über die Vorzeichen der ersten partiellen Ableitungen (V 3) nur die am Rande liegenden Teilintervalle wesentlich, es zeigt sich sogar, daß nur Schranken für Lösungen durch Randpunkte oder Randmengen gebraucht werden.

Im folgenden soll die Abhängigkeit der Lösung $U(t; u_0)$ des Anfangswertproblems (4) vom Anfangsvektor u_0 untersucht werden. Betrachtet wird die i-te Lösungskomponente $U^{(i)}(t; u_0)$. Zunächst variiere nur die i-te Komponente des Anfangsvektors in einem Intervall

$$J_i(v_0) = \{v : v^{(k)} = v_0^{(k)} \text{ für } k \neq i,\ x_0^{(i)} \leqq v^{(i)} \leqq z_0^{(i)}\}, \qquad v_0 \in J. \tag{45}$$

Die Differenz der i-ten Komponenten zweier Lösungen mit Anfangsvektoren $v_1 \in J_i(v_0)$ und $v_2 \in J_i(v_0)$ ist

$$\begin{aligned} &U^{(i)}(t; v_1) - U^{(i)}(t; v_2) \\ &= v_1^{(i)} - v_2^{(i)} + \int_{t_0}^{t} [f^{(i)}(U(s; v_1), s) - f^{(i)}(U(s; v_2), s)]\, ds \\ &= v_1^{(i)} - v_2^{(i)} + \int_{t_0}^{t} \sum_{k=1}^{n} (U^{(k)}(s; v_1) - U^{(k)}(s; v_2)) f_{ik}(\mu_i(s), s)\, ds, \end{aligned} \tag{46}$$

wobei $\mu_i(s)$ eine mittlere Funktion zwischen $U(s; v_1)$ und $U(s; v_2)$ ist. Da die Maximumnorm benutzt wird, gilt $\sum |f_{ik}(\mu_i(s), s)| \leqq L$, und es folgt aus (3), (18) und (46) die Abschätzung

$$\begin{aligned} &U^{(i)}(t; v_1) - U^{(i)}(t; v_2) \\ &\geqq v_1^{(i)} - v_2^{(i)} - L \cdot \max_{s \in [t_0, t]} \| U(s; v_1) - U(s; v_2) \| \cdot (t - t_0) \\ &\geqq v_1^{(i)} - v_2^{(i)} - L \| v_1 - v_2 \| e^{L(t-t_0)} (t - t_0). \end{aligned} \tag{47}$$

Da sich die Anfangsvektoren v_1 und v_2 nur in der i-ten Komponente unterscheiden, gilt

$$\| v_1 - v_2 \| = | v_1^{(i)} - v_2^{(i)} | . \tag{48}$$

Wird nun $v_1^{(i)} > v_2^{(i)}$ vorausgesetzt, so läßt sich (47) in der Form

$$U^{(i)}(t; v_1) - U^{(i)}(t; v_2) \geqq (v_1^{(i)} - v_2^{(i)}) (1 - L(t - t_0) e^{L(t-t_0)}) \tag{49}$$

schreiben. Solange

$$L(t - t_0) e^{L(t-t_0)} \leqq 1 \tag{50}$$

gilt, ist demnach $U^{(i)}(t; v_1)$ nicht kleiner als $U^{(i)}(t; v_2)$. Bezeichnet man die beiden Randpunkte des Intervalls $J_i(v_0)$ mit $\underline{v}_0(\underline{v}_0^{(i)} = x_0^{(i)})$und $\bar{v}_0(\bar{v}_0^{(i)} = z_0^{(i)})$, so gilt unter der Voraussetzung (50) die Einschließung

$$U^{(i)}(t; \underline{v}_0) \leqq U^{(i)}(t; v) \leqq U^{(i)}(t; \bar{v}_0), \quad v \in J_i(v_0), \quad v_0 \in J. \tag{51}$$

Variiert v_0 in J, so variiert $\bar{v}_0$ auf dem Rand $\overline{\partial J_i}$ und $\underline{v}_0$ auf dem Rand $\underline{\partial J_i}$. Diese Randmengen sind definiert durch

$$\left.\begin{aligned} \overline{\partial J_i} &= \{v : x_0^{(k)} \leqq v^{(k)} \leqq z_0^{(k)} \quad \text{für} \quad k \neq i, \quad v^{(i)} = z_0^{(i)}\}, \\ \underline{\partial J_i} &= \{v : x_0^{(k)} \leqq v^{(k)} \leqq z_0^{(k)} \quad \text{für} \quad k \neq i, \quad v^{(i)} = x_0^{(i)}\}. \end{aligned}\right\} \tag{52}$$

Eine obere Schranke für alle $U^{(i)}(t; v)$ mit $v \in \overline{\partial J_i}$ ist also gleichzeitig obere Schranke für alle $U^{(i)}(t; v)$ mit $v \in J$. Entsprechendes gilt für eine untere Schranke für alle $U^{(i)}(t; v)$ mit $v \in \underline{\partial J_i}$.

Im folgenden variiere der Anfangsvektor auf der Randmenge $\overline{\partial J_i}$. Für zwei derartige Anfangsvektoren gilt

$$u_{01}^{(i)} - u_{02}^{(i)} = 0, \quad u_{01} \in \overline{\partial J_i}, \quad u_{02} \in \overline{\partial J_i}. \tag{53}$$

Die Differenz der zugehörigen i-ten Lösungskomponenten ist

$$U^{(i)}(t; u_{01}) - U^{(i)}(t; u_{02})$$
$$= \int_{t_0}^{t} \sum_{k=1}^{n} f_{ik}(\mu_i(s), s)\,(U^{(k)}(s; u_{01}) - U^{(k)}(s; u_{02}))\,ds. \tag{54}$$

Die vorkommenden Differenzen der k-ten Lösungskomponenten lassen sich entsprechend umformen:

$$U^{(k)}(s; u_{01}) - U^{(k)}(s; u_{02}) = u_{01}^{(k)} - u_{02}^{(k)} + \sigma^{(k)}(s), \tag{55}$$

$$\sigma^{(k)}(s) = \sum_{j=1}^{n} \int_{t_0}^{t} f_{kj}(\mu_k(\tau), \tau)\,(U^{(j)}(\tau; u_{01}) - U^{(j)}(\tau; u_{02}))\,d\tau. \tag{56}$$

Für $\sigma^{(k)}(s)$ ergibt sich mit der in (47) benutzten Methode die Abschätzung

$$|\sigma^{(k)}(s)| \leqq L(t - t_0)\,e^{L(t-t_0)}\|u_{01} - u_{02}\|. \tag{57}$$

Hiernach kann (54) in der Form

$$U^{(i)}(t; u_{01}) - U^{(i)}(t; u_{02}) = \sum_{k=1}^{n} \int_{t_0}^{t} f_{ik}(\mu_i(s), s)\,(u_{01}^{(k)} - u_{02}^{(k)})\,ds$$
$$+ \sum_{k=1}^{n} \int_{t_0}^{t} f_{ik}(\mu_i(s), s)\,\sigma^{(k)}(s)\,ds \tag{58}$$

geschrieben werden.

Es werde nun angenommen, daß sich u_{01} und u_{02} nur in der k_1-ten Komponente unterscheiden ($k_1 \neq i$):

$$u_{01}^{(k)} = u_{02}^{(k)} \quad \text{für} \quad k \neq k_1. \tag{59}$$

Dann gilt

$$\|u_{01} - u_{02}\| = |u_{01}^{(k_1)} - u_{02}^{(k_1)}|. \tag{60}$$

$$U^{(i)}(t; u_{01}) - U^{(i)}(t; u_{02}) = (u_{01}^{(k_1)} - u_{02}^{(k_1)}) \int_{t_0}^{t} f_{ik_1}(\mu_i(s), s)\,ds$$
$$+ \sum_{k=1}^{n} \int_{t_0}^{t} f_{ik}(\mu_i(s), s)\,\sigma^{(k)}(s)\,ds, \tag{61}$$

$$|\sigma^{(k)}(s)| \leqq L(t - t_0)\,e^{L(t-t_0)}|u_{01}^{(k_1)} - u_{02}^{(k_1)}|, \tag{62}$$

$$\left|\sum_{k=1}^{n} \int_{t_0}^{t} f_{ik}(\mu_i(s), s)\,\sigma^{(k)}(s)\,ds\right| \leqq \frac{1}{2} L^2(t - t_0)^2\,e^{L(t-t_0)}\,|u_{01}^{(k_1)} - u_{02}^{(k_1)}|. \tag{63}$$

Weiter werde

$$s_{ik_1} = \operatorname{sign}(f_{ik_1}) \neq 0 \tag{64}$$

vorausgesetzt. In Abhängigkeit von s_{ik_1} wird ein Vektor u_{011} gewählt:

$$\left.\begin{aligned} u_{011}^{(k)} &= u_{02}^{(k)} && \text{für} \quad k \neq k_1 \\ u_{011}^{(k_1)} &= \begin{cases} x_0^{(k_1)} & \text{für} \quad s_{ik_1} < 0, \\ z_0^{(k_1)} & \text{für} \quad s_{ik_1} > 0. \end{cases} \end{aligned}\right\} \tag{65}$$

Wegen

$$x_0^{(k_1)} \leqq u_{02}^{(k_1)} \leqq z_0^{(k_1)} \tag{66}$$

ist das erste Glied der rechten Seite von (61) nicht negativ, wenn u_{01} durch u_{011} ersetzt wird. Führt man noch die Bezeichnung

$$m_{ik_1} = \min_{s \in [t_0, t]} |f_{ik_1}(\mu_i(s), s)| \tag{67}$$

ein, so erhält man die Ungleichung

$$\begin{aligned} &U^{(i)}(t; u_{011}) - U^{(i)}(t; u_{02}) \\ &\geqq |u_{011}^{(k_1)} - u_{02}^{(k_1)}| (t - t_0) \left(m_{ik_1} - \frac{1}{2} L^2 (t - t_0) e^{L(t-t_0)}\right). \end{aligned} \tag{68}$$

Die rechte Seite ist positiv, solange

$$\frac{1}{2} L^2 (t - t_0) e^{L(t-t_0)} < m_{ik_1} \tag{69}$$

gilt. In diesem Fall ist $U^{(i)}(t; u_{011})$ eine obere Schranke für $U^{(i)}(t; u_{02})$. Da u_{011} von dem beliebig aus $\overline{\partial J_i}$ wählbaren u_{02} abhängt, wird die Menge $\overline{\partial J_i}(k_1)$ aller Vektoren u_{011} betrachtet:

$$\left.\begin{aligned} &\overline{\partial J_i}(k_1) = \{v : v^{(i)} = z_0^{(i)},\ v^{(k_1)} = u_{011}^{(k_1)}\}, \\ &x_0^{(k)} \leqq v^{(k)} \leqq z_0^{(k)} \quad \text{für} \quad k \neq i, \quad k \neq k_1. \end{aligned}\right\} \tag{70}$$

Nach den bisherigen Betrachtungen ist eine obere Schranke für alle $U^{(i)}(t; v)$ mit $v \in \overline{\partial J_i}(k_1)$ gleichzeitig obere Schranke für alle $U^{(i)}(t; u_0)$ mit $u_0 \in J$, solange (50) und (69) erfüllt sind.

In Fortsetzung des angewandten Verfahrens läßt sich zu jedem $u_{02} \in \overline{\partial J_i}$ eine abbrechende Folge $u_{011}, u_{012}, \ldots, u_{01\varrho}$ konstruieren, für die

$$U^{(i)}(t; u_{01\varrho}) \geqq \cdots \geqq U^{(i)}(t; u_{012}) \geqq U^{(i)}(t; u_{011}) \geqq U^{(i)}(t; u_{02}) \tag{71}$$

gilt. Dazu seien $k_1, \ldots, k_\varrho$ alle Komponenten, für die $s_{ik_r} \neq 0$ und $k_r \neq i$ gilt. Die Vektoren u_{01r} sind definiert durch

$$\left.\begin{aligned} &u_{01r}^{(k)} = u_{01,r-1}^{(k)} \text{ für } k \neq k_r,\ r = 2, \ldots, \varrho, \\ &u_{01r}^{(k_r)} = \begin{cases} x_0^{(k_r)} & \text{für} \quad s_{ik_r} < 0, \\ z_0^{(k_r)} & \text{für} \quad s_{ik_r} > 0. \end{cases} \end{aligned}\right\} \tag{72}$$

Wie oben läßt sich zeigen, daß $U^{(i)}(t; u_{01r}) \geqq U^{(i)}(t; u_{01,r-1})$ gilt, wenn

$$\frac{1}{2} L^2 (t - t_0) e^{L(t-t_0)} < m_{ik_r} \tag{73}$$

ist, wobei m_{ik_r} das Minimum des Absolutbetrages von f_{ik_r} in einem genügend großen Bereich bezeichnet.

Führt man eine Indexmenge

$$K_i = \{k : s_{ik} = 0,\ k \neq i\} \tag{74}$$

ein, so läßt sich die Menge $\overline{\partial J_i^*}$ als Menge aller $u_{01\varrho}$ wie folgt definieren:

$$\begin{aligned}\overline{\partial J_i^*} = \{v\colon v^{(i)} &= z_0^{(i)},\\ v^{(k)} = x_0^{(k)} \quad &\text{für} \quad s_{ik} < 0 \quad \text{und} \quad k \notin K_i,\\ v^{(k)} = z_0^{(k)} \quad &\text{für} \quad s_{ik} > 0 \quad \text{und} \quad k \notin K_i,\\ x_0^{(k)} \leqq v^{(k)} \leqq z_0^{(k)} \quad &\text{für} \quad k \in K_i\}.\end{aligned} \tag{75}$$

Wenn K_i leer ist, zieht sich $\overline{\partial J_i^*}$ auf einen Eckpunkt des Intervalls J zusammen.

Zusammenfassend kann festgestellt werden, daß zu jedem $u_0 \in J$ ein $u_0^* \in \overline{\partial J_i^*}$ mit folgenden Eigenschaften existiert:

$$\left.\begin{aligned} &u_0^{*(i)} = z_0^{(i)},\ u_0^{*(k)} = u_0^{(k)} \quad \text{für} \quad k \in K_i,\\ &u_0^{*(k)} = \begin{cases} x_0^{(k)} & \text{für} \quad s_{ik} < 0, \quad k \notin K_i,\\ z_0^{(k)} & \text{für} \quad s_{ik} > 0, \quad k \notin K_i,\end{cases}\end{aligned}\right\} \tag{76}$$

$U^{(i)}(t; u_0^*) \geqq U^{(i)}(t; u_0)$, falls (50) und (73) für $r = 1, \ldots, \varrho$ erfüllt sind.

Eine obere Schranke $z^{(i)}(t)$ für alle $U^{(i)}(t; u_0^*)$ mit $u_0^* \in \overline{\partial J_i^*}$ ist demnach gleichzeitig obere Schranke für alle $U^{(i)}(t, u_0)$ mit $u_0 \in J$.

Entsprechend läßt sich eine Menge $\underline{\partial J_i^*}$ konstruieren, die zu jedem $u_0 \in J$ einen Anfangsvektor u_0^{**} enthält, mit dem

$$U^{(i)}(t; u_0^{**}) \leqq U^{(i)}(t; u_0) \tag{77}$$

für genügend kleines $t - t_0$ gilt. Diese Menge wird definiert durch

$$\begin{aligned}\underline{\partial J_i^*} = \{v\colon v^{(i)} &= x_0^{(i)},\\ v^{(k)} = z_0^{(k)} \quad &\text{für} \quad s_{ik} < 0 \quad \text{und} \quad k \notin K_i,\\ v^{(k)} = x_0^{(k)} \quad &\text{für} \quad s_{ik} > 0 \quad \text{und} \quad k \notin K_i,\\ x_0^{(k)} \leqq v^{(k)} \leqq z_0^{(k)} \quad &\text{für} \quad k \notin K_i\}.\end{aligned} \tag{78}$$

Eine untere Schranke $x^{(i)}(t)$ für die i-te Komponente aller Lösungen von (4) mit einem Anfangsvektor aus $\underline{\partial J_i^*}$ ist gleichzeitig untere Schranke für die i-te Komponente aller Lösungen mit einem Anfangsvektor aus J.

1.8. *Einschließung von Randlösungen*

Das Einschließungsverfahren kann entsprechend den Resultaten von 1.7. in folgender Weise abgewandelt werden: Für jede Komponente i werden die Randmengen $\overline{\partial J_i^*}$ und $\underline{\partial J_i^*}$ des Ausgangsintervalls J bestimmt. Danach werden obere und untere Schranken für alle Lösungen mit Anfangsvektoren aus $\overline{\partial J_i^*}$ und $\underline{\partial J_i^*}$ gebildet. Aus ihnen wird mittels der in 1.5. beschriebenen Methode eine neue obere bzw. untere Schranke für die i-te Lösungskomponente berechnet. Da $f^{(i)}$ nur von den Komponenten abhängt, für die die partiellen Ableitungen f_{ik_r} nicht identisch verschwinden, werden die Ausgangsschranken nur für diese Komponenten gebraucht. Jede dieser Lösungskomponenten hat aber auf der Randmenge $\overline{\partial J_i^*}$ bzw. $\underline{\partial J_i^*}$ einen konstanten Anfangswert. Es gilt daher analog zu (58) für $k \notin K_i$

$$U^{(k)}(t; v_1) - U^{(k)}(t; v_2) = \sum_{j=1}^{n} \int_{t_0}^{t} f_{kj}(\mu_k(s), s)\,(v_1^{(j)} - v_2^{(j)})\,ds$$
$$+ \sum_{j=1}^{n} \int_{t_0}^{t} f_{kj}(\mu_k(s), s)\,\sigma^{(j)}(s)\,ds$$
$$\text{mit } v_1 \in \overline{\partial J_i^*},\ v_2 \in \overline{\partial J_i^*} \quad \text{bzw.} \quad v_1 \in \underline{\partial J_i^*},\ v_2 \in \underline{\partial J_i^*}. \tag{79}$$

Da $v_1^{(j)}$ und $v_2^{(j)}$ für $j \notin K_i$ übereinstimmen, bleiben von der ersten Summe in (79) nur die Glieder mit $j \in K_i$ übrig. Werden obere Schranken für die $|f_{kj}(\mu_k(s), s)|$ in $s \in [t, t]$ mit M_{kj} bezeichnet, so folgt aus (79) die Abschätzung

$$|U^{(k)}(t; v_1) - U^{(k)}(t; v_2)|$$
$$\leqq \sum_{j \in K_i} M_{kj}\,|v_1^{(j)} - v_2^{(j)}|\,(t - t_0) + \frac{1}{2}\,\|v_1 - v_2\|\,L^2 (t - t_0)^2\, e^{L(t - t_0)}$$
$$\leqq \|v_1 - v_2\|\, L(t - t_0) \left(\frac{\sum_{j \in K_i} M_{kj}}{L} + \frac{L}{2}\,(t - t_0)\, e^{L(t - t_0)} \right). \tag{80}$$

Dabei werden die $\sigma^{(j)}(s)$ analog zu (57) abgeschätzt.

Falls $\overline{\partial J_i^*}$ bzw. $\underline{\partial J_i^*}$ nicht nur aus einem Punkt besteht, kann (80) benutzt werden, um aus einer bekannten oberen bzw. unteren Schranke für $U^{(k)}(t; v_0)$ mit $v_0 \in \overline{\partial J_i^*}$ bzw. $v \in \underline{\partial J_i^*}$ eine obere bzw. untere Schranke für alle $U^{(k)}(t; v)$ mit $v \in \overline{\partial J_i^*}$ bzw. $v \in \underline{\partial J_i^*}$ zu gewinnen. Diese Schranken werden — wie beschrieben — als Ausgangsschranken zur weiteren Einschließung verwendet.

1.9. *Wachstum der Einschließungsintervalle*

Die erhaltenen Schranken sind im allgemeinen nur stückweise gültig. Hinreichend dafür ist die Erfüllung der Bedingungen (50) und (73). Um eine Einschließung der Lösung über längere Intervalle der unabhängigen Veränderlichen t zu erhalten, wird man schrittweise eine Folge von Einschließungsintervallen $J_0, J_1, \ldots, J_s, \ldots$ zur Einschließung der Lösung an den Stellen $t_0, t_1, \ldots, t_s, \ldots$ konstruieren ($t_{s+1} > t_s$). Das Wachstum dieser Folge von Intervallen hängt von den Stabilitätseigenschaften der Lösungen des betrachteten

Anfangswertproblems ab. Es kann jedoch auch bei stabilem Lösungsverhalten vorkommen, daß die Intervallfolge unbeschränkt wächst. Diese Erscheinung sei hier nur an einem Beispiel erläutert.

Gegeben sei das lineare Differentialgleichungssystem mit konstanten Koeffizienten

$$y' = A\,y, \quad y = \begin{pmatrix} y^{(1)} \\ y^{(2)} \end{pmatrix}, \quad A = \begin{pmatrix} 1 & -2 \\ 3 & -4 \end{pmatrix}. \tag{81}$$

Die allgemeine Lösung des Systems ist

$$y(t) = e^{At}\,y_0 = \left[\begin{pmatrix} 3 & -2 \\ 3 & -2 \end{pmatrix} e^{-t} + \begin{pmatrix} -2 & 2 \\ -3 & 3 \end{pmatrix} e^{-2t}\right] \begin{pmatrix} y_0^{(1)} \\ y_0^{(2)} \end{pmatrix}. \tag{82}$$

Als Anfangsintervall an der Stelle $t_0 = 0$ werde das Intervall

$$J = J_0 = \{|y_0^{(1)}| \leqq a,\ |y_0^{(2)}| \leqq b\} \tag{83}$$

gewählt. Die Randmenge $\overline{\partial J_1^*}$ enthält nur den Punkt

$$y_{\mathrm{I}}(0) = \begin{pmatrix} a \\ -b \end{pmatrix}. \tag{84}$$

Die Lösung $y_{\mathrm{I}}(t)$ durch diesen Anfangspunkt hat die erste Komponente

$$y_{\mathrm{I}}^{(1)} = (3\,a + 2\,b)\,e^{-t} - (2\,a + 2\,b)\,e^{-2t}. \tag{85}$$

Entsprechend enthält die Randmenge $\underline{\partial J_1^*}$ nur den Punkt

$$y_{\mathrm{II}}^{(0)} = \begin{pmatrix} -a \\ b \end{pmatrix}. \tag{86}$$

Die Lösung $y_{II}(t)$ durch diesen Anfangspunkt hat die erste Komponente

$$y_{\mathrm{II}}^{(1)}(t) = -\,y_{\mathrm{I}}^{(1)}(t). \tag{87}$$

Die zweiten Komponenten der Lösungen $y_{III}(t)$ und $y_{IV}(t)$ durch die Anfangspunkte

$$y_{\mathrm{III}}(0) = \begin{pmatrix} a \\ b \end{pmatrix}, \quad y_{\mathrm{IV}}(0) = \begin{pmatrix} -a \\ -b \end{pmatrix} \tag{88}$$

sind Schranken für $y^{(2)}(t)$. Diese Komponenten sind

$$\left.\begin{aligned} y_{\mathrm{III}}^{(2)}(t) &= (3\,a - 2\,b)\,e^{-t} + (3\,b - 3\,a)\,e^{-2t}, \\ y_{\mathrm{IV}}^{(2)}(t) &= -\,y_{\mathrm{III}}^{(2)}(t). \end{aligned}\right\} \tag{89}$$

Für genügend kleines t gilt also die Einschließung

$$\left.\begin{aligned} y_{\mathrm{II}}^{(1)}(t) \leqq y^{(1)}(t) \leqq y_{\mathrm{I}}^{(1)}(t) \\ y_{\mathrm{IV}}^{(2)}(t) \leqq y^{(2)}(t) \leqq y_{\mathrm{III}}^{(2)}(t). \end{aligned}\right\} \tag{90}$$

Zur Bestimmung des Gültigkeitsbereiches werden die Differenzen

$$\left.\begin{aligned} y_{\mathrm{I}}^{(1)}(t) - y^{(1)}(t) &= (a - y_0^{(1)})\,(3e^{-t} - 2e^{-2t}) + (b + y_0^{(2)})\,(2\,e^{-t} - 2\,e^{-2t}), \\ y_{\mathrm{III}}^{(2)}(t) - y^{(2)}(t) &= (a - y_0^{(1)})\,(3\,e^{-t} - 3\,e^{-2t}) + (b - y_0^{(2)})\,(3\,e^{-2t} - 2e^{-t}) \end{aligned}\right\} \tag{91}$$

für $|y_0^{(1)}| \leqq a$ und $|y_0^{(2)}| \leqq b$ betrachtet. Alle Glieder der rechten Seite sind nicht negativ, solange

$$3\,e^{-2t} - 2\,e^{-t} \geqq 0 \tag{92}$$

gilt. Für

$$0 \leqq t \leqq \ln\left(\frac{3}{2}\right) \tag{93}$$

sind also $y_{\mathrm{I}}^{(1)}(t)$ und $y_{\mathrm{III}}^{(2)}(t)$ obere Schranken für $y^{(1)}(t)$ und $y^{(2)}(t)$. Für die unteren Schranken ergibt sich der gleiche Gültigkeitsbereich.

An einer Stelle $t_1 = h$ mit $h < \ln\left(\frac{3}{2}\right)$ erhält man das Einschließungsintervall

$$J_1 = \{|y^{(1)}| \leqq a_1,\ |y^{(2)}| \leqq b_1\}, \tag{94}$$

wobei

$$\left.\begin{aligned} a_1 &= (3\,e^{-h} - 2\,e^{-2h})\,a + (2\,e^{-h} - 2\,e^{-2h})\,b = \alpha\,a + \beta\,b, \\ b_1 &= (3\,e^{-h} - 3\,e^{-2h})\,a + (-\,2\,e^{-h} + 3\,e^{-2h})\,b = \gamma\,a + \delta\,b. \end{aligned}\right\} \tag{95}$$

Dieses Intervall ist das kleinstmögliche Einschließungsintervall an der Stelle t_1.

Durch Fortsetzung des gleichen Einschließungsverfahrens mit der Schrittweite h entsteht eine Folge $J_0, J_1, \ldots, J_s, \ldots$ von Einschließungsintervallen, wobei

$$J_s = \{|y^{(1)}| \leqq a_s,\ |y^{(2)}| \leqq b_s\} \tag{96}$$

ist. Die a_s und b_s ergeben sich aus

$$a_s = \alpha\,a_{s-1} + \beta\,b_{s-1}, \quad b_s = \gamma\,a_{s-1} + \delta\,b_{s-1}. \tag{97}$$

Dieses Differenzengleichungssystem hat die allgemeine Lösung

$$a_s = 2\,A_1\,\lambda_1^s + A_2\,\lambda_2^s, \quad b_s = A_1\,\lambda_1^s - 3\,A_2\,\lambda_2^s, \tag{98}$$

wobei λ_1 und λ_2 Wurzeln der charakteristischen Gleichung

$$\lambda^2 - \lambda(e^{-h} + e^{-2h}) - 12\,e^{-2h} + 25\,e^{-3h} - 12\,e^{-4h} = 0 \tag{99}$$

sind, und zwar

$$\lambda_1 = 4\,e^{-h} - 3\,e^{-2h}, \quad \lambda_2 = -\,3\,e^{-h} + 4\,e^{-2h}. \tag{100}$$

Für $0 < h < 1$ gilt $\lambda_1 > 1$, daher wachsen a_s und b_s unbeschränkt, d. h., die Folge der Einschließungsintervalle ist instabil, obwohl die Gesamtheit der Lösungen (82) des Differentialgleichungssystems (81) stabil ist.

Der Grund für das abweichende Wachstum der Einschließungsintervalle und der durch Lösung des Differentialgleichungssystems (81) mit Anfangsvektoren aus J_0 entstehenden Bildgebiete von J_0 liegt darin, daß diese Bildgebiete keine achsenparallelen Rechtecke, sondern Parallelogramme sind, deren Eckpunkte auch nicht mit denen der sie einschließenden achsenparallelen Rechtecke übereinstimmen. Ein solches Parallelogramm ist definiert durch

$$J(t) = \{y: y = e^{At}\, y_0,\ y_0 \in J_0\}. \tag{101}$$

Speziell hat das Parallelogramm $J(h)$ die Eckpunkte

$$\left.\begin{aligned} P_{\mathrm{I}} &= \begin{pmatrix} a\,(3\,e^{-h} - 2\,e^{-2h}) + b\,(2\,e^{-h} - 2\,e^{-2h}) \\ a\,(3\,e^{-h} - 3\,e^{-2h}) + b\,(2\,e^{-h} - 3\,e^{-2h}) \end{pmatrix}, \quad P_{\mathrm{II}} = -\,P_{\mathrm{I}}, \\ P_{\mathrm{III}} &= \begin{pmatrix} a\,(3\,e^{-h} - 2\,e^{-2h}) + b\,(-\,2\,e^{-h} + 2\,e^{-2h}) \\ a\,(3\,e^{-h} - 3\,e^{-2h}) + b\,(-\,2\,e^{-h} + 3\,e^{-2h}) \end{pmatrix}, \quad P_{\mathrm{IV}} = -\,P_{\mathrm{III}}. \end{aligned}\right\} \tag{102}$$

Für $a = b = 1$ und $h = 0.2$ sind die Gebiete J_0, J_1 und $J(0.2)$ in Abb. 1 dargestellt.

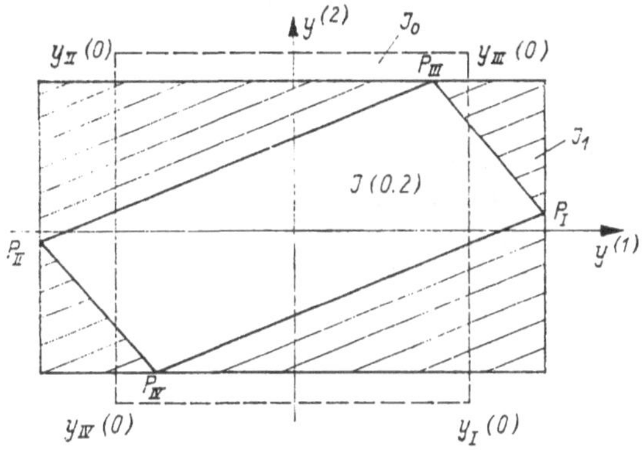

Abb. 1

Die Lösungen des Differentialgleichungssystems (81) mit Anfangsvektoren aus J_1 an der Stelle $t_1 = h$ bilden an der Stelle $t_2 = 2h$ ein weiteres Parallelogramm J_2^*. Das kleinste diesem Parallelogramm umschriebene achsenparallele Rechteck ist das Intervall J_2. Das Parallelogramm $J(2h)$ ist dem Parallelogramm J_2^* einbeschrieben und enthält mit dem Rechteck J_2 keine gemeinsamen Randpunkte. Für $t \to \infty$ zieht sich die Folge der Parallelogramme $J(t)$ auf den Nullpunkt zusammen, dagegen dehnt sich die Folge der Rechtecke J_s für $s \to \infty$ unbeschränkt aus.

Das Beispiel zeigt, daß die Methode, Lösungen stückweise in Intervalle der Form $x^{(i)} \leqq y^{(i)} \leqq z^{(i)}$ einzuschließen, auch bei stabilen Differentialgleichungssystemen unabhängig vom verwendeten numerischen Verfahren und von der verwendeten Schrittweite zu instabilen Einschließungen führen kann. Die Einschließungen lassen sich nicht verbessern, wenn man daran festhält, die Lösungen schrittweise in Intervalle mit achsenparallelen Rändern einzuschließen. Zur Behebung dieser Schwierigkeit wurde von R. E. Moore vorgeschlagen [1], mittels lokaler Koordinatentransformationen zu erreichen, daß die Intervalle $J(t)$ so transformiert werden, daß ihre Ränder angenähert achsenparallel werden. In [1] sind einige derartige Transformationen beschrieben.

2. Numerische Einschließungsverfahren

2.1. *Eine Klasse numerischer Einschließungsverfahren*

Für die Lösung $Y(t)$ des Anfangswertproblems (2) seien an der Stelle t_0 eine obere Schranke z_0 und eine untere Schranke x_0 bekannt:

$$x_0 \leqq Y(t_0) \leqq z_0. \tag{103}$$

Gesucht sind an der Stelle t_I Schranken z_I und x_I für $Y(t_I)$:

$$x_I \leqq Y(t_I) \leqq z_I. \tag{104}$$

Entsprechend den Resultaten aus 1.7. und 1.8. werden zunächst Einschließungen für Lösungen durch bestimmte Randpunkte des Intervalls (44) bestimmt. Für einen solchen Randpunkt v_0 wird das Anfangswertproblem

$$v' = f(v, t), \quad v(t_0) = v_0 \tag{105}$$

mit der Lösung $V(t)$ betrachtet. Mittels eines herkömmlichen numerischen Verfahrens wird eine Näherung v_I für $V(t_I)$ berechnet. Eine geeignete Näherungsfunktion sei mit $u_1(t)$ bezeichnet, es gelte

$$u_1(t_0) = v_0. \tag{106}$$

Die Näherungsfunktion $u_1(t)$ wird als Ausgangsfunktion für einen Schritt des Picardschen Iterationsverfahrens verwendet:

$$u_2(t) = v_0 + \int_{t_0}^{t} f(u_1(s), s)\, ds = u_1(t) + \int_{t_0}^{t} d(s; u_1)\, ds. \tag{107}$$

Mit Hilfe einer der in 1.3. angegebenen Abschätzungsformeln läßt sich eine Abschätzung

$$\| V(t) - u_2(t) \| \leqq \Delta(t) \tag{108}$$

finden. Hieraus ergibt sich eine Einschließung

$$x(t) = u_2(t) - \Delta(t)\, E \leqq V(t) \leqq z(t) = u_2(t) + \Delta(t)\, E, \tag{109}$$

wobei E einen Vektor bezeichnet, dessen Komponenten sämtlich gleich 1 sind.

Soll die Gesamtheit aller Lösungen durch eine Randmenge, die nicht nur einen Punkt enthält, eingeschlossen werden, so sind $x(t)$ und $z(t)$ noch durch Zusatzglieder entsprechend (80) abzuändern. Aus den so erhaltenen Schranken $\tilde{x}(t)$ und $\tilde{z}(t)$ wird mittels der in 1.5. definierten Funktion g eine Komponente einer neuen unteren bzw. oberen Schranke an der Stelle t_I gebildet:

$$\left.\begin{aligned} & x_I^{(i)}(t_I) = v_0^{(i)} + \int_{t_0}^{t_I} g^{(i)}(\tilde{x}(s), \tilde{z}(s), s)\, ds \\ \text{bzw.} \quad & \\ & z_I^{(i)}(t_I) = v_0^{(i)} + \int_{t_0}^{t_I} g^{(i)}(\tilde{z}(s), \tilde{x}(s), s)\, ds. \end{aligned}\right\} \tag{110}$$

Zur numerischen Rechnung wird (110) durch eine Quadraturformel passender Genauigkeit ersetzt:

$$\left.\begin{aligned} x_{\mathrm{I}}^{(i)} &= v_0^{(i)} + Q\left(g^{(i)}(\tilde{x}(s), \tilde{z}(s), s)\right) \\ \text{bzw.} \qquad & \\ z_{\mathrm{I}}^{(i)} &= v_0^{(i)} + Q\left(g^{(i)}(\tilde{z}(s), \tilde{x}(s), s)\right). \end{aligned}\right\} \tag{111}$$

Der Quadraturfehler lasse sich durch

$$\left| Q(F(s)) - \int_{t_0}^{t_{\mathrm{I}}} F(s)\, ds \right| \leqq q(F(s)) \tag{112}$$

abschätzen. Unter Berücksichtigung dieser Abschätzung ergeben sich als endgültige Schranken

$$\left.\begin{aligned} x_{\mathrm{I}}^{(i)} &= \tilde{x}_{\mathrm{I}}^{(i)} - q\left(g^{(i)}(\tilde{x}(s), \tilde{z}(s), s)\right) \\ \text{bzw.} \qquad & \\ z_{\mathrm{I}}^{(i)} &= \tilde{z}_{\mathrm{I}}^{(i)} + q\left(g^{(i)}(\tilde{z}(s), \tilde{x}(s), s)\right). \end{aligned}\right\} \tag{113}$$

Wenn zur Berechnung von $Q(F)$ die Werte der Funktion $F(s)$ an gewissen Stützstellen gebraucht werden, dann sind die Schranken $\tilde{x}(s)$ und $\tilde{z}(s)$ an diesen Stellen zu berechnen.

Die Integration in (107) kann im allgemeinen nur genähert ausgeführt werden, $u_2(t)$ wird daher bei der praktischen Rechnung durch eine Näherungsfunktion $\tilde{u}_2(t)$ ersetzt. Die Differenz $u_2(t) - \tilde{u}_2(t)$ ist also ebenfalls abzuschätzen und bei der Berechnung von $x(t)$ und $z(t)$ zu berücksichtigen. Die Art dieser Abschätzung ist abhängig vom speziellen Verfahren.

Im folgenden werden zwei spezielle Verfahren betrachtet, ein Verfahren zweiter Ordnung und ein Verfahren sechster Ordnung. Zur Ordnung der Verfahren sei noch bemerkt, daß $x_1(t_{\mathrm{I}})$ und $z_1(t_{\mathrm{I}})$ Fehler gleicher Größenordnung haben wie

$$u_3(t_{\mathrm{I}}) \doteq v_0 + \int_{t_0}^{t_{\mathrm{I}}} f(u_2(s), s)\, ds, \tag{114}$$

wenn $\Delta(t)$ und Zusatzglieder die Größenordnung des Fehlers von $u_2(t)$ haben. Bei den zu beschreibenden Verfahren ist das der Fall, daher ist die Ordnung dieser Verfahren um 2 höher als die Ordnung des Verfahrens zur Berechnung der Näherungsfunktion $u_1(t)$.

2.2. *Ein Einschließungsverfahren zweiter Ordnung*

Als Näherungsfunktion $u_1(t)$ wird der konstante Vektor v_0 verwendet:

$$u_1(t) = v_0 \quad \text{für} \quad t_0 \leqq t \leqq t_0 + h = t_1 = t_{\mathrm{I}}. \tag{115}$$

Die zweite Näherungsfunktion

$$u_2(t) = v_0 + \int_{t_0}^{t} f(v_0, s)\, ds \tag{116}$$

wird ersetzt durch

$$\tilde{u}_2(t) = v_0 + f(v_0, t_0)\,(t - t_0) = v_0 + f_0(t - t_0). \tag{117}$$

Wenn eine Konstante L_0 bekannt ist, mit der

$$\|f(v_0, t) - f(v_0, t_0)\| \leqq L_0(t - t_0) \quad \text{für} \quad t \in [t_0, t_1] \tag{118}$$

gilt, dann erhält man für $t \in [t_0, t_1]$ die Abschätzungen

$$\|u_2(t) - \tilde{u}_2(t)\| \leqq \frac{1}{2} L_0(t - t_0)^2, \tag{119}$$

$$\begin{aligned} \|u_2(t) - u_1(t)\| &\leqq \|u_2(t) - \tilde{u}_2(t)\| + \|\tilde{u}_2(t) - u_1(t)\| \\ &\leqq \left(\|f_0\| + \frac{1}{2} L_0 h\right)(t - t_0). \end{aligned} \tag{120}$$

Hiernach kann die Abschätzung (13) in folgender Form geschrieben werden:

$$\|V(t) - u_2(t)\| \leqq \left(\frac{\|f_0\|}{L} + \frac{L_0 h}{2L}\right)(e^{L(t-t_0)} - L(t - t_0) - 1). \tag{121}$$

Mit den Abkürzungen

$$\zeta = \frac{t - t_0}{h}, \quad \lambda = L\,h, \quad \sigma = \|f_0\| + \frac{1}{2} L_0\, h \tag{122}$$

läßt sich für (121) schreiben:

$$\|V(t) - u_2(t)\| \leqq \frac{h\,\sigma}{\lambda}(e^{\lambda\zeta} - \lambda\,\zeta - 1) \quad \text{für} \quad 0 \leqq \zeta \leqq 1. \tag{123}$$

Diese Abschätzung kann auch durch in ζ quadratische oder lineare Abschätzungen ersetzt werden. Es gilt für $0 \leqq \zeta \leqq 1$

$$\begin{aligned} \frac{1}{\lambda}(e^{\lambda\zeta} - \lambda\zeta - 1) &= \frac{1}{\lambda}\sum_{k=2}^{\infty}\frac{(\lambda\,\zeta)^k}{k!} = \zeta^2 \sum_{k=2}^{\infty}\frac{\lambda^{k-1}\,\zeta^{k-2}}{k!} \\ &\leqq \zeta^2 \sum_{k=2}^{\infty}\frac{\lambda^{k-1}}{k!} \leqq \frac{1}{2}\zeta^2 \sum_{k=1}^{\infty}\frac{\lambda^k}{k!} = \frac{1}{2}\zeta^2(e^\lambda - 1) \\ &\leqq \frac{1}{2}\zeta(e^\lambda - 1). \end{aligned} \tag{124}$$

Hiernach läßt sich (123) ersetzen durch

$$\|V(t) - u_2(t)\| \leqq \frac{1}{2} h\,\sigma\,(e^\lambda - 1)\,\zeta^2 \quad \text{für} \quad 0 \leqq \zeta \leqq 1 \tag{125}$$

oder

$$\|V(t) - u_2(t)\| \leqq \frac{1}{2} h\,\sigma(e^\lambda - 1)\,\zeta \quad \text{für} \quad 0 \leqq \zeta \leqq 1. \tag{126}$$

Berücksichtigt man noch

$$\tilde{u}_2(t) - \frac{1}{2} L_0 (t - t_0)^2 E \leqq u_2(t) \leqq \tilde{u}_2(t) + \frac{1}{2} L_0 (t - t_0)^2 E, \tag{127}$$

so ergeben sich aus (109) folgende Schranken für $V(t)$:

$$\left.\begin{aligned} x^*(t) &= v_0 + h f_0 \zeta - \frac{1}{2} h (\sigma(e^\lambda - 1) + L_0 h) \zeta^2 E, \\ z^*(t) &= v_0 + h f_0 \zeta + \frac{1}{2} h (\sigma(e^\lambda - 1) + L_0 h) \zeta^2 E \end{aligned}\right\} \tag{128}$$

oder

$$\left.\begin{aligned} x(t) &= v_0 + \left[h f_0 - \frac{1}{2} h (\sigma(e^\lambda - 1) + L_0 h)\right] \zeta E, \\ z(t) &= v_0 + \left[h f_0 + \frac{1}{2} h (\sigma(e^\lambda - 1) + L_0 h)\right] \zeta E. \end{aligned}\right\} \tag{129}$$

Zur Einschließung der i-ten Lösungskomponente $Y^{(i)}(t_1)$ sind zunächst die in (75) und (78)d efinierten Mengen $\overline{\partial J_i^*}$ und $\underline{\partial J_i^*}$ zu bestimmen, und es sind Anfangsvektoren $\bar{v}_0 \in \overline{\partial J_i^*}$ und $\underline{v}_0 \in \underline{\partial J_i^*}$ zu wählen; hier sei

$$\left.\begin{aligned} &\bar{v}_0^{(i)} = z_0^{(i)}, \\ &\bar{v}_0^{(k)} = \begin{cases} z_0^{(k)} & \text{für} \quad s_{ik} > 0, \\ x_0^{(k)} & \text{für} \quad s_{ik} < 0, \\ \frac{1}{2}(x_0^{(k)} + z_0^{(k)}) & \text{für} \quad s_{ik} = 0 \end{cases} \quad \text{mit} \quad k \neq i \\ &\text{bzw.} \\ &\underline{v}_0^{(i)} = x_0^{(i)}, \\ &\underline{v}_0^{(k)} = \begin{cases} x_0^{(k)} & \text{für} \quad s_{ik} > 0, \\ z_0^{(k)} & \text{für} \quad s_{ik} < 0, \\ \frac{1}{2}(x_0^{(k)} + z_0^{(k)}) & \text{für} \quad s_{ik} = 0 \end{cases} \quad \text{mit} \quad k \neq i. \end{aligned}\right\} \tag{130}$$

Für einen beliebigen Vektor $\bar{v}_1 \in \overline{\partial J_i^*}$ gilt demnach

$$\|\bar{v}_1 - \bar{v}_0\| \leqq \frac{1}{2} \max_{k \in K_i} |z_0^{(k)} - x_0^{(k)}| = D_i, \tag{131}$$

wobei K_i die in (74) definierte Indexmenge ist. Ebenso gilt

$$\|\underline{v}_1 - \underline{v}_0\| \leqq D_i \tag{132}$$

für einen beliebigen Vektor $\underline{v}_1 \in \underline{\partial J_i^*}$. Wenn K_i leer ist, verschwindet D_i. Die Lösungen mit den Anfangsvektoren $\bar{v}_1$ bzw. $\underline{v}_1$ seien mit $\overline{V}_1(t)$ bzw. $\underline{V}_1(t)$ bezeichnet. Mit der Abkürzung

$$M_i^{(k)} = \frac{1}{L} \sum_{j \in K_i} M_{kj} \tag{133}$$

erhält die Abschätzung (80) die Form

$$\left.\begin{aligned} &|\bar{V}_1^{(k)}(t) - V^{(k)}(t)| \leqq D_i\,\lambda\,\zeta\left(M_i^{(k)} + \frac{1}{2}\,\lambda\,\zeta\,e^{\lambda\zeta}\right) = \delta_i^{(k)}(t) \\ \text{bzw.} \\ &|\underline{V}_1^{(k)}(t) - V^{(k)}(t)| \leqq \delta_i^{(k)}(t) \quad \text{für} \quad k \notin K_i. \end{aligned}\right\} \tag{134}$$

Durch passende Wahl der oberen Schranken M_{kj} für die $|f_{kj}|$ läßt sich stets $M_i^{(k)} \leqq 1$ erreichen. In (134) kann daher $M_i^{(k)}$ durch 1 ersetzt werden, wodurch die Abschätzung verschlechtert wird. Auch $\delta_i^{(k)}(t)$ kann durch eine in ζ quadratische oder lineare Abschätzung ersetzt werden:

$$\delta_i^{(k)}(t) \leqq D_i\,\lambda\,M_i^{(k)}\,\zeta + \frac{1}{2}\,D_i\,\lambda^2\,e^\lambda\,\zeta^2 \leqq D_i\,\lambda\left(M_i^{(k)} + \frac{1}{2}\,\lambda\,e^\lambda\right)\zeta$$

$$\text{für} \quad 0 \leqq \zeta \leqq 1. \tag{135}$$

Wird wieder v_0 statt $\bar{v}_0$ bzw. $\underline{v}_0$ geschrieben, so ergeben sich aus (128) bzw. (129) die zur Einschließung von $Y^{(i)}(t_1)$ nötigen Komponenten der Ausgangsschranken durch Zuschlag von $\delta_i^{(k)}(t)$:

$$\left.\begin{aligned} \bar{z}^{*(k)}(t) &= v_0^{(k)} + (h\,f_0^{(k)} - D_i\,\lambda\,M_i^{(k)})\,\zeta \\ &\quad - \frac{1}{2}\,[h\,\sigma(e^\lambda - 1) + L_0\,h^2 + \lambda^2\,e^\lambda\,D_i]\,\zeta^2, \\ \underline{z}^{*(k)}(t) &= v_0^{(k)} + (h\,f_0^{(k)} + D_i\,\lambda\,M_i^{(k)})\,\zeta \\ &\quad + \frac{1}{2}\,[h\,\sigma(e^\lambda - 1) + L_0\,h^2 + \lambda^2\,e^\lambda\,D_i]\zeta^2 \end{aligned}\right\} \tag{136}$$

für $k \notin K_i$

oder

$$\left.\begin{aligned} \bar{z}^{(k)}(t) &= v_0^{(k)} + \left[h\,f_0 - \frac{1}{2}\,h\,\sigma(e^\lambda - 1) - \frac{1}{2}\,L_0\,h^2\right. \\ &\quad \left. - D_i\,\lambda\left(M_i^{(k)} + \frac{1}{2}\,\lambda\,e^\lambda\right)\right]\zeta, \\ \underline{z}^{(k)}(t) &= v_0^{(k)} + \left[h\,f_0 + \frac{1}{2}\,h\,\sigma(e^\lambda - 1) + \frac{1}{2}\,L_0\,h^2\right. \\ &\quad \left. + D_i\,\lambda\left(M_i^{(k)} + \frac{1}{2}\,\lambda\,e^\lambda\right)\right]\zeta \\ &\text{für } k \notin K_i. \end{aligned}\right\} \tag{137}$$

Die restlichen Komponenten können formal durch

$$\bar{z}^{(k)}(t) = \underline{z}^{(k)} = \bar{z}^{*(k)}(t) = \underline{z}^{*(k)}(t) = v_0^{(k)} + h\,f_0^{(k)}\,\zeta \quad \text{für} \quad k \in K_i \tag{138}$$

festgelegt werden. Die Funktion $f^{(i)}$ ist von diesen Komponenten unabhängig.

Da die Ausgangsschranken Näherungen erster Ordnung sind, wird zur Einschließung eine Quadraturformel zweiter Ordnung benutzt, hier die Tangententrapezformel

$$Q(F) = h \cdot F\left(t_0 + \frac{1}{2}\right). \tag{139}$$

Eine Abschätzung des Quadraturfehlers ist

$$\left| Q(F) - \int_{t_0}^{t_1} F(s)\, ds \right| \leqq q(F) = \frac{1}{24} h^3 M_2(F)$$

$$\text{mit} \quad M_2(F) \geqq \left| \frac{d^2F}{ds^2} \right| \quad \text{für} \quad s \in [t_0, t_1]. \tag{140}$$

Zur Berechnung der Argumente für die Quadraturformel ist in (136) bzw. (137) $\zeta = \frac{1}{2}$ einzusetzen. Die Rechnung ist für alle $i = 1, \ldots, n$ jeweils doppelt – einmal von $v_0 = \underline{v}_0$ und einmal von $v_0 = \bar{v}_0$ ausgehend – auszuführen.

Im allgemeinen wird die Berechnung von $q(F)$ bei der Verwendung linearer Ausgangsschranken einfacher sein. Insbesondere verschwindet dann der Quadraturfehler bei der Integration von Systemen linearer Differentialgleichungen mit konstanten Koeffizienten und linearen Störgliedern.

Bei der Integration autonomer Differentialgleichungssysteme verschwindet die Konstante L_0, da die $f^{(i)}$ von t unabhängig sind. Jedes Differentialgleichungssystem kann durch Hinzufügen der Differentialgleichung

$$y^{(0)'} = 1 \tag{141}$$

zu einem autonomen System gemacht werden. Die Formeln werden dann durch Wegfall der Konstante L_0 einfacher, jedoch werden die Abschätzungen im allgemeinen schlechter werden, da sich die Lipschitzkonstante L vergrößern kann.

2.3. *Ein Einschließungsverfahren sechster Ordnung*

Gegeben seien diskrete Näherungswerte vierter Ordnung v_1 und v_2 für die Lösung $V(t)$ von (105) an den Stellen

$$t_1 = t_0 + h, \quad t_{\mathrm{I}} = t_2 = t_0 + 2\,h. \tag{142}$$

Die Näherungsfunktion $u_1(t)$ ist ein Polynom vierten Grades mit den Eigenschaften

$$\left.\begin{aligned} &u_1(t_0) = v_0, \\ &u_1(t_1) = v_1, \\ &u_1(t_2) = v_2, \\ &d(t_0; u_1) = d(t_1; u_1) = d(t_2; u_2). \end{aligned}\right\} \tag{143}$$

Die letzte Bedingung zielt auf eine möglichst gleichmäßige Verteilung des Defektes $d(t; u_1) = f(u_1(t), t) - u_1'(t)$ über das Intervall $[t_0, t_2]$. Aus (143) folgen mit

$$w = \frac{t - t_1}{h} \tag{144}$$

und

$$f_i = f(v_i, t_i), \quad i = 0, 1, 2 \tag{145}$$

die Darstellungen

$$\begin{aligned} u_1(t) = v_0 &\left(-\frac{1}{2} w^4 + w^2 - \frac{1}{2} w\right) + v_1 (w^4 - 2 w^2 + 1) \\ &+ v_2 \left(-\frac{1}{2} w^4 + w^2 + \frac{1}{2} w\right) \\ &+ h f_0 \left(-\frac{1}{4} w^4 + \frac{1}{6} w^3 + \frac{1}{4} w^2 - \frac{1}{6} w\right) \\ &+ h f_1 \left(-\frac{1}{3} w^3 + \frac{1}{3} w\right) + h f_2 \left(\frac{1}{4} w^4 + \frac{1}{6} w^3 - \frac{1}{4} w^2 - \frac{1}{6} w\right) \end{aligned} \tag{146}$$

oder

$$\begin{aligned} u_1(t) = v_1 + w &\left(\frac{1}{2} v_2 - \frac{1}{2} v_0 - \frac{1}{6} h f_2 + \frac{1}{3} h f_1 - \frac{1}{6} h f_0\right) \\ &+ w^2 \left(v_2 - 2 v_1 + v_0 - \frac{1}{4} h f_2 + \frac{1}{4} h f_0\right) \\ &+ w^3 \left(\frac{1}{6} h f_2 - \frac{1}{3} h f_1 + \frac{1}{6} h f_0\right) \\ &+ w^4 \left(-\frac{1}{2} v_2 + v_1 - \frac{1}{2} v_0 + \frac{1}{4} h f_2 - \frac{1}{4} h f_0\right). \end{aligned} \tag{147}$$

Im folgenden soll der Verlauf des Defektes der Näherung $\tilde{u}_1(t)$ untersucht werden, um daraus eine zweckmäßige Darstellung der Näherung $u_2(t)$ zu erhalten. Hierzu wird die Taylorsche Entwicklung der Lösung $V(t)$ des Anfangswertproblems (105) benutzt, die Existenz und Stetigkeit der benötigten Ableitungen sei vorausgesetzt. Es gilt

$$\begin{aligned} V(t) = v_0 + h v_0'(w + 1) &+ \frac{1}{2} h^2 v_0''(w + 1)^2 + \frac{1}{6} h^3 v_0'''(w + 1)^3 \\ &+ \frac{1}{24} h^4 v_0^{\mathrm{IV}}(w + 1)^4 + \frac{1}{120} h^5 v_0^{\mathrm{V}}(w + 1)^5 + h^6 R_6(w), \end{aligned} \tag{148}$$

$$\begin{aligned} h f(V(t), t) = \frac{dV}{dw} = h v_0' &+ h^2 v_0''(w + 1) + \frac{1}{2} h^3 v_0'''(w + 1)^2 \\ &+ \frac{1}{6} h^4 v_0^{\mathrm{IV}}(w + 1)^3 + \frac{1}{24} h^5 v_0^{\mathrm{V}}(w + 1)^4 + h^6 R_6'(w). \end{aligned} \tag{149}$$

Wird die Fehlerfunktion

$$e(t) = u_1(t) - V(t) \tag{150}$$

eingeführt, so gilt

$$f(u_1(t), t) = f(V(t) + e(t), t) = f(V(t), t) + F(t)\, e(t), \tag{151}$$

wobei $F(t)$ eine Matrix ist, deren Elemente Mittelwerte der partiellen Ableitungen f_{ik} sind. Es folgt

$$\begin{aligned} h\, d(t; u_1) &= h f(V(t), t) + h\, F(t)\, e(t) - h\, u_1'(t) \\ &= h\, v_0' + h^2 v_0''(w+1) + \frac{1}{2} h^3 v_0'''(w+1)^2 + \frac{1}{6} h^4 v_0^{\mathrm{IV}}(w+1)^3 \\ &\quad + \frac{1}{24} h^5 v_0^{\mathrm{V}}(w+1)^4 + h^6 R_6'(w) + h\, F(t)\, e(t) \\ &\quad - \left(\frac{1}{2} v_2 - \frac{1}{2} v_0 - \frac{1}{6} h f_2 + \frac{1}{3} h f_1 - \frac{1}{6} h f_0\right) \\ &\quad - 2w\left(v_2 - 2v_1 + v_0 - \frac{1}{4} h f_2 + \frac{1}{4} h f_0\right) \\ &\quad - 3w^2\left(\frac{1}{6} h f_2 - \frac{1}{3} h f_1 + \frac{1}{6} h f_0\right) \\ &\quad - 4w^3\left(-\frac{1}{2} v_2 + v_1 - \frac{1}{2} v_0 + \frac{1}{4} h f_2 - \frac{1}{4} h f_0\right). \end{aligned} \tag{152}$$

In (152) werden folgende Entwicklungen eingesetzt:

$$\left.\begin{aligned} v_1 &= V(t_1) + e_1 = v_0 + h\, v_0' + \frac{1}{2} h^2 v_0'' + \frac{1}{6} h^3 v_0''' + \frac{1}{24} h^4 v_0^{\mathrm{IV}} \\ &\quad + \frac{1}{120} h^5 v_0^{\mathrm{V}} + h^6 R_6(0) + e_1, \\ v_2 &= V(t_2) + e_2 = v_0 + 2h\, v_0' + 2h^2 v_0'' + \frac{4}{3} h^3 v_0''' + \frac{2}{3} h^4 v_0^{\mathrm{IV}} \\ &\quad + \frac{4}{15} h^5 v_0^{\mathrm{V}} + h^6 R_6(1) + e_2, \\ h f_0 &= h\, v_0', \\ h f_1 &= h f(V(t_1) + e_1, t_1) = h f(V(t_1), t_1) + h\, F(t_1)\, e_1 \\ &= h\, v_0' + h^2 v_0'' + \frac{1}{2} h^3 v_0''' + \frac{1}{6} h^4 v_0^{\mathrm{IV}} + \frac{1}{24} h^5 v_0^{\mathrm{V}} \\ &\quad + h^6 R_6'(0) + h\, F(t_1)\, e_1, \\ h f_2 &= h f(V(t_2) + e_2, t_2) = h f(V(t_2), t_2) + h\, F(t_2)\, e_2 \\ &= h\, v_0' + 2h\, v_0'' + 2h^3 v_0''' + \frac{4}{3} h^4 v_0^{\mathrm{IV}} + \frac{2}{3} h^5 v_0^{\mathrm{V}} \\ &\quad + h^6 R_6'(1) + h\, F(t_2)\, e_2. \end{aligned}\right\} \tag{153}$$

Dabei ist e_1 statt $e(t_1)$ und e_2 statt $e(t_2)$ geschrieben. Da $u_1(t)$ eine Näherung vierter Ordnung ist, kann

$$e(t) = O(h^5) \tag{154}$$

vorausgesetzt werden. Unter Vernachlässigung der Glieder sechster Ordnung erhält man aus (152) die Darstellung

$$h\,d(t; u_1) = \frac{1}{360} h^5 v_0^{\mathrm{V}} (15\,w^4 - 15\,w^2 + 2) - e_1 (4\,w^3 - 4\,w) + e_2 \left(2\,w^3 - 2\,w - \frac{1}{2}\right) + O(h^6).$$

Führt man die Vektoren

$$b_0 = \frac{1}{360} h^5 v_0^{\mathrm{V}}, \quad b_1 = -e_1, \quad b_2 = e_2 - 2\,e_1 \tag{156}$$

ein, so erhält man die Darstellung

$$h\,d(t; u_1) = b_0\,P_0(w) + b_1 + b_2\,P_2(w) + O(h^6)$$

$$\text{mit } P_0(w) = 15\,w^4 - 15\,w^2 + 2, \quad P_2(w) = 2\,w^3 - 2\,w - \frac{1}{2}. \tag{157}$$

Der Defekt $d(t; u_1)$ ist im allgemeinen nur punktweise bekannt, daher wird er durch ein Näherungspolynom

$$d_1(t) = \beta_0\,P_0(w) + \beta_1 + \beta_2\,P_2(w) \tag{158}$$

ersetzt. Entsprechend wird die Näherung $u_2(t)$ durch

$$\begin{aligned} \tilde{u}_2(t) &= u_1(t) + \int_{t_0}^{t} d_1(s)\,ds \\ &= u_1(t) + h\,\beta_0\,Q_0(w) + h\,\beta_1\,Q_1(w) + h\,\beta_2\,Q_2(w) \end{aligned} \tag{159}$$

ersetzt. Die Polynome $Q_j(w)$ sind definiert durch

$$\left.\begin{aligned} Q_0(w) &= \int_{-1}^{w} P_0(\omega)\,d\omega = 3\,w^5 - 5\,w^3 + 2\,w, \\ Q_1(w) &= \int_{-1}^{w} P_1(\omega)\,d\omega = w + 1 \quad (P_1(\omega) = 1), \\ Q_2(w) &= \int_{-1}^{w} P_2(\omega)\,d\omega = \frac{1}{2}\,w^4 - w^2 - \frac{1}{2}\,w. \end{aligned}\right\} \tag{160}$$

Die Abschätzung (17) erhält die Form

$$\begin{aligned} \|u_2(t) - u_1(t)\| &\leqq \|u_2(t) - \tilde{u}_2(t)\| + \|\tilde{u}_2(t) - u_1(t)\| \\ &= \left\| \int_{t_0}^{t} (d(s; u_1) - d_1(s))\,ds \right\| + \left\| \int_{t_0}^{t} d_1(s)\,ds \right\|. \end{aligned} \tag{161}$$

Das zweite Glied in (161) läßt sich weiter abschätzen durch

$$\left\| \int_{t_0}^{t} d_1(s)\,ds \right\| \leqq h(\|\beta_0\| \cdot |Q_0(w)| + \|\beta_1\| \cdot |Q_1(w)| + \|\beta_2\| \cdot |Q_2(w)|). \tag{162}$$

Die Beträge der Polynome $Q_0(w)$ und $Q_2(w)$ können für $-1 \leqq w \leqq 1$ durch

$$|Q_0(w)| \leqq 2(w+1), \qquad |Q_2(w)| \leqq \frac{1}{2}(w+1) \tag{163}$$

abgeschätzt werden. Das läßt sich einfach beweisen:

$$\left.\begin{array}{ll} 1. & Q_0(w) \leqq 2(w+1) \quad \text{für} \quad |w| \leqq 1 \quad \text{folgt aus} \\ & p_1(w) = Q_0(w) - 2(w+1) = 3w^5 - 5w^3 - 2, \\ & p_1'(w) = 15w^2(w^2-1) \leqq 0 \quad \text{für} \quad |w| \leqq 1, \\ & p_1(-1) = 0, \quad \text{daher} \quad p_1(w) \leqq 0 \quad \text{für} \quad |w| \leqq 1. \end{array}\right\} \tag{164}$$

$$\left.\begin{array}{ll} 2. & Q_0(w) \geqq -2(w+1) \quad \text{für} \quad |w| \leqq 1 \quad \text{folgt aus} \\ & p_2(w) = Q_0(w) + 2(w+1) = 3w^5 - 5w^3 + 4w + 2, \\ & p_2'(w) = 15w^2(w^2-1) + 4 \geqq -\frac{15}{4} + 4 = \frac{1}{4} \quad \text{für} \quad |w| \leqq 1, \\ & p_2(-1) = 0, \quad \text{daher} \quad p_2(w) \geqq 0 \quad \text{für} \quad |w| \leqq 1. \end{array}\right\} \tag{165}$$

$$\left.\begin{array}{ll} 3. & Q_2(w) \leqq \frac{1}{2}(w+1) \quad \text{für} \quad |w| \leqq 1 \quad \text{folgt aus} \\ & p_3(w) = Q_2(w) - \frac{1}{2}(w+1) = \frac{1}{2}w^4 - w^2 - w - \frac{1}{2}, \\ & p_3'(w) = 2w(w^2-1) - 1 < 0 \quad \text{für} \quad |w| \leqq 1, \\ & p_3(-1) = 0, \quad \text{daher} \quad p_3(w) \leqq 0 \quad \text{für} \quad |w| \leqq 1. \end{array}\right\} \tag{166}$$

$$\left.\begin{array}{ll} 4. & Q_2(w) \geqq -\frac{1}{2}(w+1) \quad \text{für} \quad |w| \leqq 1 \quad \text{folgt aus} \\ & Q_2(w) + \frac{1}{2}(w+1) = \frac{1}{2}w^4 - w^2 + \frac{1}{2} = \frac{1}{2}(w^2-1)^2 \geqq 0 \\ & \text{für} \quad |w| \leqq 1. \end{array}\right\} \tag{167}$$

Hiernach läßt sich (162) in der Form

$$\left\| \int_{t_0}^{t} d_1(s)\, ds \right\| \leqq \left(2\|\beta_0\| + \|\beta_1\| + \frac{1}{2}\|\beta_2\|\right)(t - t_0) \tag{168}$$

schreiben. Ist für das erste Glied in (161) eine Abschätzung

$$\left\| \int_{t_0}^{t} (d(s; u_1) - d_1(s))\, ds \right\| \leqq \varkappa(t - t_0) \tag{169}$$

bekannt, so gilt

$$\|u_2(t) - u_1(t)\| \leqq \sigma(t - t_0)$$

$$\text{mit } \sigma = 2\|\beta_0\| + \|\beta_1\| + \frac{1}{2}\|\beta_2\| + \varkappa. \tag{170}$$

Hieraus folgt

$$\|V(t) - u_2(t)\| = \frac{\sigma}{L}\left(e^{L(t-t_0)} - L(t-t_0) - 1\right)$$

$$\leqq h\,\sigma(e^{2Lh} - 1) \cdot \frac{1}{4}(w+1)^2 \leqq h\,\sigma(e^{2Lh} - 1) \cdot \frac{1}{2}(w+1). \tag{171}$$

Dabei ist die Abschätzung (124) mit

$$\zeta = \frac{t - t_0}{2h} = \frac{1}{2}(w + 1), \quad 2Lh = \lambda \tag{172}$$

berücksichtigt worden. Weiter gilt

$$\begin{aligned} \|V(t) - \tilde{u}_2(t)\| &\leqq \|V(t) - u_2(t)\| + \|u_2(t) - \tilde{u}_2(t)\| \\ &\leqq \frac{1}{4} h\,\sigma(e^{2Lh} - 1)(w + 1)^2 + \varkappa\, h(w + 1) = \Delta^*(t) \\ &\leqq \left(\varkappa\, h + \frac{1}{2} h\,\sigma(e^{2Lh} - 1)\right)(w + 1) = \Delta(t); \end{aligned} \tag{173}$$

daraus ergibt sich die Einschließung

$$x^*(t) = \tilde{u}_2(t) - \Delta^*(t)\,E \leqq V(t) \leqq \tilde{u}_2(t) + \Delta^*(t)\,E = z^*(t) \tag{174}$$

bzw.

$$x(t) = \tilde{u}_2(t) - \Delta(t)\,E \leqq V(t) \leqq \tilde{u}_2(t) + \Delta(t)\,E = z(t).$$

Zur Einschließung der k-ten Komponente aller Lösungen durch eine Randmenge $\partial \overline{J_i^*}$ bzw. ∂J_i^* ist noch die in (134) definierte und in (135) abgeschätzte Korrektur $\overline{\delta_i^{(k)}(t)}$ anzubringen. Mit

$$\left.\begin{aligned} \tilde{\Delta}^{*(k)}(t) &= \Delta^{*(k)}(t) + D_i L h(w + 1)\left(M_i^{(k)} + \frac{1}{2} L h\, e^{2Lh}(w + 1)\right), \\ \tilde{\Delta}^{(k)}(t) &= \Delta^{(k)}(t) + D_i L h(M_i^{(k)} + L h\, e^{2Lh})(w + 1) \end{aligned}\right\} \tag{176}$$

erhält man die Ausgangsschranken

$$\left.\begin{aligned} \tilde{x}^{*(k)}(t) &= \tilde{u}_2^{(k)}(t) - \tilde{\Delta}^{*(k)}(t), \\ \tilde{z}^{*(k)}(t) &= \tilde{u}_2^{(k)}(t) + \tilde{\Delta}^{*(k)}(t) \quad \text{für} \quad k \notin K_i \end{aligned}\right\} \tag{177}$$

bzw.

$$\left.\begin{aligned} \tilde{x}^{(k)}(t) &= \tilde{u}_2^{(k)}(t) - \tilde{\Delta}^{(k)}(t), \\ \tilde{z}^{(k)}(t) &= \tilde{u}_2^{(k)}(t) + \tilde{\Delta}^{(k)}(t) \quad \text{für} \quad k \notin K_i \end{aligned}\right\} \tag{178}$$

zur Berechnung einer Schranke für $Y^{(i)}(t_2)$. Auch hier lassen sich die restlichen Komponenten beliebig festlegen, z. B. durch

$$\tilde{x}^{(k)}(t) = \tilde{z}^{(k)}(t) = \tilde{x}^{*(k)}(t) = \tilde{z}^{*(k)}(t) = u_2^{(k)}(t) \text{ für } k \in K_i. \tag{179}$$

Unter Berücksichtigung von

$$\tilde{x}^{(i)}(t_0) = \tilde{z}^{(i)}(t_0) = v_0^{(i)} \tag{180}$$

läßt sich (110) in folgender Form schreiben:

$$\left.\begin{aligned} x_1^{(i)}(t_I) &= v_0^{(i)} + \int_{t_0}^{t_I} g^{(i)}(\tilde{x}(s), \tilde{z}(s), s)\,ds \\ &= \tilde{x}^{(i)}(t_I) + \int_{t_0}^{t_I} [g^{(i)}(\tilde{x}(s), \tilde{z}(s), s) - \tilde{x}^{(i)\prime}(s)]\,ds \\ \text{bzw.} \quad & \\ z_1^{(i)}(t_I) &= \tilde{z}^{(i)}(t_I) + \int_{t_0}^{t_I} [g^{(i)}(\tilde{z}(s), \tilde{x}(s), s) - \tilde{z}^{(i)\prime}(s)]\,ds. \end{aligned}\right\} \tag{181}$$

In Zusammenfassung von (178) und (179) kann allgemein

$$\left.\begin{aligned}\tilde{x}(t) &= \tilde{u}_2(t) - \tilde{\varDelta}(t),\\ \tilde{z}(t) &= \tilde{u}_2(t) + \tilde{\varDelta}(t)\end{aligned}\right\} \tag{182}$$

geschrieben werden, wobei

$$\left.\begin{aligned}\tilde{\varDelta}^{(k)}(t) &= 0 \quad \text{für} \quad k \in K_i,\\ \tilde{\varDelta}^{(k)}(t_0) &= 0 \quad \text{für} \quad k = 1, \ldots, n\end{aligned}\right\} \tag{183}$$

gilt. Durch Einsetzen in (181) ergibt sich

$$\left.\begin{aligned}x_1^{(i)}(t_I) &= \tilde{u}_2^{(i)}(t_I) - \tilde{\varDelta}^{(i)}(t_I)\\ &\quad + \int_{t_0}^{t_I} [g^{(i)}(\tilde{x}(s), \tilde{z}(s), s) - \tilde{u}_2^{(i)\prime}(s) + \tilde{\varDelta}^{(i)\prime}(s)]\, ds\\ &= \tilde{u}_2^{(i)}(t_I) + \int_{t_0}^{t_I} [g^{(i)}(\tilde{x}(s), \tilde{z}(s), s) - \tilde{u}_2^{(i)\prime}(s)]\, ds\\ \text{bzw.}\qquad & \\ z_1^{(i)}(t_I) &= \tilde{u}_2^{(i)}(t_I) + \int_{t_0}^{t_I} [g^{(i)}(\tilde{z}(s), \tilde{x}(s), s) - u_2^{(i)\prime}(s)]\, ds.\end{aligned}\right\} \tag{184}$$

Die darin vorkommende Ableitung $\tilde{u}_2^{(i)\prime}(s)$ kann nach (159) durch

$$\tilde{u}_2^{(i)\prime}(s) = u_1^{(i)\prime}(s) + d_1(s) \tag{185}$$

ersetzt werden. Entsprechendes gilt auch mit $\tilde{x}^*(s)$ und $\tilde{z}^*(s)$ statt $\tilde{x}(s)$ und $\tilde{z}(s)$.

Wird $d_1(t)$ so gewählt, daß es $d(t; u_1)$ bis auf einen Fehler der Größenordnung $O(h^5)$ approximiert, so ist $\tilde{u}_2(t)$ eine Näherung fünfter Ordnung für $V(t)$. Ebenso sind $\tilde{x}(t)$, $\tilde{z}(t)$ bzw. $\tilde{x}^*(t)$ und $\tilde{z}^*(t)$ Näherungen fünfter Ordnung für $V(t)$. Zur genäherten Integration nach (184) wird daher eine Quadraturformel sechster Ordnung verwendet, hier die Gaußsche Quadraturformel mit den Abszissen

$$t_1 = t_0 + h, \qquad t_3 = t_1 - \frac{\sqrt{15}}{5}h, \qquad t_4 = t_1 + \frac{\sqrt{15}}{5}h. \tag{186}$$

Die Quadraturformel lautet

$$Q(F) = \frac{5}{9}h\,(F(t_3) + F(t_4)) + \frac{8}{9}h\,F(t_1), \tag{187}$$

sie approximiert $\int_{t_0}^{t_2} F(s)\, ds$ mit einem durch

$$\left| Q(F) - \int_{t_0}^{t_2} F(s)\, ds \right| \leq q(F) = \frac{1}{15750} h^7 M_6(F) \tag{188}$$

abschätzbaren Fehler [5]. Dabei ist

$$M_6(F) \geqq \left| \frac{d^6 F}{ds^6} \right| \quad \text{für} \quad t_0 \leqq s \leqq t_2 = t_0 + 2\,h. \tag{189}$$

Ein durch (158) darstellbares Polynom $d_1(t)$ hat die Eigenschaft

$$d_1(t_0) = d_1(t_1) = d_1(t_2) = 2\beta_0 + \beta_1 - \frac{1}{2}\beta_2. \tag{190}$$

Wird zur Bestimmung von $d_1(t)$ gefordert, daß

$$\left.\begin{aligned} d_1(t_0) &= d(t_0; u_1), \\ d_1(t_3) &= d(t_3; u_1), \\ d_1(t_4) &= d(t_4; u_1) \end{aligned}\right\} \tag{191}$$

gilt, so stimmen wegen (143) $d_1(t)$ und $d(t; u_1)$ auch an den Stellen t_1 und t_2 überein; $d_1(t)$ ist daher das Interpolationspolynom vierten Grades für $d(t; u_1)$ mit den Stützstellen t_0, t_1, t_2, t_3 und t_4. Für das Restglied gilt

$$d^{(i)}(t; u_1) - d_1^{(i)}(t) = \frac{1}{120} h^5\, w(w^2 - 1)\left(w^2 - \frac{3}{5}\right) \frac{d^5 d^{(i)}(t; u_1)}{dt^5}(\tau_i)$$
$$\text{mit} \quad t_0 \leqq \tau_i \leqq t_2. \tag{192}$$

Da $u_1(t)$ ein Polynom vierten Grades ist, stimmt die fünfte Ableitung des Defektes $d(t; u_1)$ mit der fünften Ableitung von $f(u_1(t), t)$ überein. Aus einer nicht wiedergegebenen Rechnung folgt

$$\int_{-1}^{w} \left| \omega(\omega^2 - 1)\left(\omega^2 - \frac{3}{5}\right) \right| d\omega \leqq 0.09(w + 1)$$
$$\text{für} \quad -1 \leqq w \leqq 1. \tag{193}$$

Ist ein Vektor M_5 von Schranken für die Absolutbeträge der Komponenten der fünften Ableitung von $f(u_1(t), t)$ bekannt, so ergibt sich aus (192) und (193) die Abschätzung

$$\left\| \int_{t_0}^{t} (d(s; u_1) - d_1(s))\, ds \right\| \leqq 0.00075\, h^6 \| M_5 \| (w + 1)$$
$$\text{für} \quad -1 \leqq w \leqq 1, \quad \text{d. h.} \quad t_0 \leqq t \leqq t_2. \tag{194}$$

Die Abschätzung (169) ist daher mit

$$\varkappa = 0.00075\, h^5 \| M_5 \| \tag{195}$$

erfüllbar.

Zur Bestimmung von $d_1(t)$, d. h. der Koeffizientenvektoren β_0, β_1 und β_2, wird $d(t; u_1)$ an den Stellen t_j $(j = 0, \ldots, 4)$ gebraucht. Zunächst werden

$u_1(t_3)$ und $u_1(t_4)$ aus (146) berechnet:

$$v_3 = u_1(t_3) = v_1 + \frac{21}{50}(v_2 - 2\,v_1 + v_0) - \frac{\sqrt{15}}{10}(v_2 - v_0) + \frac{\sqrt{15}}{75}h(f_2 - 2f_1 + f_0) - \frac{3}{50}h(f_2 - f_0), \tag{196}$$

$$v_4 = u_1(t_4) = v_1 + \frac{21}{50}(v_2 - 2\,v_1 + v_0) + \frac{\sqrt{15}}{10}(v_2 - v_0) - \frac{\sqrt{15}}{75}h(f_2 - 2f_1 + f_0) - \frac{3}{50}h(f_2 - f_0). \tag{197}$$

Zur Berechnung der benötigten Defektvektoren braucht man nur die v_j und die $f_j = f(v_j, t_j)$ für $j = 0, \ldots, 4$; denn nach (146) läßt sich die Ableitung $u_1'(t)$ aus v_0, v_1, v_2 und f_0, f_1, f_2 berechnen. Nach einigen Umformungen erhält man die gesuchten Koeffizientenvektoren in der Form

$$\left.\begin{aligned} h\beta_0 &= \frac{1}{12}h(f_2 - 2f_1 + f_0) - \frac{5}{36}h(f_4 - 2f_1 + f_3), \\ h\,\beta_1 &= \frac{1}{16}h(f_2 - f_0) + \frac{5}{18}h(f_4 - 2f_1 + f_3) \\ &\quad - \frac{5\sqrt{15}}{48}h(f_4 - f_3) + h f_1 - (v_1 - v_0), \\ h\,\beta_2 &= \frac{1}{8}h(f_2 - f_0) - \frac{5\sqrt{15}}{24}h(f_4 - f_3) + v_2 - 2\,v_1 + v_0. \end{aligned}\right\} \tag{198}$$

Aus (159) ergeben sich die $\tilde{u}_2(t)$ an den Stützstellen t_1, t_3 und t_4 zu

$$\left.\begin{aligned} \tilde{u}_2(t_1) &= v_1 + h\beta_1, \\ \tilde{u}_2(t_3) &= v_3 + h\left(\beta_1 - \frac{21}{50}\beta_2 - \frac{2\sqrt{15}}{125}\beta_0 - \frac{\sqrt{15}}{10}(2\,\beta_1 - \beta_2)\right), \\ \tilde{u}_2(t_4) &= v_4 + h\left(\beta_1 - \frac{21}{50}\beta_2 + \frac{2\sqrt{15}}{125}\beta_0 + \frac{\sqrt{15}}{10}(2\,\beta_1 - \beta_2)\right). \end{aligned}\right\} \tag{199}$$

Aus (195), (170) und (173) lassen sich $\varkappa$, σ und die $\Delta^*(t_j)$ bzw. $\Delta(t_j)$ für $j = 1, 3, 4$ berechnen; es gilt

$$\left.\begin{aligned} \Delta^*(t_1) &= \frac{1}{4}h\,\sigma(e^{2Lh} - 1) + \varkappa\,h, \\ \Delta^*(t_3) &= \left(\frac{2}{5} - \frac{\sqrt{15}}{10}\right)h\,\sigma(e^{2Lh} - 1) + \left(1 - \frac{\sqrt{15}}{5}\right)\varkappa\,h, \\ \Delta^*(t_4) &= \left(\frac{2}{5} + \frac{\sqrt{15}}{10}\right)h\,\sigma(e^{2Lh} - 1) + \left(1 + \frac{\sqrt{15}}{5}\right)\varkappa\,h, \end{aligned}\right\} \tag{200}$$

$$\left.\begin{aligned} \Delta(t_1) &= \frac{1}{2}h\,\sigma(e^{2Lh} - 1) + \varkappa\,h, \\ \Delta(t_3) &= \left(\frac{1}{2} - \frac{\sqrt{15}}{10}\right)h\,\sigma(e^{2Lh} - 1) + \left(1 - \frac{\sqrt{15}}{5}\right)\varkappa\,h, \\ \Delta(t_4) &= \left(\frac{1}{2} + \frac{\sqrt{15}}{10}\right)h\,\sigma(e^{2Lh} - 1) + \left(1 + \frac{\sqrt{15}}{5}\right)\varkappa\,h. \end{aligned}\right\} \tag{201}$$

Hieraus lassen sich nach (176) und (177) bzw. (178) die zur weiteren Rechnung benötigten Schranken an den Stellen t_1, t_3 und t_4 berechnen. Diese Schranken seien im folgenden mit x_1, x_3, x_4 und z_1, z_3, z_4 bezeichnet, die daraus berechneten Funktionswerte $\underline{g}^{(i)}(x_j, z_j, t_j)$ mit $\underline{g}_j^{(i)}$, die $g^{(i)}(z_j, x_j, t_j)$ mit $\bar{g}_i^{(j)}$ $(j = 1, 3, 4)$. Aus (184) ergeben sich mittels der Gaußschen Quadraturformel (187) die neuen Schranken

$$\left.\begin{aligned} x_1^{(i)}(t_2) &= \tilde{u}_2^{(i)}(t_2) + \frac{5}{9}h(\underline{g}_3^{(i)} + \underline{g}_4^{(i)}) + \frac{8}{9}h\,\underline{g}_1^{(i)} \\ &\quad - \frac{5}{9}h\,(\tilde{u}_2^{(i)\prime}(t_3) + \tilde{u}_2^{(i)\prime}(t_4)) - \frac{8}{9}h\,\tilde{u}_2^{(i)\prime}(t_1) - \underline{q}^{(i)}, \\ \text{bzw.} \\ z_1^{(i)}(t_2) &= \tilde{u}_2^{(i)}(t_2) + \frac{5}{9}h(\bar{g}_3^{(i)} + \bar{g}_4^{(i)}) + \frac{8}{9}h\,\bar{g}_1^{(i)} \\ &\quad - \frac{5}{9}h\,(\tilde{u}_2^{(i)\prime}(t_3) + \tilde{u}_2^{(i)\prime}(t_4)) - \frac{8}{9}h\tilde{u}_2^{(i)\prime}(t_1) + \bar{q}^{(i)}. \end{aligned}\right\} \tag{202}$$

Die Größen $\underline{q}^{(i)}$ und $\bar{q}^{(i)}$ bezeichnen dabei nach (188) zu bestimmende Schranken für den Quadraturfehler.

Da an den Stellen t_0, t_1, t_2, t_3 und t_4 die Näherungen $d_1(t_j)$ mit den Defekten $d(t_j; u_1)$ übereinstimmen, gilt an diesen Stellen

$$\tilde{u}_2'(t_j) = u_1'(t_j) + d_1(t_j) = u_1'(t_j) + f(u_1(t_j), t_j) - u_1'(t_j) = f_j. \tag{203}$$

Daher kann (202) umgeformt werden in

$$\left.\begin{aligned} x_1^{(i)}(t_2) &= \tilde{u}_2^{(i)}(t_2) + \frac{5}{9}h(\underline{g}_3^{(i)} - f_3^{(i)} + \underline{g}_4^{(i)} - f_4^{(i)}) + \frac{8}{9}h(\underline{g}_1^{(i)} - f_1^{(i)}) - \underline{q}^{(i)} \\ \text{bzw.} \\ z_1^{(i)}(t_2) &= \tilde{u}_2^{(i)}(t_2) + \frac{5}{9}h(\bar{g}_3^{(i)} - f_3^{(i)} + \bar{g}_4^{(i)} - f_4^{(i)}) + \frac{8}{9}h(\bar{g}_1^{(i)} - f_1^{(i)}) + \bar{q}^{(i)}. \end{aligned}\right\} \tag{204}$$

Das darin vorkommende $\tilde{u}_2^{(i)}(t_2)$ läßt sich nach (159) und (143) berechnen zu

$$\tilde{u}_2^{(i)}(t_2) = v_2^{(i)} + (2\,\beta_1^{(i)} - \beta_2^{(i)})\,h. \tag{205}$$

Wie in 1.8. und 2.2. bereits ausgeführt wurde, ist für jede Schrankenkomponente ein Anfangsvektor zu bestimmen, danach läuft die Rechnung wie hier beschrieben ab.

2.4. *Bemerkungen*

Zur Bestimmung der Ausgangsschranken und zur Abschätzung des Gültigkeitsbereiches der durch einen Iterationsschritt daraus gewonnenen Schranken wurde die Maximumnorm benutzt. Die in 1.3. vorgenommenen Abschätzungen lassen sich mit jeder Vektornorm durchführen, es muß jedoch bei Bestimmung der Komponenten der Schranken nach (88) ein der Norm angepaßter Vektor E verwendet werden. Ähnliches gilt auch für die in 1.7. auftretenden Abschätzungen von Zeilensummen der Funktionalmatrix durch die Lipschitzkonstante und die darauf aufbauende Abschätzung des Intervalls, in dem eine Randlösung obere bzw. untere Schranke ist. Zum Beispiel lassen sich die angegebenen Formeln leicht für eine gewichtete Maximumnorm variieren.

Wenn eine partielle Ableitung von f während eines Integrationsschrittes ihr Vorzeichen wechselt, also die Voraussetzung (V 3) nicht erfüllt ist, so wird man am einfachsten in diesem Schritt auf die Abschätzung der betreffenden Komponente durch Anwendung des Einschließungssatzes verzichten und sich mit den Ausgangsschranken begnügen. Es kann jedoch auch die Funktion g entsprechend abgeändert werden. Wenn (V 3) nicht gefordert wird, dann tritt anstelle von (30) die Definition

$$g(x(s), z(s), s) = \begin{cases} \inf\limits_{v} f(v(s), s) & \text{für} \quad x \leqq v \leqq z, \\ \sup\limits_{v} f(v(s), s) & \text{für} \quad z \leqq v \leqq x. \end{cases} \tag{206}$$

Die Ungleichungen aus (25) lassen sich dann ebenfalls beweisen. Mit $x \leqq z$ gilt

$$\left.\begin{aligned} H(x, z) &= x(t_0) + \int_{t_0}^{t} \inf_{v} f(v(s), s)\, ds && \text{für} \quad x \leqq v \leqq z, \\ H(x, y) &= x(t_0) + \int_{t_0}^{t} \inf_{w} f(w(s), s)\, ds && \text{für} \quad x \leqq w \leqq y \leqq z, \\ H(y, y) &= y(t_0) + \int_{t_0}^{t} f(y(s), s)\, ds = y(t)\,. \end{aligned}\right\} \tag{207}$$

Hieraus folgt

$$H(x, z) \leqq H(x, y) \leqq H(y, y) = y\,. \tag{208}$$

Entsprechend wird

$$\left.\begin{aligned} H(z, y) &= z(t_0) + \int_{t_0}^{t} \sup_{u} f(u(s), s)\, ds && \text{für} \quad y \leqq u \leqq z, \\ H(z, x) &= z(t_0) + \int_{t_0}^{t} \sup_{v} f(v(s), s)\, ds && \text{für} \quad x \leqq v \leqq z. \end{aligned}\right\} \tag{209}$$

Daher gilt auch

$$y = H(y, y) \leqq H(z, y) \leqq H(z, x)\,. \tag{210}$$

Bei der praktischen Durchführung tritt die Schwierigkeit auf, die Funktion g im Einzelfall tatsächlich zu bestimmen.

Eine besondere Vereinfachung tritt auf, wenn die Vektorfunktion f quasimonoton ist. Bei existierenden partiellen Ableitungen hat dann die Funktionalmatrix außerhalb der Hauptdiagonale keine negativen Elemente. In diesem

Fall werden zur Abschätzung aller Komponenten die gleichen Ausgangsschranken benutzt, die Anfangsvektoren sind z_0 und x_0 nach (103). Differentialgleichungssysteme mit quasimonotoner rechter Seite werden in [4] behandelt. Dort wird auch ausgeführt, wie Fehlerabschätzungen für beliebige Differentialgleichungssysteme erhalten werden können, wenn anstelle der Lipschitzbedingung für die Norm Wachstumsabschätzungen durch quasimonotone Funktionen treten.

Zur praktischen Durchführung der Rechnungen ist noch zu bemerken, daß die Güte der Einschließung wesentlich von der Abschätzung der auftretenden Quadraturfehler beeinflußt wird. Gegebenenfalls lassen sich also Verbesserungen dadurch erreichen, daß die angegebenen Abschätzungen der Quadraturfehler durch andere ersetzt werden. Weiter sind die Rundungsfehler zu berücksichtigen, wenn die Größenordnung der Verfahrensfehler die Rundungsfehler nicht wesentlich übersteigt. Wird z. B. die Schrittweite zu klein gewählt, so ergeben sich verschwindende Fehlerschranken, wenn obere und untere Schranken im Rahmen der Rechengenauigkeit zusammenfallen und Rundungsfehler vernachlässigt werden. In solchen Fällen müssen die Rundungsfehler – etwa durch Rechnen mit Intervallarithmetik – berücksichtigt werden.

Literatur

[1] Moore, R. E., Automatic local coordinate transformations to reduce the growth of error bounds in interval computation of solutions of ordinary differential equations. Error in digital computation, Vol. 2, Proc. Sympos. Madison 1965, S. 103–140.

[2] Schröder, J., Anwendung von Fixpunktsätzen bei der numerischen Behandlung nichtlinearer Gleichungen in halbgeordneten Räumen. Arch. Rat. Mech. Anal. 4 (1959/60), 177–192.

[3] Tollmien, W., Über die Fehlerabschätzung beim Adamsschen Verfahren zur Integration gewöhnlicher Differentialgleichungen. ZAMM 18 (1938), 83–90.

[4] Walter, W., Differential- und Integralungleichungen und ihre Anwendung bei Abschätzungs- und Eindeutigkeitsproblemen. Springer-Verlag, Berlin-Heidelberg-New York 1964.

[5] Willers, F. A., Methoden der praktischen Analysis, 3. Aufl., W. de Gruyter Berlin 1957.

Manuskripteingang: 5. 11. 1970

Verfasser:
Dr. rer. nat. habil. Karl-Heinz Bachmann, Zentralinstitut für Mathematik und Mechanik der Akademie der Wissenschaften der DDR

Beiträge zur Numerischen Mathematik
1 (1974), 43–47

Eine Fehlerabschätzung für Nullstellen von Abbildungen

WOLFGANG BURMEISTER

Eine Abbildung F möge einen Bereich S eines Banachraumes X in einen normierten Raum Y abbilden. Es sei eine Näherung $x_0 \in S$ für eine Nullstelle von F vorgegeben. Wenn für $x \in S$

$$\|F''(x)\| \leqq k$$

und

$$\|F'(x)^{-1}\| \leqq B \tag{1}$$

mit $F'(x)^{-1} \in L(Y, X)$ gilt, dann kann man Aussagen über die Güte der Näherung x_0 machen. Ein Satz in dieser Richtung wurde von I. P. MYSOWSKICH [1] (zitiert nach KANTOROWITSCH und AKILOW [2]) angegeben. Danach gilt mit

$$h = \frac{1}{2} B^2 k \, \|F(x_0)\| < 1$$

für eine Nullstelle $x = x^*$ die Abschätzung

$$\|x - x_0\| \leqq B \|F(x_0)\| \sum_{i=0}^{\infty} h^{2^i - 1} \tag{2}$$

(vorausgesetzt, daß alle x, für die (2) gilt, in S liegen).

Im folgenden wird gezeigt, daß statt der Existenz und Beschränktheit der zweiten Fréchet-Ableitung nur die Stetigkeit von F' vorausgesetzt zu werden braucht und daß sich die Abschätzung (2) verschärfen läßt, indem man die Summe durch ihr Anfangsglied 1 ersetzt. Diese Ergebnisse werden zusammengefaßt in

Satz 1. *In einem Bereich $S \subset X$ besitze F eine stetige Ableitung, deren Inverse $F'(x)^{-1} \in L(Y, X)$ durch (1) beschränkt sei. Es sei*

$$K = \{x \in X \mid \|x - x_0\| \leqq B \, \|F(x_0)\|\} \subset S.$$

Dann besitzt F eine Nullstelle, die in K liegt.

Beweis. Es sei $g(t)$ eine Abbildung aus dem R^1 in K mit den Eigenschaften

$$g(1) = x_0, \quad F(g(t)) = t\, F(x_0), \tag{3}$$

$$\|g(t_1) - g(t_2)\| \leqq B \, \|F(x_0)\| \, |t_1 - t_2| . \tag{4}$$

Eine solche Abbildung existiert zunächst im Punkt $t = 1$. Es sei $J = [\lambda; 1]$ das bezüglich λ maximale Intervall, auf dem $g(t)$ erklärt werden kann und die Eigenschaften (3), (4) hat. Wegen (4) kann das Maximalintervall J als abgeschlossen angenommen werden, denn aus $t_n \to \lambda$ folgt die Existenz von $g(\lambda) = \lim_{n\to\infty} g(t_n)$.

Es sind zwei Fälle zu unterscheiden.

F a l l 1: $g(\lambda)$ ist ein innerer Punkt von K.

$\delta > 0$ sei so klein gewählt, daß für

$$\|x - g(\lambda)\| \leqq \delta \tag{5}$$

die Aussagen $x \in K$ und

$$\|F'(x) - F'(g(\lambda))\| \leqq \frac{1}{2B}$$

gelten. Man betrachte den Operator

$$R_t(x) = x - F'(g(\lambda))^{-1}(F(x) - t\,F(x_0)).$$

Für alle x mit (5) gilt

$$\left\|\frac{dR_t x}{dx}\right\| = \|I - F'(g(\lambda))^{-1} F'(x)\| \leqq B\,\|F'(x) - F'(g(\lambda))\| \leqq \frac{1}{2}$$

und

$$\begin{aligned}\|R_t(x) - g(\lambda)\| &\leqq \|R_t(x) - R_t(g(\lambda))\| + \|R_t(g(\lambda)) - g(\lambda)\| \\ &\leqq \frac{\delta}{2} + \|F'(g(\lambda))^{-1}\|\,\|F(g(\lambda)) - t\,F(x_0)\| \\ &\leqq \frac{\delta}{2} + B\|F(x_0)\|\,|\lambda - t|.\end{aligned}$$

Für $0 \leqq \lambda - t \leqq \dfrac{\delta}{2B\|F(x_0)\|}$ bildet daher R_t die Kugel (5) kontrahierend in sich ab und hat einen eindeutig bestimmten Fixpunkt $g(t)$.[1]) Man beweist leicht, daß

$$g'(t) = F'(g(t))^{-1} F(x_0)$$

gilt. Es folgt

$$\|g'(t)\| \leqq B\|F(x_0)\|$$

und die Gültigkeit von (4). Die Eigenschaften (3) folgen unmittelbar aus der Tatsache, daß $g(t)$ Fixpunkt von R_t ist.

Mithin ist der Definitionsbereich von $g(t)$ auf das größere Intervall

$$\left[\lambda - \frac{\delta}{2B\|F(x_0)\|};\ 1\right]$$

---

[1]) Es kann $F(x_0) \neq 0$ angenommen werden, da sonst die Aussage des Satzes sofort ersichtlich ist.

ausgedehnt worden; das widerspricht der maximalen Wahl von J. Damit bleibt nur

Fall 2: $g(\lambda)$ ist Randpunkt von K.

Dann gilt

$$B\|F(x_0)\| = \|g(\lambda) - x_0\| = \|g(\lambda) - g(1)\| \leqq B\|F(x_0)\| \, |\lambda - 1|,$$

also $|\lambda - 1| \geqq 1$, $0 \in J$, und $g(0)$ ist wegen (3) Nullstelle von F. Damit ist der Satz bewiesen.

Verwandte Ergebnisse sind von J. Kolomý [4] und H. Kleinmichel [3] angegeben worden. Dort tritt an die Stelle von (1) die schwächere Forderung

$$\|F'(x_0)^{-1}\| \leqq B_0;$$

dafür ist jedoch als weitere Voraussetzung die Ungleichung

$$\|F'(x_0)^{-1}\{F'(x) - F'(x_0)\}\| \leqq p < 1$$

für $x \in S$ aufzunehmen.

Diese Forderungen ziehen jedoch die Gültigkeit von (1) mit $B = \frac{B_0}{1-p}$ nach sich. Als Schranke für den Fehler wird die in Satz 1 genannte erhalten, wenn $B = \frac{B_0}{1-p}$ gesetzt wird. Unter Verwendung des Banachschen Satzes vom inversen Operator kann man also die dortigen Ergebnisse aus dem Satz 1 gewinnen.

Es ist ferner zu bemerken, daß sich die in [3], Satz 4, und [4], Satz 3, genannten Aussagen herleiten lassen, indem die Konvergenz des vereinfachten Newton-Verfahrens

$$x_{n+1} = x_n - F'(x_0)^{-1} F(x_n) \tag{6}$$

bewiesen wird. Eine solche Tatsache läßt sich für den vorstehenden Satz 1 nicht feststellen (Divergenz des Verfahrens (6) ist möglich). Auch dies weist auf die größere Allgemeinheit dieses Satzes hin.

Der Satz kann z. B. auf die Fehlerabschätzung bei Extremwertaufgaben angewendet werden. Bei solchen Aufgaben ist es üblich, von der Zielfunktion

$$m u^{\mathsf{T}} u \leqq u^{\mathsf{T}} f''(x) u \leqq M u^{\mathsf{T}} u \tag{7}$$

mit Konstanten $M \geqq m > 0$ zu fordern.[1]) Offenbar gilt dann (mit der euklidischen Norm)

$$\|f''(x) u\| \geqq m\|u\|,$$

also

$$\|f''(x)^{-1}\| \leqq \frac{1}{m}.$$

[1]) Aus (7) folgt die Konvexität von f.

Aus Satz 1 erhält man damit den folgenden

Satz 2. *Eine Funktion $f: R^n \to R^1$ möge für alle $u \in R^n$, $x \in R^n$ die Forderung (7) erfüllen. Dann gilt für die eindeutig bestimmte Minimallösung x^* des Problems*

$$f(x) = \text{Min!}$$

mit einer Näherung $x_0 \in R^n$ die Fehlerabschätzung

$$\|x^* - x_0\| \leqq \frac{\|f'(x_0)\|}{m}.$$

Abschließend soll gezeigt werden, wie sich mit Hilfe von Satz 1 der oben erwähnte Satz von Mysowskich, in dem zusätzlich die Konvergenz des Newton-Verfahrens bewiesen wird, noch verschärfen läßt. Es seien die am Anfang eingeführten Voraussetzungen sowie die Bezeichnung

$$h = \frac{1}{2} B^2 k \|F(x_0)\|$$

vereinbart.

Satz 3. *Es gelte $h < 1$ und*

$$P = \{x \in X \mid \|x - x_0\| \leqq B \|F(x_0)\| (1 + h^3)\} \subset S.$$

Für das Newton-Verfahren

$$x_{n+1} = x_n - F'(x_n)^{-1} F(x_n) \tag{8}$$

mit dem Startwert x_0 gilt dann die Aussage $x_n \in P$; es existiert

$$x^* = \lim_{n \to \infty} x_n,$$

und es gilt $F(x^*) = 0$.

Beweis. Nach Satz 1 ist eine Nullstelle $x^* \in K$ vorhanden, außerdem gilt $\|x_1 - x_0\| \leqq B \|F(x_0)\|$. Falls $x_n \in S$ ist, gilt

$$\begin{aligned} \|x_{n+1} - x^*\| &= \|F'(x_n)^{-1} [F'(x_n)(x_n - x^*) - F(x_n)]\| \\ &\leqq B \|F(x^*) - F(x_n) - F'(x_n)(x^* - x_n)\| \leqq \frac{B k}{2} \|x_n - x^*\|^2. \end{aligned} \tag{9}$$

Mit Hilfe von (9) erhält man durch vollständige Induktion leicht die Aussagen

a) $\|x_n - x^*\| \leqq h^{2^n - 1} B \|F(x_0)\|$,

b) $x_n \in P$, denn für $n \geqq 2$ gilt

$$\|x_n - x_0\| \leqq \|x_n - x^*\| + \|x_0 - x^*\| \leqq (1 + h^3) B \|F(x_0)\|.$$

Wegen $h < 1$ folgt aus a) und b) die Behauptung, wobei durch a) gleichzeitig die Konvergenzgeschwindigkeit abgeschätzt wird.

Für den Spezialfall $X = R^1$ sei ohne Beweis noch folgendes Resultat angegeben:

Satz 4. *Mit den obigen Voraussetzungen sei $h < 2$ und*

$$K = \{x \in R^1 \mid |x - x_0| \leqq B |F(x_0)|\} \subset S.$$

Dann konvergiert das Newton-Verfahren (8) *gegen eine Nullstelle von F, und es gilt $x_n \in K$.*

Numerisches Beispiel

Die Lösung der Gleichung $x - e^{-x} = 0$ im Bereich der komplexen Zahlen führt auf das Gleichungssystem

$$\begin{aligned} x_1 - e^{-x_1} \cos x_2 &= 0, \\ x_2 + e^{-x_1} \sin x_2 &= 0 \end{aligned} \qquad (x = x_1 + i\, x_2).$$

Für die Nullstelle

$$x^* = -1{,}53391 + 4{,}37519\, i$$

sei die Näherung $x_0 = -1{,}5 + 4{,}4 i$ gegeben. Mit

$$S = \{x \mid |x_1 + 1{,}5| \leqq 0{,}05 \text{ und } |x_2 - 4{,}4| \leqq 0{,}05\}$$

ist

$$B = \max_{x \in S} |F'(x)^{-1}| = |F'(-1{,}45 + 4{,}35\, i)| = 0{,}2488,$$

$$|F(x_0)| = 0{,}1826,$$

also gilt für den Fehler $|x^* - x_0| = 0{,}0422$ die Abschätzung

$$|x^* - x_0| \leqq 0{,}2488 \cdot 0{,}1826 = 0{,}0454.$$

Zusatz bei der Korrektur: Der Satz 1 ist ebenfalls bei ORTEGA und RHEINBOLDT [5] zu finden, wo jedoch ein anderer Beweis angegeben wird.

Literatur

[1] Мысовских, И. П., О сходимости метода Канторовича решения функциональных уравнений и его применениях. Докл. Акад. Наук СССР **70** (1950), 565–568.

[2] KANTOROWITSCH, L. W., und G. P. AKILOW, Funktionalanalysis in normierten Räumen. Akademie-Verlag, Berlin 1964 (Übersetzung aus dem Russischen).

[3] KOLOMÝ, J., Über die Lösung der im Banachschen Raume definierten nichtlinearen Gleichungen. Czechoslovak Math. J. **12** (87) (1962), 607–610.

[4] KLEINMICHEL, H., Stetige Analoga und Iterationsverfahren für nichtlineare Gleichungen in Banachräumen. Math. Nachr. **37** (1968), 313–343.

[5] ORTEGA, J. M., and W. C. RHEINBOLDT, Iterative Solution of Nonlinear Equations in Several Variables. Academic Press, New York-London 1970.

Manuskripteingang: 11. 6. 1971

Verfasser:
Stud. math. WOLFGANG BURMEISTER, Technische Universität Dresden

Beiträge zur Numerischen Mathematik
1 (1974), 49–56

Lösung spezieller linearer Gleichungssysteme

Friedrich Grund

1. Einleitung

Eine vielfach benutzte Methode zur Lösung von elliptischen Randwertproblemen ist die Diskretisation des stetigen Problems [1–6]. Bei einem linearen Randwertproblem bekommt man dadurch ein lineares Gleichungssystem, wobei in der Matrix viele Elemente Null sind. Für die Lösung des linearen Gleichungssystems wird ein direktes Verfahren [4] angewendet, welches entscheidend ausnutzt, daß viele Matrixelemente gleich Null sind. Das Verfahren ist eine Verallgemeinerung einer Methode (Kombination der Lösungen eines Anfangswertproblems) für die Lösung von gewöhnlichen Randwertproblemen. Ein Vorteil des Verfahrens gegenüber dem Gaußschen Verfahren für Blockmatrizen ist die geringere Anzahl von Rechenoperationen.

2. Problemstellung

Gegeben ist das Gleichungssystem

$$A\,x = k \tag{2.1}$$

mit der dreidiagonalen Blockmatrix

$$A = \begin{bmatrix} B_1 & C_1 & & & \\ A_2 & B_2 & C_2 & & \\ \cdot & \cdot & \cdot & \cdot & \cdot \\ & \cdot & \cdot & \cdot & \cdot \\ & & & A_p & B_p \end{bmatrix}. \tag{2.2}$$

Die Vektoren x und k seien entsprechend der Matrix eingeteilt:

$$x = (X_1, X_2, \ldots, X_p)^{\mathsf{T}}, \tag{2.3}$$

$$k = (K_1, K_2, \ldots, K_p)^{\mathsf{T}}. \tag{2.4}$$

Die A_i, B_i und C_i in (2.2) sind quadratische Matrizen und die X_i und K_i in (2.3), (2.4) Vektoren N-ter Ordnung. Die Ordnung n der Matrix A ist $n = N \cdot p$. Für $N = 1$ ist die Matrix A (2.2) eine Jacobimatrix.

Für die Lösung des Gleichungssystems (2.1) läßt sich der Satz 2.1 angeben.

Satz 2.1. *Die Matrizen C_i ($i = 1, 2, \ldots, p-1$; $p \geqq 2$) in* (2.2) *seien nichtsingulär. Es existiert eine eindeutige Lösung des Gleichungssystems* (2.1), *wenn die in* (2.8) *angegebene Matrix Q regulär ist. Die Lösung wird mit* (2.5), (2.6), (2.7), (2.8) *und* (2.9) *berechnet. Falls die Matrix Q singulär ist, gibt es keine Lösung von* (2.1).

Dabei ist

$$X_i = R_i + U_i G \quad (i = 1, 2, \ldots, p), \tag{2.5}$$

$$\begin{aligned} U_1 &= U_w \; (U_w \neq 0, \textit{beliebig}), \\ U_2 &= -\, C_1^{-1} B_1 U_1, \\ U_i &= -\, C_{i-1}^{-1} (A_{i-1} U_{i-2} + B_{i-1} U_{i-1}) \quad (i = 3, 4, \ldots, p), \end{aligned} \tag{2.6}$$

$$\begin{aligned} R_1 &= R_w \; (R_w \textit{ beliebig}), \\ R_2 &= C_1^{-1} (K_1 - B_1 R_1), \\ R_i &= C_{i-1}^{-1} (K_{i-1} - A_{i-1} R_{i-2} - B_{i-1} R_{i-1}) \quad (i = 3, 4, \ldots, p), \end{aligned} \tag{2.7}$$

$$Q = A_p U_{p-1} + B_p U_p, \tag{2.8}$$

$$G = Q^{-1} (K_p - A_p R_{p-1} - B_p R_p). \tag{2.9}$$

Beweis. Der Ansatz (2.5) wird in (2.1) eingesetzt und umgeordnet. Es ergibt sich

$$\left.\begin{aligned} &(B_1 U_1 + C_1 U_2) G + B_1 R_1 + C_1 R_2 = K_1, \\ &\cdots\cdots\cdots\cdots\cdots\cdots \\ &(A_{p-1} U_{p-2} + B_{p-1} U_{p-1} + C_{p-1} U_p) G + A_{p-1} R_{p-2} \\ &\qquad\qquad + B_{p-1} R_{p-1} + C_{p-1} R_p = K_{p-1}, \\ &(A_p U_{p-1} + B_p U_p) G + A_p R_{p-1} + B_p R_p = K_p. \end{aligned}\right\} \tag{2.10}$$

Für die Lösung dieses Systems von p Vektorgleichungen werden in den ersten $p-1$ Gleichungen die eingeklammerten Matrizenausdrücke bei G gleich der Nullmatrix gesetzt. Die entstehenden $p-1$ Gleichungen für die U_i und R_i ($i = 1, 2, \ldots, p$) werden mit der Annahme willkürlicher Werte für $U_1 \neq 0$ und R_1 nach U_i und R_i ($i = 2, 3, \ldots, p$) aufgelöst, wodurch sich (2.6) und (2.7) ergeben. Ist die Matrix Q regulär, dann läßt sich die letzte Gleichung von (2.10) nach G auflösen, woraus (2.9) folgt, und mit (2.5) ergibt sich die gesuchte Lösung. Ist die Matrix Q singulär, so gibt es demnach einen vom Nullvektor verschiedenen Vektor G derart, daß

$$Q G = 0 \tag{2.11}$$

ist. (2.6) und (2.11) können zusammengefaßt werden zu

$$\begin{bmatrix} B_1 & C_1 & & \\ A_2 & B_2 & C_2 & \\ & \ddots & \ddots & \ddots \\ & & A_p & B_p \end{bmatrix} \begin{bmatrix} U_1 G \\ U_2 G \\ \vdots \\ U_p G \end{bmatrix} = 0. \tag{2.12}$$

U_1 ist eine willkürliche Matrix, etwa die Einheitsmatrix; außerdem ist G kein Nullvektor. Daraus folgt, daß der Vektor in (2.12) nicht der Nullvektor und damit die Matrix A singulär ist.

Für die Lösung von (2.1) lassen sich zwei Varianten für das direkte Verfahren angeben. Bei der ersten Variante werden in (2.10) die Matrizenausdrücke in der zweiten bis p-ten Gleichung gleich der Nullmatrix gesetzt und die U_i, R_i $(i = p, p-1, \ldots, 2, 1)$ mit willkürlichen $U_p \neq 0$, R_p bestimmt. Die zweite Variante ist eine Kombination des direkten Verfahrens und der ersten Variante. Die Anzahl der Rechenoperationen für das direkte Verfahren läßt sich leicht angeben, wenn A eine Jacobimatrix ist. Man benötigt in diesem Fall $7n - 3$ Operationen [4], während das Gaußsche Eliminationsverfahren für dreidiagonale Matrizen, auch Algorithmus von THOMAS genannt, $5n - 4$ Operationen braucht [5, S. 57].

3. Das direkte Verfahren für spezielle dreidiagonale Blockmatrizen

Bei der Diskretisation von partiellen Randwertproblemen mittels 5-Punkt-Formeln [1–3, 5] entstehen vielfach Gleichungssysteme der Form (2.1), (2.2), wobei die Matrizen A_i, C_i Diagonalmatrizen und die B_i dreidiagonale Matrizen sind. Das direkte Verfahren läßt sich für solche Matrizen wesentlich vereinfachen. Die Darstellung der Matrizen A_i, B_i, C_i, U_i und der Vektoren K_i, X_i, G und R_i sei:

$$A_i = \begin{bmatrix} a_{1,i} & & & \\ & a_{2,i} & & \\ & & \ddots & \\ & & & a_{N,i} \end{bmatrix} \quad (i = 2, 3, \ldots, p), \tag{3.1}$$

$$B_i = \begin{bmatrix} c_{1,i} & d_{1,i} & & & \\ b_{2,i} & c_{2,i} & d_{2,i} & & \\ & \ddots & \ddots & \ddots & \\ & & b_{N-1,i} & c_{N-1,i} & d_{N-1,i} \\ & & & b_{N,i} & c_{N,i} \end{bmatrix} \quad (i = 1, 2, \ldots, p), \tag{3.2}$$

$$C_i = \begin{bmatrix} e_{1,i} & & & \\ & e_{2,i} & & \\ & & \ddots & \\ & & & e_{N,i} \end{bmatrix} \quad (i = 1, 2, \ldots, p-1), \tag{3.3}$$

$$U_i = \begin{bmatrix} u_{1,1,i} & u_{1,2,i} & \cdots & u_{1,N,i} \\ \vdots & \vdots & & \vdots \\ u_{N,1,i} & u_{N,2,i} & \cdots & u_{N,N,i} \end{bmatrix} \quad (i = 1, 2, \ldots, p), \tag{3.4}$$

$$K_i = (k_{1,i}, k_{2,i}, \ldots, k_{N,i})^{\mathsf{T}}, \tag{3.5}$$

$$X_i = (x_{1,i}, x_{2,i}, \ldots, x_{N,i})^{\mathsf{T}}, \tag{3.6}$$

$$R_i = (r_{1,i}, r_{2,i}, \ldots, r_{N,i})^{\mathsf{T}} \quad (i = 1, 2, \ldots, p), \tag{3.7}$$

$$G = (g_1, g_2, \ldots, g_N)^{\mathsf{T}}. \tag{3.8}$$

Es wird angenommen, daß die Voraussetzungen für den Satz 2.1 erfüllt sind. Danach sind zu berechnen: R_i $(i = 1, 2, \ldots, p)$, U_i $(i = 1, 2, \ldots, p)$, G und X_i $(i = 1, 2, \ldots, p)$, was nun im einzelnen untersucht werden soll.

Die Berechnung der R_i wird mit (2.7) durchgeführt. Die Bildung der inversen Matrizen und der Produkte der Matrizen und Vektoren bereitet keine Schwierigkeiten, da die Matrizen nach Voraussetzung diagonal bzw. dreidiagonal sind. Mit

$$R_1 = R_w = (r_{w_1}, r_{w_2}, \ldots, r_{w_N})^{\mathsf{T}}$$
$$(r_{w_i} \text{ beliebig, } i = 1, 2, \ldots, N)$$

berechnen sich die Komponenten von R_i $(i = 2, 3, \ldots, p)$ nach

$$\left.\begin{aligned} r_{1,i} &= (k_{1,i-1} - a_{1,i-1}\, r_{1,i-2} - c_{1,i-1}\, r_{1,i-1} - d_{1,i-1}\, r_{2,i-1})/e_{1,i-1}, \\ r_{j,i} &= (k_{j,i-1} - a_{j,i-1}\, r_{j,i-2} - b_{j,i-1}\, r_{j-1,i-1} \\ &\quad - c_{j,i-1}\, r_{j,i-1} - d_{j,i-1}\, r_{j+1,i-1})/e_{j,i-1} \\ &\quad (j = 2, 3, \ldots, N-1), \\ r_{N,i} &= (k_{N,i-1} - a_{N,i-1}\, r_{N,i-2} - b_{N,i-1}\, r_{N-1,i-1} - c_{N,i-1}\, r_{N,i-1})/e_{N,i-1} \\ &\quad (i = 2, 3, \ldots, p), \end{aligned}\right\} \tag{3.9}$$

wobei für $i = 2$ alle Terme mit $r_{j,0}$ $(j = 1, 2, \ldots, N)$ Null zu setzen sind.

Die U_i berechnen sich nach (2.6). Es läßt sich eine einfache Darstellung der U_i $(i = 2, 3, \ldots, p)$ angeben, falls U_1 eine Diagonalmatrix $U_1 = \operatorname{diag}(u_{w_i})$ $(u_{w_i} \neq 0,\ i = 1, 2, \ldots, N)$ ist. Für die halbe Bandbreite der U_i gilt nun der Satz 3.1.

Satz 3.1. *Falls U_1, A_i und C_i Diagonalmatrizen und B_i dreidiagonale Matrizen sind, gilt für die halbe Bandbreite m_{u_i} der U_i von (2.6) die Beziehung*

$$m_{u_i} = i - 1 \quad (i = 2, 3, \ldots, p).$$

In der Beweisführung des Satzes 3.1 wird der Hilfssatz 3.1 gebraucht, dessen Gültigkeit offensichtlich ist.

Hilfssatz 3.1. *A und B sind k_A- bzw. k_B-diagonale Matrizen N-ter Ordnung mit der halben Bandbreite m_A bzw. m_B. Die halbe Bandbreite der Produktmatrix $C = A\,B$ ist*

$$m_C = \begin{cases} m_A + m_B & \text{für} \quad m_A + m_B < N - 1, \\ N - 1 & \text{für} \quad m_A + m_B \geqq N - 1 \end{cases}$$

und die der Summe $D = A + B$

$$m_D = \max(m_A, m_B).$$

Beweis von Satz 3.1. Der Beweis wird mit vollständiger Induktion geführt. Die Aussage ist richtig für $i = 2$. Angenommen, U_{i-2} habe die halbe Bandbreite $m_{U_{i-2}} = i - 3$ $(i \geqq 4)$, U_{i-1} die halbe Bandbreite $m_{U_{i-1}} = i - 2$ $(i \geqq 3)$. Da nach Voraussetzung die halbe Bandbreite der A_i, C_i Null und der B_i Eins ist, ergibt sich die Behauptung durch mehrmalige Anwendung des Hilfssatzes 3.1 auf (2.6).

Für die halben Bandbreiten der U_i gibt es entsprechend der Größe von N und p drei Fälle:

	U_i	
	Bandmatrizen für	keine Bandmatrizen für
$p < N$	$i = 1, 2, \ldots, p$	
$p = N$	$i = 1, 2, \ldots, p - 1$	$i = p$
$p > N$	$i = 1, 2, \ldots, N - 1$	$i = N, N + 1, \ldots, p$

Nach Satz 3.1 sind einige oder alle U_i Bandmatrizen. Diese Eigenschaft wollen wir bei der Berechnung der Matrixelemente der U_i ausnutzen. Dazu müssen uns in den U_i die Elemente (Spalten-, Zeilenindex) bekannt sein, die innerhalb des Bandes liegen (Satz 3.2).

Satz 3.2. *$A = (a_{i,j})$ ist eine k-diagonale Matrix der Ordnung N mit der halben Bandbreite $m = (k - 1)/2$. Die Elemente $a_{i,j}$ mit $|i - j| \leqq m$ sind gegeben durch*

I. $0 \leqq m \leqq [N/2] - 1$

a) $i = 1, 2, \ldots, m + 1;$ $\quad j = 1, 2, \ldots, m + i,$

b) $i = m + 2, \ldots, N - m - 1;$ $\quad j = -m + i, \ldots, m + i,$

c) $i = N - m, \ldots, N;$ $\quad j = -m + i, \ldots, N;$

II. $[N/2] \leqq m < N - 1$

a) $i = 1, 2, \ldots, N - m - 1; \quad j = 1, 2, \ldots, m + i,$

b) $i = N - m, \ldots, m + 1; \quad j = 1, 2, \ldots, N,$

c) $i = m + 2, \ldots, N; \quad j = -m + i, \ldots, N;$

III. $m = N - 1$

$i = 1, 2, \ldots, N; \quad j = 1, 2, \ldots, N,$

I. b) *ist für N gerade und $m = (N/2) - 1$ wegzulassen.*

Für die Matrixelemente $u_{j,k,i}$ können wir einfache explizite Formeln angeben, da die A_i und C_i diagonale und die B_i dreidiagonale Matrizen sind. Eine einfache Beschreibung ist durch die Darstellung der Formeln in einer Ergibtanweisung durch eine ALGOL 60 ähnliche Sprache möglich. Es gilt

$$u_{j,k,i} := -\sum_{l=1}^{4} (\textbf{if } B_l \textbf{ then } 0 \textbf{ else } A_l)/e_{j,i-1}. \tag{3.10}$$

Die Booleschen Ausdrücke B_l und die arithmetischen Ausdrücke A_l sind in Tabelle 3.1 zusammengestellt.

Tabelle 3.1

l	B_l	A_l
1	$\lvert j - k \rvert > i - 3$	$a_{j,i-1} \; u_{j,k,i-2}$
2	$\lvert j - 1 - k \rvert > i - 2 \lor j = 1$	$b_{j,i-1} \; u_{j-1,k,i-1}$
3	$\lvert j - k \rvert > i - 2$	$c_{j,i-1} \; u_{j,k,i-1}$
4	$\lvert j + 1 - k \rvert > i - 2 \lor j = N$	$d_{j,i-1} \; u_{j+1,k,i-1}$

Für $i = 2$ ist in (3.10) der Summand mit $l = 1$ wegzulassen. Die Bestimmung des Vektors G nach (2.9) führt auf die Lösung eines Gleichungssystems N-ter Ordnung, das mit dem Gaußschen Eliminationsverfahren gelöst wird. Die Matrix und die rechte Seite werden mit (3.9) und (3.10) bestimmt, wobei in (3.9) $e_{i,j} = -1$, in (3.10) $e_{i,j} = 1$ und $i = p + 1$ zu setzen sind.

Bei den Formeln (3.6) wird wiederum ausgenutzt, daß die U_i Bandmatrizen sind. Es ist

$$x_{j,i} = r_{j,i} + \sum_{k=k_1}^{k_2} u_{j,k,i} \cdot g_k \qquad (j = 1, 2, \ldots, N; \quad i = 1, 2, \ldots, p).$$

Die k_1 und k_2 sind die unteren bzw. oberen Begrenzungen der Spaltenindizes, die nach Satz 3.2 in Abhängigkeit von Zeilenindex, Ordnung N und der halben Bandbreite bekannt sind.

Die Anzahl der Operationen für die Lösung des Gleichungssystems (2.1) mit den diagonalen Matrizen A_i, C_i und den dreidiagonalen Matrizen B_i ist für das direkte Verfahren nach [4]

$$N^3/3 + 6\,N^2 - 2\,p^3 \quad \text{für} \quad p < N, \qquad 6\,N^2 p - 5/3\,N^3 \quad \text{für} \quad p \geqq N.$$

4. Numerisches Beispiel

Gegeben sei das Randwertproblem

$$U_{xx} + U_{yy} = (\pi/18)^2 \cos(\pi x/18) - (\pi/14)^2 \sin(\pi y/14),$$

$$R = \{(x, y) \mid 0 < x < 9,\ 0 < y < 7\},$$

$$u(x, 0) = -\cos(\pi x/18), \quad u(x, 7) = 1 - \cos(\pi x/18) \quad (0 \leqq x \leqq 9),$$

$$u(0, y) = \sin(\pi y/14) - 1, \quad u(9, y) = \sin(\pi y/14) \quad (0 \leqq y \leqq 7).$$

Die exakte Lösung ist

$$u(x, y) = \sin(\pi y/14) - \cos(\pi x/18)$$

mit $(x, y) \in G$, $G = \{(x, y) \mid 0 \leqq x \leqq 9,\ 0 \leqq y \leqq 7\}$. Über das Rechteck wird ein quadratisches Netz mit den Gitterpunkten $(x_i, y_j) = (i, j)$ $(i = 0, 1, \ldots, 9;$ $j = 0, 1, \ldots, 7)$ gelegt und die Differentialgleichung in $(x_i, y_i) \in R_h$, $R_h = \{(x_i, y_j) \mid i = 1, 2, \ldots, 8;\ j = 1, 2, \ldots, 6\}$, durch die Differenzengleichungen

$$U_{i-1,j} + U_{i+1,j} + U_{i,j-1} + U_{i,j+1} - 4\,U_{i,j}$$
$$= (\pi/18)^2 \cos(\pi i/18) - (\pi/14)^2 \sin(\pi j/14)$$
$$(i = 1, 2, \ldots, 8;\ j = 1, 2, \ldots, 6)$$

approximiert. $U_{i,j}$ bezeichnet die Approximation zu $u(x_i, y_j)$. Die Gitterpunkte $(x_i, y_j) \in R_h$ werden auf der Linie $y_1 = 1$ von links mit 1, 2, ..., 8 usw. und auf der Linie $y_6 = 6$ mit 41, 42, ..., 48 numeriert. Die Notierung der Differenzengleichungen für die Gitterpunkte mit den Nummern 1, 2, 3, ..., 47, 48 führt auf das Gleichungssystem

$$A\,x = k \tag{4.1}$$

mit

$$A = \begin{bmatrix} B & E & & & \\ E & B & E & & \\ & \ddots & \ddots & \ddots & \\ & & E & B & E \\ & & & E & B \end{bmatrix} \quad (E \text{ Einheitsmatrix, Ordnung } 8), \tag{4.2}$$

$$\begin{aligned} k &= (K_1, K_2, \ldots, K_6)^{\mathsf{T}} \\ x &= (X_1, X_2, \ldots, X_6)^{\mathsf{T}} \end{aligned} \quad (K_i,\ X_i \text{ Vektoren, Ordnung } 8),$$

$$B = \begin{bmatrix} -4 & 1 & & & \\ 1 & -4 & 1 & & \\ & \ddots & \ddots & \ddots & \\ & & 1 & -4 & 1 \\ & & & 1 & -4 \end{bmatrix}. \tag{4.3}$$

Die K_i ergeben sich aus den Differenzengleichungen und den Randbedingungen. Das Gleichungssystem (4.1) wurde mit dem direkten Verfahren für spezielle dreidiagonale Blockmatrizen gelöst und die Lösung x mit

$$r^{(i)} = k - A\,x^{(i)},$$
$$A\,z^{(i)} = r^{(i)},$$
$$x^{(i+1)} = x^{(i)} + z^{(i)} \quad (i = 1, 2, \ldots), \quad x^{(1)} = x$$

iterativ verbessert. Als Abbruchbedingung für die Iteration wurde

$$\|z^{(i)}\| \leqq \varepsilon \|x\| \quad (\|u\| = \max_i |u_i|,\ \varepsilon \text{ Eins-Rundungsniveau})$$

gewählt. Die Rechnungen wurden auf einer elektronischen Rechenanlage (Mantissenlänge 6 hexadezimale Ziffern, $\varepsilon = 0.5\ 16^{-5}$) durchgeführt. Die Abbruchbedingung war nach zwei Iterationen erfüllt. Bei der Rechnung hat sich ergeben:

Norm der Lösungen: $\|x\| = \|x^{(1)}\| = 0.8013916, \quad \|x^{(3)}\| = 0.8014463.$

Norm der Korrektur: $\|z^{(1)}\| = 0.515\ 10^{-3}, \quad \|z^{(2)}\| = 0.542\ 10^{-7}.$

Norm des Restes: $\|r^{(1)}\| = 0.285\ 10^{-2}, \quad \|r^{(2)}\| = 0.182\ 10^{-6}.$

Die Berechnung des Restes wurde dabei mit doppelter Genauigkeit ausgeführt.

Literatur

[1] Collatz, L., Numerische Behandlung von Differentialgleichungen. Springer-Verlag, Berlin-Göttingen-Heidelberg 1955.
[2] Forsythe, G. E., and W. R. Wasow, Finite-difference methods for partial differential equations. John Wiley & Sons, Inc., New York-London 1960.
[3] Greenspan, D., Introductory numerical analysis of elliptic boundary value problems. Harper & Row, Publishers, New York-Evanston-London 1965.
[4] Grund, F., Ein direktes Verfahren zur Lösung spezieller linearer Gleichungssysteme. Inaugural-Dissertation, Humboldt-Universität, Berlin 1969.
[5] Isaacson, E., and H. B. Keller, Analysis of numerical methods. John Wiley & Sons, Inc., New York-London-Sydney 1966.
[6] Varga, R. S., Matrix iterative analysis. Prentice-Hall, Inc., Englewood Cliffs (N. J.) 1963.

Manuskripteingang: 5. 11. 1970

Verfasser:
Dr. rer. nat. Friedrich Grund, Zentralinstitut für Mathematik und Mechanik der Akademie der Wissenschaften der DDR

Beiträge zur Numerischen Mathematik
1 (1974), 57–60

Zur punktweisen konformen Abbildung unter Verwendung des harmonischen Maßes

REINHARD HOFMANN

1. Das harmonische Maß hat im Zusammenhang mit dem Parameterproblem der Schwarz-Christoffelschen Formel wohl AHLFORS [1] erstmals in die Praxis der konformen Abbildung eingeführt. In [3] haben wir diesen Gedanken systematisch ausgebaut, wobei die Verwendung der Methode von TREFFTZ anstelle des alternierenden Verfahrens den wesentlichen Vorteil hatte, daß man ganze Gebietsklassen allein durch Änderung der Eingangsparameter mit dem gleichen Programm bearbeiten kann. Die naheliegende Möglichkeit der Anwendung des harmonischen Maßes zur punktweisen konformen Abbildung des Gebietsinneren ist bei GAIER [2] angedeutet.

2. P sei ein einfach-zusammenhängendes Gebiet der z-Ebene mit $z = 0$ im Inneren und dem Jordanrand ∂P. $w = f(z)$ sei die eineindeutige konforme Abbildung auf $|w| \leqq 1$ mit $f(0) = 0, f(A_k) = \tau_k = e^{i\vartheta_k}$; $A_k \in \partial P, k = 1, \ldots, n$, $\vartheta_1 := 0$.

Die Funktion $\omega_k(z) = \omega(z, s_k, P)$ mit

$$\Delta\omega_k(z) = 0 \quad \text{in} \quad P,$$
$$|\omega_k(z)| < M,$$
$$\omega_k(z) = \begin{cases} 1 & \text{für} \quad z \in s_k, \\ 0 & \text{für} \quad z \in \partial P \backslash s_k \end{cases}$$

(dabei bezeichnet s_k das Randstück von P, das von den Punkten A_k und A_{k+1} begrenzt wird) heißt das harmonische Maß von s_k bezüglich P in z. Die Funktion ist eindeutig bestimmt und bei eineindeutiger konformer Abbildung des Gebietes eine Invariante. Demzufolge gilt

$$\omega_k(z) \equiv \omega\left(f(z), \widehat{\tau_k \tau_{k+1}}, |w| < 1\right), \quad z \in P.$$

Im Einheitskreis besitzt $\omega_k(w)$ eine elementargeometrische Bedeutung, indem die Niveaulinien die im Inneren des Einheitskreises verlaufenden Teilbögen der

Kreise durch τ_k und τ_{k+1} sind, die den Winkel $\alpha_k(w) = \pi\,(\omega_k(w) + \omega_k(0))$ als Peripheriewinkel über $\widehat{\tau_k \tau_{k+1}}$ fassen.

Folglich gilt:

1. $2\pi\,\omega_k(0) = \vartheta_{k+1} - \vartheta_k$.
2. Sind in $z \in P$ $\omega_k(z)$ und $\omega_{k+1}(z)$ bekannt, dann ist $w = f(z)$ der Schnittpunkt der beiden Kreise durch τ_k und τ_{k+1} bzw. τ_{k+1} und τ_{k+2}, die über den entsprechenden Bögen den Peripheriewinkel $\alpha_j(z) := \pi\,(\omega_j(z) + \omega_j(0))$, $j = k, k+1$, fassen.

Damit ist die punktweise konforme Abbildung von P auf die Berechnung zweier harmonischer Maße zurückgeführt.

Praktische Realisierung

a) Berechnung der Kreismittelpunkte

Wir setzen ohne Beschränkung der Allgemeinheit $k = 1$ und $0 < \vartheta_2 < \pi$. Dann wird für $j = 1, 2$

$$M_j := \exp\left(i\,\frac{\vartheta_{j+1} + \vartheta_j}{2}\right)\left(\cos\frac{\vartheta_{j+1} - \vartheta_j}{2} \pm \sin\frac{\vartheta_{j+1} - \vartheta_j}{2}\cot\alpha_j\right).$$

Hier gilt das Minuszeichen für $\pi\omega_j(0) < \alpha_j < \pi - \varepsilon$, das Pluszeichen für $\pi + \varepsilon < \alpha_j < \pi\,(1 + \omega_j(0))$. Für $\alpha_j = \pi$ entartet der Kreis zur Verbindungsgeraden von τ_j und τ_{j+1}.

b) Berechnung des Bildpunktes $w = f(z)$

w ist Spiegelpunkt von τ_2 bezüglich $\overline{M_1 M_2}$ (bzw. der Mittelsenkrechten zu $\overline{\tau_3\tau_2}$ oder $\overline{\tau_2\tau_1}$ im Ausartungsfall), $w := M_1 + \overline{(\tau_2 - M_1)}\,\dfrac{(M_2 - M_1)^2}{|M_2 - M_1|^2}$ im Regelfall. Ist im Ausnahmefall etwa $\pi - \varepsilon < \alpha_1 < \pi + \varepsilon$, dann gilt hingegen

$$w := M_2 + \overline{(M_2 - \tau_2)}\,\frac{(\tau_2 - \tau_1)^2}{|\tau_2 - \tau_1|^2}$$

als Berechnungsformel. (Exakt nur für $\alpha_1 = \pi$ richtig!) Für $\pi - \varepsilon < \alpha_2 < \pi + \varepsilon$ erhält man eine analoge Formel.

3. Die Berechnung der Näherungen $W_k^M(z)$ von $\omega_k(z)$ erfolgte in [3] mit Hilfe der Methode von TREFFTZ unter Verwendung der Koordinatenfunktionen $(\mathrm{Re}\,z^j;\ \mathrm{Im}\,z^j)_{j=1,\ldots,M}$, wobei das Verfahren immer konvergiert und für kreisumbeschriebene Gebiete im Sinne von MICHLIN [5] numerisch stabil ist. Als Gebiete werden geradlinige 3- bis 8-Ecke und Kreisbogenpolygone mit konzentrischen Bogenstücken betrachtet. Bei einem mittleren Grad der Näherung ergibt sich für das Einheitsquadrat der in Abb. 1 dargestellte Verlauf längs des Randes. Für praktische Zwecke ist Glättung durch Hinzunahme wenigstens

einer angepaßten Koordinatenfunktion (vgl. [3] und [4]) und Ausschaltung des Gibbsschen Phänomens durch Féjer-Mittelung angezeigt. Das Fehlerverhalten im Gebietsinneren läßt sich durch das Randverhalten recht gut übersehen.

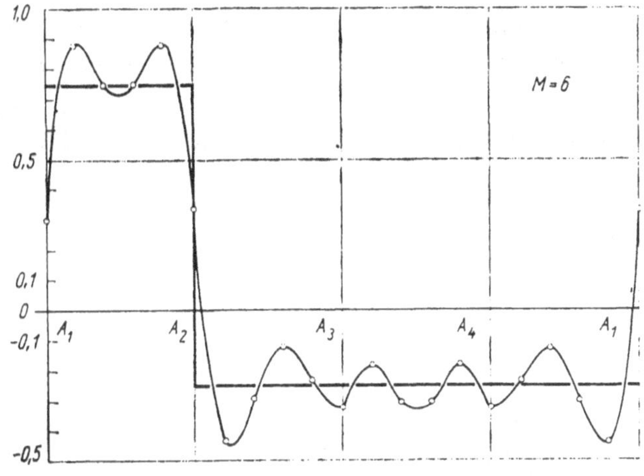

Abb. 1

4. Numerische Ergebnisse sind für das Einheitsquadrat für die Näherungsgrade $M = 6$, $M = 9$ und $M = 11$ errechnet worden. Einige Zahlenwerte sind für sieben Punkte in Tabelle 1 zusammengestellt und lassen einige Vergleiche zu.

Tabelle 1

	z	$w = f(z)$		
		exakt	$M = 6$	$M = 11$
1	$0{,}0833 + 0{,}0833\,i$		$0{,}1088 + 0{,}1069\,i$	$0{,}1094 + 0{,}1096\,i$
2	$0{,}1667 + 0{,}1667\,i$		$0{,}2275 + 0{,}2156\,i$	$0{,}2188 + 0{,}2196\,i$
3	$0{,}2500 + 0{,}2500\,i$	$0{,}3293 + 0{,}3293\,i$	$0{,}3808 + 0{,}3189\,i$	$0{,}3297 + 0{,}3319\,i$
4	$0{,}3333 + 0{,}3333\,i$		$0{,}6467 + 0{,}3493\,i$	$0{,}4473 + 0{,}4517\,i$
5	$0{,}4166 + 0{,}4166\,i$		unbrauchbar	$0{,}5905 + 0{,}5923\,i$
6	$0{,}1250 + 0{,}3750\,i$	$0{,}1617 + 0{,}4905\,i$	$0{,}2364 + 0{,}4501\,i$	$0{,}1578 + 0{,}4922\,i$
7	$0{,}0000 + 0{,}5000\,i$	$0 \quad + 0{,}6436\,i$	$0{,}0014 + 0{,}5835\,i$	$0{,}0000 + 0{,}6388\,i$

5. Wenn man beachtet, daß keinerlei Symmetrien einprogrammiert wurden und die oben angedeuteten glättenden Maßnahmen ebenfalls noch fehlen, dann können die gewonnenen Ergebnisse durchaus dem Vergleich mit verschiedenen anderen Methoden (vgl. [2]) standhalten. Es wird sicher auch von Nutzen sein, daß die speziellen Randparameter (Lage der Ecken) den Algorithmus und

das Programm in keiner Weise beeinflussen, sondern lediglich als Eingangsdaten variiert werden müssen, was z. B. bei Integralgleichungsmethoden nicht der Fall ist.

Eine Diskussion des Fehlers in Abhängigkeit vom Fehler der harmonischen Maße ist wegen der einfachen Formeln direkt möglich, läßt sich jedoch nicht in geschlossener Form günstig darstellen, weshalb wir darauf verzichten wollen.

Herr WILHELM von der Sektion Rechentechnik und Datenverarbeitung der Karl-Marx-Universität hat die Rechnungen auf dem ZRA 1 durchgeführt.

Literatur

[1] AHLFORS, L. V., Two numerical methods in conformal mapping. Nat. Bur. Standards, Appl. Math. Ser. 42 (1955), 45–52.

[2] GAIER, D., Konstruktive Methoden der konformen Abbildung. Springer-Verlag, Berlin-Göttingen-Heidelberg 1964.

[3] HOFMANN, R., Das Näherungsverfahren von Trefftz, seine Anwendung auf das Parameterproblem der Schwarz-Christoffelschen Formel und die Torsion prismatischer Stäbe, Wiss. Z. Karl-Marx-Universität Leipzig, Naturwiss. Reihe, 20. Jg., H. 2 (1971).

[4] HOCHSTRASSER, U. W., Numerical experiments in potential theorie using the Nehari estimates. Math. Tables Aids Comput. 12 (1958), 26–33.

[5] MICHLIN, S. G., Numerische Realisierung von Variationsmethoden. Akademie-Verlag, Berlin 1969 (Übersetzung aus dem Russischen).

Manuskripteingang: 25. 5. 1971

Verfasser:
Dozent Dr. rer. nat. REINHARD HOFMANN, Sektion Mathematik der Karl-Marx-Universität Leipzig

Beiträge zur Numerischen Mathematik
1 (1974), 61–74

Konvergenzaussagen und Fehlerabschätzungen für eine Klasse von Iterationsverfahren

HELMUT KLEINMICHEL

1. Einleitung

In dieser Arbeit wird zur Lösung der durch (2.2) beschriebenen Aufgabe eine allgemeine Klasse von Iterationsverfahren der Form (2.1) betrachtet. Da in diesen Verfahren zur Bestimmung von x^{n+1} jeweils nur auf die vorhergehende Näherung x^n zurückgegriffen wird, bezeichnet man sie gewöhnlich auch als Einschrittverfahren. Um verschiedenartige Anwendungen zuzulassen, werden die Betrachtungen in einem Banach-Raum durchgeführt. In den Abschnitten 3 und 4 werden zwei für Verfahren der Klasse (2.1) gültige Konvergenzsätze mit Fehlerabschätzungen (Satz 1, Satz 2) hergeleitet. Aus beiden Sätzen können dann auf deduktivem Wege Aussagen für spezielle Verfahren gewonnen werden. Dazu ist es im Einzelfall erforderlich, gewisse Abschätzungsfunktionen und Kenngrößen zu ermitteln, die dann nur noch in die im allgemeinen Satz benutzten Formeln einzusetzen sind. Für eine Reihe bekannter Verfahren werden in Abschnitt 5 diese Kenngrößen ermittelt. Insbesondere ergibt sich so als Spezialfall der bekannte Satz von KANTOROWITSCH über das Newton-Verfahren.

Ein allgemeiner Satz für Verfahren der Klasse (2.1) wird auch von COLLATZ in [2, 3] angegeben und in [1] zur Fehlerabschätzung bei verschiedenen Beispielen benutzt. Es kann jedoch allgemein gezeigt werden (Abschnitt 6), daß unter einer Zusatzvoraussetzung (die jedoch in allen bekannten Spezialfällen erfüllt ist) der oben erwähnte Satz 1 stets mit schwächeren Konvergenzbedingungen auskommt und bessere Abschätzungen liefert als der Satz aus [2, 3].

Weitere auf dem Prinzip majorisierender Folgen beruhende Konvergenzaussagen für Verfahren der Form (2.1) findet man in [6].

Für eine umfassendere Klasse von Verfahren, die auch die sogenannten Mehrschrittverfahren enthält, wird in [7] ein allgemeiner Satz über die lokale Konvergenz angegeben. Er setzt jedoch die Existenz einer Lösung voraus und erlaubt keine Fehlerabschätzungen.

2. Bezeichnungen und Hilfsmittel

Es seien X, Y Banachräume und R eine offene konvexe Teilmenge von X. Weiterhin sei $P: R \to Y$ eine nichtlineare Abbildung, die in R p-mal stetig Fréchet-differenzierbar ist. Mit Hilfe eines Iterationsverfahrens der Form

$$x^{n+1} = F(x^n) \tag{2.1}$$

soll eine Lösung der Aufgabe

$$P(x) = 0 \tag{2.2}$$

ermittelt werden. Es wird zugelassen, daß im Verfahren (2.1) außer dem Operator P auch noch gewisse Ableitungsoperatoren $P^{(\nu)}$ und der inverse Operator

$$\Gamma_n := [P'(x^n)]^{-1}$$

benutzt werden. Das Verfahren (2.1) sei durchführbar, sofern x^n in R bleibt und Γ_n existiert. Einige spezielle Verfahren der Form (2.1) werden in Abschnitt 5 betrachtet.

Im weiteren werden folgende Bezeichnungen verwendet: Mit

$$\|\Gamma_n P(x^n)\| \leqq M_n \quad \text{und} \quad \|\Gamma_n P^{(\nu)}(x)\| \leqq K_{\nu n} \tag{2.3}$$
$$\text{für} \quad x \in R \quad (\nu = 2, \ldots, p)$$

sei

$$h_n := M_n K_{2n}; \tag{2.4}$$

$$\varphi_n := \varphi(h_n, K_{2n}, \ldots, K_{pn}), \quad \psi_n := \psi(h_n, K_{2n}, \ldots, K_{pn}). \tag{2.5}$$

Dabei seien $\varphi(h, \xi_2, \ldots, \xi_p)$, $\psi(h, \xi_2, \ldots, \xi_p)$ Funktionen mit folgenden Eigenschaften:

A. $h \leqq \bar{h}$ bewirkt $\varphi(h, \xi_2, \ldots, \xi_p) \leqq \varphi(\bar{h}, \xi_2, \ldots, \xi_p)$,
$\psi(h, \xi_2, \ldots, \xi_p) \leqq \psi(\bar{h}, \xi_2, \ldots, \xi_p)$

B. $t \geqq 1$ bewirkt $\varphi(h, \xi_2, \ldots, \xi_p) \geqq \varphi(h, t\xi_2, \ldots, t\xi_p)$,
$\psi(h, \xi_2, \ldots, \xi_p) \geqq \psi(h, t\xi_2, \ldots, t\xi_p)$.

Ein Verfahren der Klasse (2.1) habe nun die *Eigenschaft* E, wenn es folgende Voraussetzungen erfüllt: *Sofern $x^n \in R$ ist, der inverse Operator Γ_n existiert und es gemäß* (2.3) *Schranken M_n, $K_{\nu n}$ ($\nu = 2, \ldots, p$) gibt, lassen sich zwei den Bedingungen* A *und* B *genügende Funktionen φ, ψ und eine Zahl $k \geqq 1$ derart finden, daß Abschätzungen folgender Gestalt gelten:*

$$\|\delta^n\| \leqq M_n \varphi_n \quad (\delta^n := x^{n+1} - x^n), \tag{2.6}$$

$$\|\Gamma_n P(x^{n+1})\| \leqq M_n h_n^{k-1} \psi_n. \tag{2.7}$$

Es zeigt sich (vgl. dazu auch Abschnitt 5), daß für eine Reihe bekannter Verfahren die Eigenschaft E erfüllt ist. Dabei ist es vom Verfahren abhängig, bis zu welcher Ordnung man die Existenz der Ableitungsoperatoren zu fordern hat, d. h. wie groß man p zu wählen hat.

3. Der allgemeine Satz

Satz 1. *Zur Lösung der Aufgabe (2.2) werde ein Verfahren (2.1) der Eigenschaft E verwendet. Für das Startelement $x^0 \in R$ existiere der Operator Γ_0, und es sei $\|\Gamma_0 P^{(\nu)}(x)\| \leqq K_{\nu 0}$ für $x \in R$ $(\nu = 2, \ldots, p)$, $\|\Gamma_0 P(x^0)\| \leqq M_0$. Weiterhin seien noch folgende Voraussetzungen erfüllt:*

1. *Es sei*

$$h_0 := M_0 K_{20} < \frac{1}{\varphi_0} \tag{3.1}$$

und

$$h_0 \leqq \frac{1}{A} := \sqrt[k-1]{\frac{(1 - h_0 \varphi_0)^2}{\psi_0}}. \tag{3.2}$$

2. *Es sei*

$$S_{r_1}(x^1) := \{x : \|x - x^1\| \leqq r_1\} \subset R \tag{3.3}$$

mit

$$r_1 = \frac{M_0 \varphi_0 (A h_0)^{k-1} (1 - h_0 \varphi_0)}{1 - (A h_0)^{k(k-1)} (1 - h_0 \varphi_0)}. \tag{3.4}$$

Behauptungen.

1. *Die Aufgabe (2.2) besitzt eine Lösung*

$$x^* \in S_{r_1}(x^1) \subset R.$$

2. *Das Verfahren (2.1) ist in R uneingeschränkt durchführbar, und es gilt* $\lim x^n = x^*$.

3. *Es gilt die Fehlerabschätzung*

$$\|x^* - x^n\| \leqq \frac{M_0 \varphi_0 (A h_0)^{k^n - 1} (1 - h_0 \varphi_0)^n}{1 - (A h_0)^{k^n (k-1)} (1 - h_0 \varphi_0)} =: r_n \quad (n = 1, 2, \ldots). \tag{3.5}$$

Bemerkung. Aus der Fehlerabschätzung (3.5) liest man ab, daß für $h_0 < \frac{1}{A}$ das Verfahren die Konvergenzordnung k hat. Für $h_0 = \frac{1}{A}$ ergibt sich nur lineare Konvergenz.

Beweis. **I.** Durch vollständige Induktion soll zunächst bewiesen werden: Für jedes $n = 0, 1, 2, \ldots$ gilt:

a) Es existiert Γ_n, und es gilt

$$\|\Gamma_n P(x^n)\| \leqq M_0 (A h_0)^{k^n - 1} (1 - h_0 \varphi_0)^n := M_n,$$

$$\|\Gamma_n P^{(\nu)}(x)\| \leqq \frac{K_{\nu 0}}{(1 - h_0 \varphi_0)^n} := K_{\nu n} \quad \text{für} \quad x \in R \quad (\nu = 2, \ldots, p).$$

b) $S_{r_{n+1}}(x^{n+1}) \subset S_{r_n}(x^n) \subset \cdots \subset S_{r_1}(x^1) \subset R$, wobei r_n durch (3.5) definiert ist.

Für $n = 0$ sind die Aussagen Ia), b) auf Grund der Voraussetzungen des Satzes richtig. Die Aussagen seien für alle Indizes bis zu einem festen nichtnegativen n richtig. Es wird gezeigt, daß Ia), b) auch für $n + 1$ gelten.

Zu a). Es ist dann $h_n = M_n K_{2n} = M_0 K_{20}(A h_0)^{k^n - 1} = h_0(A h_0)^{k^n - 1}$, woraus

$$h_n \leqq h_0 \quad \text{und} \quad A h_n = (A h_0)^{k^n} \tag{3.6}$$

folgt. Dann ergibt sich mit (2.5) und da φ, ψ die Eigenschaften A und B haben,

$$\begin{aligned} \varphi_n &= \varphi(h_n, K_{2n}, \ldots, K_{pn}) \leqq \varphi(h_0, K_{2n}, \ldots, K_{pn}) \\ &\leqq \varphi(h_0, K_{20}, \ldots, K_{p0}) = \varphi_0. \end{aligned} \tag{3.7}$$

In gleicher Weise zeigt man

$$\psi_n \leqq \psi_0. \tag{3.8}$$

Man erhält dann, da $x^{n+1} \in R$ ist, nach der Taylorformel und wegen (2.6), (3.6), (3.7) und (3.1)

$$\begin{aligned} \|\Gamma_n P'(x^{n+1}) - I\| &= \|\Gamma_n \{P'(x^{n+1}) - P'(x^n)\}\| \leqq K_{2n}\|\delta^n\| \\ &\leqq K_{2n} M_n \varphi_n = h_n \varphi_n \leqq h_0 \varphi_0 < 1. \end{aligned}$$

Nach einem bekannten Satz von BANACH existiert somit

$$\Gamma_{n+1} = [\Gamma_n P'(x^{n+1})]^{-1} \Gamma_n,$$

und es gilt

$$\|[\Gamma_n P'(x^{n+1})]^{-1}\| \leqq \frac{1}{1 - h_0 \varphi_0}. \tag{3.9}$$

Nach (3.9), (2.7), (3.8), (3.2) und (3.6) gilt

$$\begin{aligned} \|\Gamma_{n+1} P(x^{n+1})\| &= \|[\Gamma_n P'(x^{n+1})]^{-1} \Gamma_n P(x^{n+1})\| \leqq \frac{M_n h_n^{k-1} \psi_n}{1 - h_0 \varphi_0} \\ &\leqq \frac{M_n h_n^{k-1} \psi_0}{1 - h_0 \varphi_0} = \frac{M_0 (A h_0)^{k^n - 1} (1 - h_0 \varphi_0)^n h_n^{k-1} \psi_0}{1 - h_0 \varphi_0} \\ &= M_0 (A h_0)^{k^n - 1} (A h_n)^{k-1} (1 - h_0 \varphi_0)^{n+1} \\ &= M_0 (A h_0)^{k^{n+1} - 1} (1 - h_0 \varphi_0)^{n+1} = M_{n+1} \end{aligned}$$

und

$$\|\Gamma_{n+1} P^{(\nu)}(x)\| = \|[\Gamma_n P'(x^{n+1})]^{-1} \Gamma_n P^{(\nu)}(x)\| \leqq \frac{K_{\nu 0}}{(1 - h_0 \varphi_0)^{n+1}} = K_{\nu, n+1}$$

für $x \in R \quad (\nu = 2, \ldots, p)$.

Zu b). Da $x^{n+1} \in R$ und Γ_{n+1} existiert, ist x^{n+2} nach dem Verfahren (2.1) berechenbar.

Nach (2.6), (3.7), (3.5) und (3.2) gilt

$$\begin{aligned}
&r_{n+2} + \|\delta^{n+1}\| \\
&\leqq r_{n+2} + M_{n+1}\varphi_{n+1} \leqq r_{n+2} + M_{n+1}\varphi_0 \\
&= \frac{M_0\varphi_0 (A h_0)^{k^{n+2}-1}(1-h_0\varphi_0)^{n+2}}{1-(A h_0)^{k^{n+2}(k-1)}(1-h_0\varphi_0)} + M_0\varphi_0(A h_0)^{k^{n+1}-1}(1-h_0\varphi_0)^{n+1} \\
&\leqq \frac{M_0\varphi_0 (A h_0)^{k^{n+2}-1}(1-h_0\varphi_0)^{n+2}}{1-(A h_0)^{k^{n+1}(k-1)}(1-h_0\varphi_0)} + M_0\varphi_0(A h_0)^{k^{n+1}-1}(1-h_0\varphi_0)^{n+1} \\
&= \frac{M_0\varphi_0 (A h_0)^{k^{n+1}-1}(1-h_0\varphi_0)^{n+1}}{1-(A h_0)^{k^{n+1}(k-1)}(1-h_0\varphi_0)} = r_{n+1}.
\end{aligned}$$

Es gilt also

$$r_{n+2} + \|\delta^{n+1}\| \leqq r_{n+1}. \tag{3.10}$$

Ist nun $x \in S_{r_{n+2}}(x^{n+2})$, dann folgt mit (3.10)

$$\|x - x^{n+1}\| \leqq \|x - x^{n+2}\| + \|\delta^{n+1}\| \leqq r_{n+2} + \|\delta^{n+1}\| \leqq r_{n+1},$$

also $x \in S_{r_{n+1}}(x^{n+1})$. Somit gilt $S_{r_{n+2}}(x^{n+2}) \subset S_{r_{n+1}}(x^{n+1})$. Damit sind die Aussagen Ia) und Ib) für alle $n = 0, 1, 2, \ldots$ nachgewiesen.

II. Nach Ib) gilt für beliebige Indizes n und m

$$\|x^{n+m} - x^n\| \leqq r_n = \frac{M_0\varphi_0 (A h_0)^{k^n-1}(1-h_0\varphi_0)^n}{1-(A h_0)^{k^n(k-1)}(1-h_0\varphi_0)}.$$

Hieraus folgt auf Grund der Voraussetzungen (3.1) und (3.2), daß die Folge der (nach einem Verfahren (2.1) berechneten) x^n gegen ein $x^* \in S_{r_1}(x^1)$ konvergiert und daß die Fehlerabschätzung (3.5) gilt. Es bleibt noch zu zeigen, daß x^* Lösung von (2.2) ist.

Für jedes n gilt wegen Ib)

$$\begin{aligned}
\|P'(x^n)\| &\leqq \|P'(x^0)\|\,\|\Gamma_0 P'(x^n)\| \\
&\leqq \|P'(x^0)\|\,[1 + \|\Gamma_0\{P'(x^n) - P'(x^0)\}\|] \\
&\leqq \|P'(x^0)\|\,[1 + K_{20}\|x^n - x^0\|] \\
&\leqq \|P'(x^0)\|\,[1 + K_{20}\|\delta^0\| + K_{20} r_1] =: C
\end{aligned}$$

und daher mit Ia)

$$\|P(x^n)\| \leqq \|P'(x^n)\|\,\|\Gamma_n P(x^n)\| \leqq C\, M_0 (A h_0)^{k^n-1}(1-h_0\varphi_0)^n.$$

Aus dieser Ungleichung folgt wegen der Voraussetzungen (3.1) und (3.2) $\lim P(x^n) = 0$. Andererseits ist wegen der Stetigkeit von P auch $\lim P(x^n) = P(x^*)$, also $P(x^*) = 0$. Satz 1 ist damit bewiesen.

4. Weitere hinreichende Konvergenzbedingungen

Der im vorhergehenden Abschnitt aufgestellte allgemeine Konvergenzsatz mit Fehlerabschätzung kann prinzipiell für jedes Verfahren der Klasse (2.1) verwendet werden, sofern dieses Verfahren die Eigenschaft E besitzt. Für die Anwendungen empfiehlt es sich jedoch, die benötigten Voraussetzungen 1 und 2 durch einfacher zu handhabende hinreichende Bedingungen zu ersetzen. Dazu wird angenommen, daß sich zwei Zahlen a, b in folgender Weise ermitteln lassen:

1. *Es sei $a > 0$ eine Zahl mit folgender Eigenschaft:*

$$\text{Aus} \quad h_0 \leqq \frac{1}{a} \quad \text{folgt} \quad \frac{1}{a} \leqq \frac{1}{A} \quad \text{und} \quad \frac{1}{a} < \frac{1}{\varphi_0}. \tag{4.1.}$$

2. *Es sei $b > 0$ eine Zahl mit folgender Eigenschaft:*

$$\text{Aus} \quad h_0 \leqq \frac{1}{a} \quad \text{folgt} \quad (1 - h_0 \varphi_0) \left(\frac{A}{a}\right)^{k-1} \leqq b < 1.$$

(Dabei ist A gemäß (3.2) erklärt.) (4.2)

Im folgenden Abschnitt werden für einige spezielle Verfahren φ_0, ψ_0 sowie a und b angegeben.

Satz 2. *In Satz 1 werden die Voraussetzungen 1 und 2 folgendermaßen ersetzt:*

1'. *Es sei*

$$h_0 \leqq \frac{1}{a}. \tag{4.3}$$

2'. *Es sei*

$$S_{\varrho_1}(x^1) \subset R \quad \text{mit} \quad \varrho_1 = \frac{M_0 \varphi_0 (a h_0)^{k-1} b}{1 - b (a h_0)^{k(k-1)}} \tag{4.4}$$

(a, b seien gemäß (4.1) und (4.2) festgelegte Zahlen).

Dann gelten die Aussagen 1 und 2 des Satzes 1, wobei r_1 durch ϱ_1 zu ersetzen ist. Außerdem erhält man die (im Vergleich zu (3.5) etwas gröbere) Fehlerabschätzung

$$\|x^* - x^n\| \leqq \frac{M_0 \varphi_0 (a h_0)^{k^n - 1} b^n}{1 - b (a h_0)^{k(k-1)}} =: \varrho_n \quad (n = 1, 2, \ldots). \tag{4.5.}$$

Beweis. Aus (4.3) und (4.1) folgt, daß (3.1) und (3.2) gelten. Da wegen $\frac{A}{a} \leqq 1$ und $n(k-1) \leqq k^n - 1$ stets $\left(\frac{A}{a}\right)^{k^n - 1} \leqq \left(\frac{A}{a}\right)^{n(k-1)}$ gilt, ergibt sich mit (3.5), (4.2) und (4.5)

$$r_n \leqq \frac{M_0 \varphi_0 (a h_0)^{k^n - 1} (A/a)^{n(k-1)} (1 - h_0 \varphi_0)^n}{1 - (a h_0)^{k^n(k-1)} (A/a)^{n(k-1)} (1 - h_0 \varphi_0)} \leqq \frac{M_0 \varphi_0 (a h_0)^{k^n - 1} b^n}{1 - (a h_0)^{k(k-1)} b} = \varrho_n.$$

Insbesondere ist also auch $r_1 \leqq \varrho_1$, und somit folgt aus (4.4) die Beziehung (3.3). Damit sind alle Voraussetzungen des Satzes 1 erfüllt. Die Fehlerabschätzung (4.5) folgt wegen $r_n \leqq \varrho_n$ aus der Fehlerabschätzung (3.5).

5. Anwendungen auf einige spezielle Verfahren

Im folgenden wird für einige Iterationsverfahren die Eigenschaft E nachgewiesen, d. h., es werden die für die Abschätzungen (2.6) und (2.7) benötigten Funktionen φ, ψ konstruiert. Außerdem ist festzustellen, ob φ und ψ die geforderten Eigenschaften A und B besitzen. Um Satz 2 anwenden zu können, sind aus φ_0 und ψ_0 noch die Zahlen a und b zu ermitteln.

a) Newton-Verfahren:

$$P'(x^n)\,\delta^n + P(x^n) = 0, \quad x^{n+1} = x^n + \delta^n. \tag{5.1}$$

Es folgt

$$\|\delta^n\| = \|\Gamma_n\, P(x^n)\| \leqq M_n. \tag{5.2}$$

Nach der Taylorformel erhält man unter Benutzung von (5.1) und (5.2)

$$\|\Gamma_n\, P(x^{n+1})\| \leqq \frac{1}{2} K_{2n} \|\delta^n\|^2 \leqq \frac{1}{2} K_{2n}\, M_n^2 = M_n\, h_n \cdot \frac{1}{2}. \tag{5.3}$$

Man kann also $\varphi \equiv 1$, $\psi \equiv \frac{1}{2}$, $k = 2$ setzen.

Dann ist $\frac{1}{A} = 2(1 - h_0)^2$.

Es kann nun a = 2, b = $\frac{1}{2}$ gesetzt werden, da für $h_0 \leqq \frac{1}{2}$ stets folgt:

$$\frac{1}{2} \leqq 2(1 - h_0)^2 = \frac{1}{A}, \quad \frac{1}{2} < 1 = \frac{1}{\varphi_0}$$

und

$$(1 - h_0 \varphi_0)\left(\frac{A}{a}\right) = \frac{1}{4(1 - h_0)} \leqq \frac{1}{2},$$

womit (4.1) und (4.2) erfüllt sind.

Der Satz 2 liefert dann mit $a = 2$, $b = \frac{1}{2}$ den bekannten Satz von Kantorowitsch (in der günstigeren Formulierung mit Kugelbedingung um x^1) über das Newton-Verfahren.

5*

Die Voraussetzungen lauten dann: $x^0 \in R$, Existenz von Γ_0, $\|\Gamma_0 P(x^0)\| \leqq M_0$, $\|\Gamma_0 P''(x)\| \leqq K_{20}$ für $x \in R$, $h_0 = M_0 K_0 \leqq \frac{1}{2}$, $S_{\varrho_1}(x^1) \subset R$ mit $\varrho_1 = \frac{M_0 h_0}{1 - 2 h_0^2}$.
Als Fehlerabschätzung erhält man

$$\|x^* - x^n\| \leqq \frac{M_0 (2 h_0)^{2^n - 1}}{2^n (1 - 2 h_0^2)} \quad (n = 1, 2, \ldots).$$

b) Verfahren dritter Ordnung nach TRAUB [8]:

$$\begin{aligned} &P'(x^n)\, \zeta^n + P(x^n) = 0, \\ &P'(x^n)\, \eta^n + P(x^n + \zeta^n) = 0, \\ &x^{n+1} = x^n + \zeta^n + \eta^n. \end{aligned} \tag{5.4}$$

Es folgt

$$\|\zeta^n\| = \|\Gamma_n P(x^n)\| \leqq M_n. \tag{5.5}$$

Nach der Taylorformel erhält man unter Benutzung von (5.4) und (5.5)

$$\|\eta^n\| = \|\Gamma_n P(x^n + \zeta^n)\| \leqq \frac{1}{2} K_{2n} \|\zeta^n\|^2 \leqq \frac{1}{2} K_{2n} M_n^2 = M_n \frac{h_n}{2}, \tag{5.6}$$

$$\|\delta^n\| \leqq \|\zeta^n\| + \|\eta^n\| \leqq M_n \left(1 + \frac{h_n}{2}\right), \tag{5.7}$$

$$\begin{aligned} P(x^{n+1}) = {} & P(x^n + \zeta^n) + P'(x^n + \zeta^n)\, \eta^n \\ & + \int_0^1 (1 - \lambda)\, P''(x^n + \zeta^n + \lambda\, \eta^n)\, d\lambda (\eta^n)^2, \end{aligned} \tag{5.8}$$

$$P'(x^n + \zeta^n)\, \eta^n = P'(x^n)\, \eta^n + \int_0^1 P''(x^n + \lambda\, \zeta^n)\, d\lambda\, \zeta^n\, \eta^n. \tag{5.9}$$

Aus (5.8), (5.9) und (5.4) erhält man

$$\begin{aligned} \Gamma_n P(x^{n+1}) = {} & \int_0^1 \Gamma_n P''(x^n + \lambda\, \zeta^n)\, d\lambda\, \zeta^n\, \eta^n \\ & + \int_0^1 (1 - \lambda)\, \Gamma_n P''(x^n + \zeta^n + \lambda\, \eta^n)\, d\lambda (\eta^n)^2. \end{aligned} \tag{5.10}$$

Aus (5.10) folgt wegen (5.5) und (5.6)

$$\|\Gamma_n P(x^{n+1})\| \leqq \frac{1}{2} K_{2n} M_n^2 h_n + \frac{1}{8} K_{2n} M_n^2 h_n^2 = M_n h_n^2 \left(\frac{1}{2} + \frac{1}{8} h_n\right). \tag{5.11}$$

Man kann also nach (5.7) und (5.11)

$$\varphi_n = 1 + \frac{1}{2} h_n, \quad \psi_n = \frac{1}{2} + \frac{1}{8} h_n, \quad k = 3$$

setzen. Dann ist

$$\frac{1}{A} = \frac{1 - h_0 - \frac{1}{2} h_0^2}{\sqrt{\frac{1}{2} + \frac{1}{8} h_0}}.$$

Es kann nun a = 2, b = $\frac{3}{8}$ gesetzt werden, da für $h_0 \leqq \frac{1}{2}$ stets folgt

$$\frac{1}{2} \leqq \frac{1}{A}, \quad \frac{1}{2} < \frac{1}{1 + \frac{h_0}{2}} = \frac{1}{\varphi_0}$$

und

$$(1 - h_0 \varphi_0) \left(\frac{A}{a}\right)^2 = \frac{\frac{1}{2} + \frac{1}{8} h_0}{4\left(1 - h_0 - \frac{h_0^2}{2}\right)} \leqq \frac{3}{8},$$

womit (4.1) und (4.2) erfüllt sind.

Die Voraussetzungen 1′ und 2′ des Satzes 2 lauten dann

$$h_0 \leqq \frac{1}{2}, \quad S_{\varrho_1}(x^1) \subset R \quad \text{mit} \quad \varrho_1 = \frac{3 M_0 \left(1 + \frac{h_0}{2}\right) h_0^2}{2\left(1 - \frac{3}{8}(2 h_0)^6\right)}.$$

Als Fehlerabschätzung erhält man

$$\|x^n - x^*\| \leqq \frac{M_0 \left(1 + \frac{1}{2} h_0\right) (2 h_0)^{3^n - 1} \left(\frac{3}{8}\right)^n}{1 - \frac{3}{8}(2 h_0)^6} \quad (n = 1, 2, \ldots).$$

Bei den folgenden drei Verfahren beschränken wir uns auf die Angabe der (für die Anwendung der Sätze 1 und 2 erforderlichen) Kenngrößen. (Die Rechnung verläuft unter Anwendung der Taylorformel analog dem für das Verfahren b) aufgezeigten Vorgehen.)

Zur Abkürzung setzen wir $L_n := \frac{K_{3n}}{(K_{2n})^2}$.

c) Verfahren dritter Ordnung, vgl. [3]:

$$\begin{aligned} &P'(x^n)\, \zeta^n + P(x^n) = 0, \\ &P'(x^n)\, \delta^n + \frac{1}{2} P''(x^n)\, (\zeta^n)^2 + P(x^n) = 0, \\ &x^{n+1} = x^n + \delta^n. \end{aligned} \tag{5.12}$$

Es ist

$$\varphi_n = 1 + \frac{1}{2} h_n, \quad \psi_n = \frac{1}{2} + \frac{1}{8} h_n + \frac{1}{6} L_n, \quad k = 3,$$

$$\frac{1}{A} = \frac{1 - h_0 - \frac{1}{2} h_0^2}{\sqrt{\frac{1}{2} + \frac{1}{8} h_0 + \frac{1}{6} L_0}}, \quad a = 2\sqrt{1 + \frac{8}{27} L_0}, \quad b = \frac{3}{8}.$$

d) Verfahren dritter Ordnung, vgl. [4]:

$$P'(x^n)\,\zeta^n + P(x^n) = 0,$$
$$P'(x^n)\,\delta^n + \left[P'\left(x^n + \frac{1}{2}\zeta^n\right) - P'(x^n)\right]\zeta^n + P(x^n) = 0,$$
$$x^{n+1} = x^n + \delta^n. \tag{5.13}$$

Es ist

$$\varphi_n = 1 + \frac{1}{2}h_n, \quad \psi_n = \frac{1}{2} + \frac{1}{8}h_n + \frac{1}{24}L_n, \quad k = 3,$$

$$\frac{1}{A} = \frac{1 - h_0 - \frac{1}{2}h_0^2}{\sqrt{\frac{1}{2} + \frac{1}{8}h_0 + \frac{1}{24}L_0}}, \qquad a = 2\sqrt{1 + \frac{2}{27}L_0}, \quad b = \frac{3}{8}.$$

e) Verfahren dritter Ordnung, vgl. [4, 5]:

$$P'(x^n)\,\zeta^n + P(x^n) = 0,$$
$$P'\left(x^n + \frac{1}{2}\zeta^n\right)\delta^n + P(x^n) = 0,$$
$$x^{n+1} = x^n + \delta^n. \tag{5.14}$$

Es ist

$$\varphi_n = \frac{1}{1 - \frac{1}{2}h_n}, \quad \psi_n = \frac{1}{(2-h_n)^2}\left[1 + \frac{1}{12}L_n(2 + h_n - h_n^2)\right],$$

$$k = 3, \quad \frac{1}{A} = \frac{2 - 3h_0}{\sqrt{1 + \frac{1}{12}L_0(2 + h_0 - h_0^2)}},$$

$$a = 2\sqrt{1 + \frac{3}{16}L_0}, \quad b = \frac{1}{3}.$$

In allen fünf Beispielen erfüllen φ und ψ die Forderungen A und B. Für die Durchführbarkeit des Verfahrens e) ist außer der (nach Satz 1 sichergestellten) Existenz von Γ_n noch die Existenz von $\left[P'\left(x^n + \frac{1}{2}\zeta^n\right)\right]^{-1}$ erforderlich. Diese folgt jedoch nach dem Satz von BANACH und wegen $h_n \leqq h_0 \leqq \frac{1}{a} \leqq \frac{1}{2}$ unmittelbar aus der Ungleichung

$$\left\|\Gamma_n P'\left(x^n + \frac{1}{2}\zeta^n\right) - I\right\| \leqq \frac{K_{2n}}{2}\|\zeta^n\| \leqq \frac{h_n}{2} < 1.$$

Während für die Konvergenz und Fehlerabschätzung bei den Verfahren a) und b) nur Informationen über M_0 und $h_0 = M_0 K_{20}$ benötigt werden, müssen bei den Verfahren c), d) und e) auch Informationen über K_{30} (also über die dritte Ableitung von P) bekannt sein. Zur Durchführung der Iteration wird im Verfahren c) P'' benötigt, während die anderen vier Verfahren nur P und P' benötigen.

6. Beziehungen zum Konvergenzsatz von Collatz

Der Konvergenzsatz von Collatz (vgl. [2, 3]) bezieht sich auch auf Verfahren der Klasse (2.1) und benutzt die Größen

$$b_n = \|\Gamma_n\|, \quad t_n = \|P(x^n)\|, \quad \|P^{(\nu)}(x)\| \leqq K_\nu \quad \text{für} \quad x \in R \quad (\nu = 2, \ldots, p). \tag{6.1}$$

Es wird nun die Existenz von zwei (bzgl. beider Argumente) monoton nicht fallenden Funktionen $H(x, y), G(x, y)$ derart verlangt, daß Abschätzungen folgender Gestalt gelten:

$$\|\delta^n\| \leqq t_n H(b_n, t_n), \tag{6.2}$$

$$t_{n+1} \leqq t_n^k G(b_n, t_n) \quad \text{für} \quad k \geqq 1. \tag{6.3}$$

Es gilt dann folgender

Satz 3 (Collatz [2, 3]). *Für ein Verfahren (2.1) gebe es Abschätzungsfunktionen H, G, so daß (6.2) und (6.3) gelten. Für das Startelement $x^0 \in R$ existiere der Operator Γ_0, und es sei $\|\Gamma_0\| = b_0$, $\|P(x^0)\| = t_0$, $\|P^{(\nu)}(x)\| \leqq K_\nu$ für $x \in R$ $(\nu = 2, \ldots, p)$. Weiterhin gelte:*

1. *Es lasse sich eine Zahl $\gamma > b_0$ so wählen, daß mit*

$$\sigma := H(\gamma, t_0), \quad \nu := G(\gamma, t_0), \quad \beta := \nu\, t_0^{k-1}, \quad \alpha_0 := b_0 K_2 \sigma t_0$$

gilt:

$$\beta < 1, \quad 0 \leqq \alpha_0 \leqq 1 - \beta, \quad \beta + \frac{\alpha_0}{1 - \alpha_0} \frac{\gamma^2}{(\gamma - b_0)\, b_0} \leqq 1. \tag{6.4}$$

2. *Es sei*

$$S_{R_1}(x^1) \subset R \quad \text{mit} \quad R_1 = \frac{\sigma t_0 \beta}{1 - \beta^k}. \tag{6.5}$$

Dann gelten die Behauptungen 1 und 2 des Satzes 1, wobei r_1 durch R_1 zu ersetzen ist. Außerdem gilt die Fehlerabschätzung

$$\|x^* - x^n\| \leqq \frac{\sigma t_0 \beta^{1+k+\cdots+k^{n-1}}}{1 - \beta^{(k^n)}} =: R_n. \tag{6.6}$$

Mit den Bezeichnungen (6.1) sind die Beziehungen (2.3) erfüllt, wenn man

$$M_n := b_n t_n, \quad K_{\nu n} := b_n K_\nu \quad (\nu = 2, \ldots, p)$$

setzt. Dann wird

$$h_n = b_n^2 t_n K_2 =: h(b_n, t_n).$$

Setzt man

$$\begin{aligned} b_n \varphi_n &= b_n \varphi(h(b_n, t_n), b_n K_2, \ldots, b_n K_p) = H(b_n, t_n), \\ (b_n^2 K_2)^{k-1} \psi_n &= (b_n^2 K_2)^{k-1} \psi(h(b_n, t_n), b_n K_2, \ldots, b_n K_p) \\ &= G(b_n, t_n), \end{aligned} \tag{6.7}$$

dann folgt, sofern (6.2) und (6.3) gelten,

$$\|\delta^n\| \leqq t_n \cdot H(b_n, t_n) = t_n b_n \varphi_n = M_n \varphi_n,$$

$$\|\Gamma_n P(x^{n+1})\| \leqq b_n t_{n+1} \leqq b_n t_n^k G(b_n, t_n) = M_n h_n^{k-1} \psi_n,$$

d. h., die Ungleichungen (2.6) und (2.7) sind erfüllt.

Für die in Abschnitt 5 behandelten speziellen Verfahren ergeben sich H, G wie folgt:

im Verfahren a): $H = b_n$, $G = \frac{1}{2} K_2 b_n^2$,

im Verfahren b): $H = b_n \left(1 + \frac{1}{2} K_2 b_n^2 t_n\right)$, $G = b_n^4 K_2^2 \left(\frac{1}{2} + \frac{1}{8} K_2 b_n^2 t_n\right)$,

im Verfahren c): H wie in b), $G = b_n^4 K_2^2 \left(\frac{1}{2} + \frac{1}{8} K_2 b_n^2 t_n\right) + \frac{1}{6} K_3 b_n^3$,

im Verfahren d): H wie in b), $G = b_n^4 K_2^2 \left(\frac{1}{2} + \frac{1}{8} K_2 b_n^2 t_n\right) + \frac{1}{24} K_3 b_n^3$,

im Verfahren e): $H = \dfrac{2 b_n}{2 - K_2 b_n^2 t_n}$,

$$G = \frac{b_n^4 K_2^2}{(2 - K_2 b_n^2 t_n)^2} + \frac{1}{12} K_3 b_n^3 \frac{1 + K_2 b_n^2 t_n}{2 - K_2 b_n^2 t_n}.$$

Man erkennt, daß in diesen Beispielen nicht nur H, G, sondern auch die Funktionen

$$\tilde{H}(b_n, t_n) := \frac{1}{b_n} H(b_n, t_n), \quad \tilde{G}(b_n, t_n) := \frac{1}{b_n^2} G(b_n, t_n) \tag{6.8}$$

(bzgl. beider Argumente) monoton nicht fallende Funktionen sind.

Unter der Annahme, daß

1. $\tilde{H}$, $\tilde{G}$ *monoton nicht fallend sind;*

2. φ, ψ (*gemäß* (6.7) *über* H, G *erklärbar*) *den Forderungen* A *und* B *genügen* (*diese Annahmen sind in allen erwähnten Beispielen erfüllt*), *werden wir nun zeigen, daß die im Satz* 1 *benötigten Voraussetzungen stets schwächer als die Voraussetzungen des Satzes* 3 *sind und daß die durch Satz* 1 *gelieferte Fehlerabschätzung* (3.5) *stets besser ist als die durch Satz* 3 *erhaltene Abschätzung* (6.6).

Es genügt zu zeigen, daß die Voraussetzungen des Satzes 3 die Voraussetzungen das Satzes 1 implizieren, und daß stets $r_n < R_n$ gilt.

Da (wie bereits gezeigt wurde) (6.2) und (6.3) die Ungleichungen (2.6) und (2.7) nach sich ziehen, hat das Verfahren die Eigenschaft E. Setzt man $\gamma = c\, b_0$ mit $c > 1$, dann folgt auf Grund der Monotonie von $\tilde{H}$, $\tilde{G}$ und wegen (6.7)

$$\sigma = \gamma \cdot \frac{1}{\gamma} H(\gamma, t_0) \geqq \gamma \cdot \frac{1}{b_0} H(b_0, t_0) = c\, b_0\, \varphi_0, \tag{6.9}$$

$$\nu = \gamma^2 \cdot \frac{1}{\gamma^2} G(\gamma, t_0) \geqq \gamma^2 \cdot \frac{1}{b_0^2} G(b_0, t_0) = c^2 (b_0^2\, K_2)^{k-1}\, \psi_0,$$

$$\beta = \nu\, t_0^{k-1} \geqq c^2\, h_0^{k-1}\, \psi_0, \tag{6.10}$$

$$\alpha_0 = b_0\, K_2\, \sigma\, t_0 \geqq c\, h_0\, \varphi_0. \tag{6.11}$$

Aus (6.4) folgt mit (6.10) und (6.11)

$$1 \geqq c^2\, h_0^{k-1}\, \psi_0 + \frac{c\, h_0\, \varphi_0}{1 - c\, h_0\, \varphi_0} \frac{c^2}{c-1}. \tag{6.12}$$

Aus (6.12) und wegen $\frac{c^3}{c-1} \geqq \frac{27}{4} > 6$ für $c > 1$ erhält man

$$h_0 < \sqrt[k-1]{\frac{1 - 6\, h_0\, \varphi_0}{c^2\, \psi_0}} < \sqrt[k-1]{\frac{(1 - h_0\, \varphi_0)^2}{\psi_0}} = \frac{1}{A}. \tag{6.13}$$

Aus (6.12) folgt noch bei Berücksichtigung von $c\left(1 + \frac{c^2}{c-1}\right) > 8$ für $c > 1$

$$1 > c\left(1 + \frac{c^2}{c-1}\right) h_0\, \varphi_0 > 8\, h_0\, \varphi_0. \tag{6.14}$$

Insbesondere implizieren (6.13) und (6.14) die Gültigkeit von (3.1) und (3.2).

Aus (6.14) folgt außerdem

$$\frac{1}{1 - h_0\, \varphi_0} < \frac{1}{1 - \frac{1}{c\left(1 + \frac{c^2}{c-1}\right)}} = c\, \frac{c^2 + c - 1}{c^3 + c^2 - 2\, c + 1} < c \tag{6.15}$$

für jedes $c > 1$.

Nach (6.10), (3.2) und (6.15) gilt dann

$$\beta \geqq c^2\, h_0^{k-1}\, \psi_0 = c^2 (A\, h_0)^{k-1} (1 - h_0\, \varphi_0)^2 > (A\, h_0)^{k-1}. \tag{6.16}$$

Somit wird wegen (3.5), (6.9), (6.16) und (6.6)

$$r_n = \frac{b_0\, t_0\, \varphi_0\, (A\, h_0)^{k^n - 1}\, (1 - h_0\, \varphi_0)^n}{1 - (A\, h_0)^{k^n (k-1)} (1 - h_0\, \varphi_0)}$$

$$< \frac{1}{c} \frac{t_0\, \sigma\, \beta^{\,1 + k + \cdots + k^{n-1}}\, (1 - h_0\, \varphi_0)^n}{1 - \beta^{(k^n)}\, (1 - h_0\, \varphi_0)} < \frac{1}{c} R_n < R_n.$$

Die Fehlerabschätzung (3.5) ist daher mindestens um den Faktor $\frac{1}{c}$ genauer als die Fehlerabschätzung (6.6).

Die aus der Voraussetzung (6.4) hergeleiteten Bedingungen (6.13) und (6.14) sind andererseits auch schärfer als die entsprechenden Voraussetzungen (3.1) und (3.2) des Satzes 1. So ist z. B. der Satz 3 wegen (6.14) für $h_0 \geqq \frac{1}{8}$ nicht auf das Newton-Verfahren ($\varphi_0 \equiv 1$, vgl. Abschnitt 5, Beispiel a)) anwendbar, während Satz 1 bzw. Satz 2 in Übereinstimmung mit dem Satz von KANTOROWITSCH die Konvergenz für $h_0 \leqq \frac{1}{2}$ sicherstellt.

Literatur

[1] ADE, H., Iterationsverfahren höherer Ordnung in Banach-Räumen. Numer. Math. **13** (1969), 39–50.

[2] COLLATZ, L., Näherungsverfahren höherer Ordnung für Gleichungen in Banach-Räumen. Arch. Rat. Mech. Anal. 2 (1958), 66–75.

[3] COLLATZ, L., Funktionalanalysis und numerische Mathematik. Springer-Verlag, Berlin-Göttingen-Heidelberg 1964.

[4] KLEINMICHEL, H., Stetige Analoga und Iterationsverfahren für nichtlineare Gleichungen in Banach-Räumen. Math. Nachr. **37** (1968), 313–343.

[5] Коган, Т. И., Об одном итерационном процессе для функциональных уравнений. Сиб. мат. ж. 8 (1967), 958–960.

[6] ORTEGA, J. M., and W. C. RHEINBOLDT, Iterative solution of nonlinear equations in several variables. New York-London 1970.

[7] SCHMIDT, J. W., Ein Konvergenzsatz für Iterationsverfahren. Math. Nachr. **37** (1968), 67–82.

[8] TRAUB, J. F., Iterative methods für the solution of equations. Prentice-Hall, Inc., Englewood Cliffs (N. J.) 1964.

Manuskripteingang: 1. 6. 1971

VERFASSER:
Dozent Dr. rer. nat. HELMUT KLEINMICHEL, Sektion Mathematik der Technischen Universität Dresden

Beiträge zur Numerischen Mathematik
1 (1974), 75–93

Interpolation mit Exponentialfunktionen und rationalen Funktionen

Roswitha März

Einleitung

In einigen Arbeiten zur Interpolationstheorie [1, 5, 7, 16] befinden sich Absätze über die Operatoren-Schreibweise der Interpolationsformeln von Newton für äquidistante Stützstellen. M. Peschel behandelt in [13] Interpolationsreihen für bestimmte lineare Operatoren.

In der vorliegenden Arbeit werden Interpolationsreihen mit Hilfe von Folgen linearer Operatoren entwickelt. Danach werden zwei Spezialfälle, die auf eine Interpolation mit Exponentialfunktionen bzw. rationalen Funktionen führen, betrachtet.

In beiden Fällen sind die Interpolationssummen, mit denen eine gegebene Funktion approximiert wird, von einer Anzahl reeller Parameter abhängig. Verschwinden diese Parameter, so erhalten wir in dem einen Fall eine abgebrochene Taylorreihe, im anderen Fall das hermitesche Interpolationspolynom. Es werden die Restglieder und einige Abschätzungen angegeben.

Die Variation der Parameter in den Interpolationssummen beeinträchtigt die Übereinstimmung von Funktion und Summe bzw. deren Ableitungen in den gegebenen Stützstellen nicht. Dadurch ergibt sich die Möglichkeit der Optimierung der Interpolation in irgendeinem bestimmten Sinne. In [9] wird die Tschebyscheff-Norm des Restgliedes als Gütekriterium gewählt und ein Suchprozeß zur Bestimmung der in diesem Sinne optimalen Parameter konstruiert.

Die hier entwickelten Interpolationssummen geben damit die Möglichkeit, Interpolations- und Approximationsprobleme miteinander zu kombinieren.

1. Entwicklung von Interpolationsreihen

Seien H, H_{F_l}, H_{s_l} lineare Mengen bezüglich des Zahlenkörpers R, sei $H_{F_l} \subseteqq H_{s_l} \subseteqq H$, $l = 0, 1, \ldots$ Wir betrachten eine unendliche Folge linearer Operatoren F_l, die H_{F_l} in H abbilden, und eine äquivalente Folge linearer Funktionale s_l, welche H_{s_l} in R abbilden. Dabei seien folgende drei Voraussetzungen erfüllt:

1. Besitzt das Problem $F_l x = y$, $s_l x = b$ für $y \in H$, $b \in R$ eine Lösung x aus H_{F_l}, so ist diese einzig; $l = 0, 1, \ldots$

2. Die Operatoren sind untereinander kommutativ und assoziativ, d. h., es ist $F_i F_j = F_j F_i$ und $F_i (F_j F_k) = (F_i F_j) F_k$.

3. Die Probleme $F_0 \varphi_0 = 0$, $s_0 \varphi_0 = 1$ und $F_k \varphi_k = \varphi_{k-1}$, $s_k \varphi_k = 0$ für $k \geqq 1$ besitzen Lösungen $\varphi_0 \in H_{F_0}$ bzw. $\varphi_k \in H_{F_k}$, $k \geqq 1$, welche folgenden Bedingungen genügen:

$$\varphi_0 \in H_{s_k} \quad \text{für} \quad k \geqq 0; \; \varphi_j \in H_{F_1} \quad \text{für} \quad j \geqq 0;$$
$$F_k \cdots F_1 \varphi_j \in H_{F_{k+1}} \quad \text{für} \quad j \geqq 0, \quad k \geqq 1;$$
$$s_k \varphi_0 = A_k \neq 0 \quad \text{für} \quad k \geqq 0;$$
$$s_1 \varphi_j = 0 \quad \text{für} \quad j > 0; \; s_{k+1} F_k \cdots F_1 \varphi_j = 0 \quad \text{für} \quad j > k \geqq 1.$$

Wir wollen 1.–3. die Grundeigenschaften der Operatoren- und Funktionalfolge nennen. Das System $\{\varphi_k\}$ bezeichnen wir als Interpolationssystem oder Interpolationsfolge.

Mit F_l^{-1} bezeichnen wir denjenigen Operator, der einem Element x aus dem Bildbereich des Operators F_l genau das $x \in H_{F_l}$ zuordnet, für das $s_l x = 0$ ist.

Auf der Untermenge von H_{F_l}, für deren Elemente $s_l x = 0$ gilt, ist F_l^{-1} linksinvers zu F_l; auf dem Definitionsbereich von F_l^{-1} ist F_l^{-1} rechtsinvers zu F_l.

Die Glieder der Interpolationsfolge können wir nun darstellen als

$$\varphi_k = F_k^{-1} \cdots F_1^{-1} \varphi_0, \quad k \geqq 1.$$

Weiter ist $F_0 F_1 \cdots F_k \varphi_j = 0$ für $k \geqq j$, denn es gilt

$$F_0 F_1 \cdots F_k (F_j^{-1} \cdots F_1^{-1} \varphi_0) = F_k \cdots F_{j+1} F_0 F_1 \cdots F_j F_j^{-1} \cdots F_1^{-1} \varphi_0$$
$$= F_k \cdots F_{j+1} F_0 \varphi_0 = F_k \cdots F_{j+1} 0 = 0.$$

Satz 1. *Die Interpolationsfolge ist ein linear unabhängiges System.*

Beweis. Sei

$$a_0 \varphi_0 + a_1 \varphi_1 + \cdots + a_k \varphi_k = 0 \tag{1}$$

für $a_0, \ldots, a_k \in R$. Wir wenden das Funktional s_1 auf (1) an und erhalten wegen $s_1 \varphi_j = 0$, $j \geqq 1$, die Gleichung $a_0 A_1 = 0$. Hieraus folgt wegen $A_1 \neq 0$, daß a_0 verschwindet. Nun setzen wir in (1) $a_0 = 0$ und wenden F_1 auf (1) an. Auf die dadurch gewonnene Gleichung wenden wir das Funktional s_2 an. Es ist dann

$$s_2 F_1 \sum_{i=1}^{k} a_i \varphi_i = a_1 s_2 \varphi_0 + \sum_{i=2}^{k} a_i s_2 F_1 \varphi_i = a_1 A_2 = 0,$$

woraus $a_1 = 0$ folgt. Durch Anwendung von $s_{l+1} F_l \cdots F_1$ auf (1) erhalten wir unter Berücksichtigung von Grundeigenschaft 3 nacheinander $a_2 = 0$ für $l = 2, \ldots, a_k = 0$ für $l = k$, q. e. d.

Satz 2. *Gehört $f \in H$ der linearen Hülle des Interpolationssystems an oder*

$$f = \sum_{k=0}^{\infty} a_k \varphi_k, \tag{2}$$

und gilt für jedes $k \geqq 1$

$$F_k \cdots F_1 \left(\sum_{i=0}^{\infty} a_i \varphi_i \right) = \sum_{i=0}^{\infty} a_i F_k \cdots F_1 \varphi_i,$$

so sind die Entwicklungskoeffizienten a_k eindeutig bestimmt durch das Gleichungssystem

$$a_0 A_1 = s_1 f, \tag{3}$$

$$\cdots\cdots\cdots\cdots$$

$$a_k A_{k+1} = s_{k+1} F_k \cdots F_1 f - \sum_{i=0}^{k-1} a_i s_{k+1} F_k \cdots F_1 \varphi_i,$$

$$\cdots\cdots\cdots\cdots\cdots\cdots\cdots\cdots\cdots\cdots\cdots\cdots$$

Beweis. Wendet man s_1 auf (2) an, so ergibt sich $s_1 f = a_0 A_1$. Durch Anwendungvon $s_{k+1} F_k \cdots F_1$ auf (2) erhält man die $(k+1)$-te Gleichung des Systems (3), $k = 1, 2, \ldots$, q. e. d.

Approximiert man ein beliebiges Element f aus H durch eine Summe $\sum_{k=0}^{N} a_k \varphi_k$ mit nach (3) berechneten $a_0, \ldots, a_N$, so entsteht dabei das Restglied

$$R_N(f) = f - \sum_{k=0}^{N} a_k \varphi_k. \tag{4}$$

Satz 3. *Sei $f \in H$, $F_N \cdots F_1 f \in H_{F_0}$. Es gilt dann*

$$F_0 F_N \cdots F_1 R_N(f) = F_0 F_N \cdots F_1 f \tag{5}$$

und

$$s_1 R_N(f) = 0, \quad s_2 F_1 R_N(f) = 0, \ldots, s_{N+1} F_N \cdots F_1 R_N(f) = 0. \tag{6}$$

Ist außerdem noch $s_{N+1} = s_0$, so ist das Restglied explizit darstellbar als

$$R_N(f) = F_1^{-1} \cdots F_N^{-1} F_0^{-1} F_0 F_N \cdots F_1 f. \tag{7}$$

Beweis. Durch Anwendung des Funktionals s_1 auf (4) erhalten wir

$$s_1 R_N = s_1 f - a_0 A_1 = s_1 f - \frac{1}{A_1} s_1 f A_1 = 0.$$

Analog bekommen wir durch Anwendung von $s_{k+1} F_k \cdots F_1$ auf (4) die restlichen Gleichungen in (6) ($k = 1, \ldots, N$).

Die Gleichung (5) ergibt sich unmittelbar durch Anwendung von $F_0 F_N \cdots F_1$ auf (4). Ist nun noch $s_{N+1} = s_0$, so folgt aus (5) und der letzten Gleichung in (6), daß $F_N \cdots F_1 R_N = F_0^{-1} F_0 F_N \cdots F_1 f$ ist. Hieraus folgt dann unter Berücksichtigung von (6) die Darstellung des Restgliedes (7), q. e. d.

Satz 4. *Die Gleichungen* $F_0^{-1} \cdots F_N^{-1} g = 0$ *und* $g = 0$ *sind äquivalent.*

Beweis. Aus $g = 0$ folgt unmittelbar $F_0^{-1} \cdots F_N^{-1} g = 0$.

Sei $F_0^{-1} \ldots F_N^{-1} g = 0$. Nun gilt $F_N \cdots F_0 F_0^{-1} \cdots F_N^{-1} g = g = 0$, q. e. d.

Bemerkung. Aus der letzten Behauptung folgt die Äquivalenz der Gleichungen $R_N(f) = 0$ und $F_N \cdots F_0 f = 0$.

2. Interpolation mit Exponentialfunktionen

Sei H die Menge der auf $[0, T]$, $T < \infty$, stetigen Funktionen, $H_{s_k} = H$, H_{F_k} für $k \geqq 0$ die Menge der auf $[0, T]$ stetig differenzierbaren Funktionen. Mit der Definition der Norm $\|f\| = \max\limits_{[0,T]} |f(t)|$ auf H wird $H = C([0, T])$. Wenn wir im folgenden von einer Norm sprechen, meinen wir immer die Tschebyscheff-Norm.

Wir betrachten die Operatorenfolge $F_k = D + \alpha_k$, wobei mit D der Differentialoperator bezeichnet wurde und α_k eine reelle Zahl ist, und die Funktionalfolge, deren Glieder $s = s_k$ einer Funktion aus $C([0, T])$ ihren Wert in $t = 0$ zuordnen. Diese beiden Folgen besitzen zusammen die in Abschnitt 1 definierten Grundeigenschaften. F_k^{-1} ist hier derjenige Operator, der einer Funktion aus $C([0, T])$ deren Faltung mit der Funktion $e^{-\alpha_k t}$ zuordnet. Die Faltung zweier Funktionen g und f sei hier definiert als

$$g * f = \int_0^t f(t - \tau)\, g(\tau)\, d\tau .$$

Es ist also

$$F_k^{-1} y = y * e^{-\alpha_k t} = \int_0^t y(t - \tau)\, e^{-\alpha_k \tau}\, d\tau$$

für $y \in C([0, T])$.

Als Interpolationsfolge erhalten wir

$$\varphi_0(t) = e^{-\alpha_0 t}, \ldots, \varphi_k(t) = e^{-\alpha_0 t} * e^{-\alpha_1 t} * \cdots * e^{-\alpha_k t}, \ldots$$

Durch Induktion kann man zeigen, daß $\varphi_k(t)$ beliebig oft stetig differenzierbar nach t auf $[0, T]$ und stetig abhängig von α_i auf $(-\infty, +\infty)$, $i = 0, \ldots, k$, ist.

Ebenfalls durch Induktion erhält man, daß für voneinander verschiedene $\alpha_0, \ldots, \alpha_k$

$$\varphi_k(t) = \sum_{i=0}^{k} \frac{e^{-\alpha_i t}}{\prod\limits_{j=0, j \neq i}^{k} (\alpha_j - \alpha_i)}$$

ist. Sind alle Parameter einander gleich, also $\alpha_0 = \alpha_1 = \cdots = \alpha_k$, so ist

$$\varphi_k(t) = \frac{t^k}{k!} e^{-\alpha_0 t}.$$

Allgemein gilt

$$\varphi_k(t) = \sum_{j=0}^{m} p_j^k(t)\, e^{-\alpha_{k_j} t}$$

wobei $p_j^k(t)$ ein Polynom vom Grad n_j, $j = 0, \ldots, m$, $\sum_{j=0}^{m} (n_j + 1) = k + 1$ und

$\alpha_{k_i} \neq \alpha_{k_s}$ für $i \neq s$ ist.

Die Vereinigung der linearen Hüllen der Interpolationssysteme für alle möglichen $\alpha_0, \ldots, \alpha_k, \ldots$ enthält die Menge aller Polynome und ist deshalb dicht in $C([0, T])$. Damit wird die Aufgabe, eine stetige Funktion durch eine Summe $\sum_{k=0}^{N} a_k \varphi_k(t)$ möglichst gut zu approximieren, sinnvoll.

Satz 5. *Sei* $f(t) = \sum_{k=0}^{\infty} a_k \varphi_k(t)$. *Weiter setzen wir die auf* $[0, T]$ *gleichmäßige Konvergenz der Reihen* $\sum_{k=0}^{\infty} a_k D^l \varphi_k(t)$, $l = 1, 2, \ldots$, *voraus. Dann ist*

$$a_0 = f(0), \quad a_k = (D + \alpha_{k-1}) \cdots (D + \alpha_0) f(t)|_{t=0}, \quad k \geqq 1.$$

Beweis. Nach Satz 2 ist

$$a_k = F_k \cdots F_1 f|_{t=0} - \sum_{i=0}^{k-1} a_i F_k \cdots F_1 \varphi_i|_{t=0}.$$

In diesem Ausdruck setzen wir

$$F_k = D + \alpha_k = D + \alpha_0 - (\alpha_0 - \alpha_k) = F_0 - (\alpha_0 - \alpha_k).$$

Wir erhalten

$$\begin{aligned} a_k &= F_0 F_{k-1} \cdots F_1 f|_{t=0} - (\alpha_0 - \alpha_k) F_{k-1} \cdots F_1 f|_{t=0} \\ &\quad - \sum_{i=0}^{k-1} a_i F_0 F_{k-1} \cdots F_1 \varphi_i|_{t=0} + (\alpha_0 - \alpha_k) \sum_{i=0}^{k-1} a_i F_{k-1} \cdots F_1 \varphi_i|_{t=0} \\ &= F_0 F_{k-1} \cdots F_1 f|_{t=0} - (\alpha_0 - \alpha_k) \{F_{k-1} \cdots F_1 f|_{t=0} \\ &\quad - \sum_{i=0}^{k-1} a_i F_{k-1} \cdots F_1 \varphi_i|_{t=0}\} \\ &\quad - \sum_{i=0}^{k-1} a_i F_{k-1} \cdots F_{i+1} F_0 F_1 \cdots F_i \varphi_i|_{t=0}. \end{aligned}$$

Die Glieder der letzten Summe verschwinden alle wegen $F_0 \varphi_0 = 0$. Wir untersuchen nun den Ausdruck in der geschweiften Klammer. Wegen

$$a_{k-1} = F_{k-1} \cdots F_1 f|_{t=0} - \sum_{i=0}^{k-2} a_i F_{k-1} \cdots F_1 \varphi_i|_{t=0}$$

ist

$$F_{k-1} \cdots F_1 f|_{t=0} - \sum_{i=0}^{k-1} a_i F_{k-1} \cdots F_1 \varphi_i|_{t=0}$$

$$= a_{k-1} - a_{k-1} F_{k-1} \cdots F_1 \varphi_{k-1}|_{t=0} = a_{k-1} - a_{k-1} \varphi_0(0) = 0,$$

q. e. d.

Die Entwicklungskoeffizienten sind nach diesen Formeln sehr einfach zu berechnen.

Nach Satz 3 ist das Restglied $R_N(f; t) = f(t) - \sum_{k=0}^{N} a_k \varphi_k(t)$ für eine auf $[0, T]$ $(N + 1)$-mal stetig differenzierbare Funktion $f(t)$ darstellbar als

$$R_N(f;t) = (D + \alpha_N) \cdots (D + \alpha_0) f(t) * e^{-\alpha_0 t} * \cdots * e^{-\alpha_N t}.$$

Um die Abhängigkeit des Restgliedes von den Parametern $\alpha_0, \ldots, \alpha_N$ deutlich zu machen, schreiben wir auch $R_N(f; \alpha_0, \ldots, \alpha_N, t)$ für $R_N(f; t)$.

Das Restglied ist symmetrisch bezüglich aller $\alpha_0, \ldots, \alpha_N$. Im Fall $\alpha_0 = \cdots = \alpha_N = 0$ ist

$$\sum_{k=0}^{N} a_k \varphi_k(t) = \sum_{k=0}^{N} D^k f(t)|_{t=0} \frac{t^k}{k!},$$

also die nach $N + 1$ Gliedern abgebrochene Taylorreihe, und

$$R_N(f;t) = \int_0^t f^{(N+1)}(\tau) \frac{(t-\tau)^N}{N!} d\tau$$

das dazugehörige bekannte Restglied.

Die Gleichungen (6) bedeuten jetzt, daß das Restglied und seine Ableitungen bis einschließlich der N-ten Ableitung an der Stelle $t = 0$ verschwinden. Bei der Behandlung der rationalen Interpolation wird noch deutlicher werden, daß (6) die der Interpolation charakteristische Eigenschaft der Übereinstimmung von Funktionswerten und Ableitungen von Funktion und Interpolationssumme an bestimmten Stellen verallgemeinert.

Mit Satz 4 besitzen wir eine Aussage über die Menge der durch eine endliche Summe $\sum_{k=0}^{N} a_k \varphi_k(t)$ darstellbaren Funktionen. Diese Menge enthält genau die Lösungen von homogenen linearen Differentialgleichungen mit konstanten Koeffizienten und ausschließlich reellen charakteristischen Zahlen. Ist $f(t)$ beispielsweise Lösung der Gleichung $(D + \beta_1) \cdots (D + \beta_m) f(t) = 0$, so muß $N \geqq m - 1$ und $\alpha_0 = \beta_1, \ldots, \alpha_{m-1} = \beta_m$ gewählt werden, damit $R_N(f; t)$ identisch verschwindet. Die Parameter $\alpha_m, \ldots, \alpha_N$ können dabei beliebig angenommen werden.

Satz 6. *Sei $f(t)$ auf $[0, T]$ $(N + 1)$-mal stetig differenzierbar. Für solche Funktionen ist das Restglied der Interpolation durch die Summe* $\sum_{k=0}^{N} a_k \varphi_k(t)$

abschätzbar durch

$$|R_N(f;\alpha_0,\ldots,\alpha_N,t)|$$

$$\leqq \begin{cases} \max\limits_{\tau\in[0,t]} |(D+\alpha_N)\cdots(D+\alpha_0)f(\tau)| \dfrac{t^N}{(N+1)!}\,\dfrac{1-e^{-\alpha t}}{\alpha}\left(\dfrac{\max\limits_{\tau\in[0,t]} e^{-\alpha\tau}}{\min\limits_{\tau\in[0,t]} e^{-\alpha\tau}}\right)^N & \textit{für}\quad \alpha\neq 0,\\[2ex] \max\limits_{[\tau\in 0,t]} |(D+\alpha_N)\cdots(D+\alpha_0)f(\tau)| \dfrac{t^{N+1}}{(N+1)!} & \textit{für}\quad \alpha=0 \end{cases}$$

mit $\alpha=\min(\alpha_0,\ldots,\alpha_N)$.

Beweis. Nach Satz 3 ist zunächst

$$R_N(f;\alpha_0,\ldots,\alpha_N,t)=\int_0^t (D+\alpha_N)\cdots(D+\alpha_0)f(\tau)\,\varphi_N(t-\tau)\,d\tau,$$

woraus

$$|R_N(f;\alpha_0,\ldots,\alpha_N,t)|\leqq \max_{\tau\in[0,t]}|(D+\alpha_N)\cdots(D+\alpha_0)f(\tau)|\int_0^t \varphi_N(\tau)\,d\tau$$

folgt. Sei nun $\alpha=\min(\alpha_0,\ldots,\alpha_N)$. Um den Satz zu verifizieren, müssen wir folgende Ungleichung beweisen:

$$\int_0^t \varphi_N(\tau)\,d\tau\leqq\begin{cases}\dfrac{t^N}{(N+1)!}\,\dfrac{1-e^{-\alpha t}}{\alpha}\,(\max\limits_{\tau\in[0,t]} e^{-\alpha\tau})^N\,(\min\limits_{\tau\in[0,t]} e^{-\alpha\tau})^{-N} & \text{für}\quad\alpha\neq 0,\\[2ex] \dfrac{t^{N+1}}{(N+1)!} & \text{für}\quad \alpha=0.\end{cases}$$

Wir zeigen zuerst, daß

$$\varphi_N(t)=e^{-\alpha_0 t}*\cdots*e^{-\alpha_N t}\leqq\frac{t^N}{N!}\,e^{-\alpha t}$$

ist. Da $\varphi_N(t)$ symmetrisch bezüglich der $\alpha_0,\ldots,\alpha_N$ ist, können wir annehmen, diese Parameter seien der Größe nach geordnet, d. h. $\alpha_N\geqq\cdots\geqq\alpha_0=\alpha$. Sei $\alpha+\beta_i=\alpha_i$, $\beta_i\geqq 0$, $i=1,\ldots,N$. Für $\beta_1=0$ ist $e^{-\alpha_0 t}*e^{-\alpha_1 t}=t\,e^{-\alpha_0 t}$, für $\beta_1>0$ ist

$$e^{-\alpha_0 t}*e^{-\alpha_1 t}=\frac{e^{-\alpha_0 t}-e^{-\alpha_1 t}}{\alpha_1-\alpha_0}=e^{-\alpha_0 t}\,\frac{1-e^{-\beta_1 t}}{\beta_1}\leqq e^{-\alpha_0 t}\,t=t\,e^{-\alpha t}.$$

Sei nun $e^{-\alpha_0 t}*\cdots*e^{-\alpha_k t}\leqq\dfrac{t^k}{k!}\,e^{-\alpha t}$. Es gilt weiter

$$e^{-\alpha_0 t}*\cdots*e^{-\alpha_k t}*e^{-\alpha_{k+1} t}=\int_0^t (e^{-\alpha_0 t}*\cdots*e^{-\alpha_k t})\big|_{t-\tau}\,e^{-(\alpha+\beta_{k+1})\tau}\,d\tau$$

$$\leqq\int_0^t\frac{(t-\tau)^k}{k!}\,e^{-\alpha(t-\tau)}\,e^{-\alpha\tau}\,e^{-\beta_{k+1}\tau}\,d\tau\leqq e^{-\alpha t}\int_0^t\frac{(t-\tau)^k}{k!}\,d\tau=e^{-\alpha t}\,\frac{t^{k+1}}{(k+1)!}.$$

Wir setzen nun

$$p_N(\alpha, t) = \int_0^t \frac{\tau^N}{N!} e^{-\alpha\tau} d\tau .$$

Aus

$$\frac{p_N(\alpha, t)}{p_{N-1}(\alpha, t)} = \frac{\int_0^t \frac{\tau^N}{N!} e^{-\alpha\tau} d\tau}{\int_0^t \frac{\tau^{N-1}}{(N-1)!} e^{-\alpha\tau} d\tau} \leqq \frac{\max\limits_{\tau\in[0,t]} e^{-\alpha\tau}}{\min\limits_{\tau\in[0,t]} e^{-\alpha\tau}} \frac{t}{N+1}$$

folgt

$$p_N(\alpha, t) \leqq M \frac{t}{N+1} p_{N-1}(\alpha, t) \leqq \cdots \leqq \frac{(M\,t)^N}{(N+1)!} p_0(\alpha, t)$$

mit

$$M = \max_{\tau\in[0,t]} e^{-\alpha\tau} \left(\min_{\tau\in[0,t]} e^{-\alpha\tau}\right)^{-1},$$

q. e. d.

Satz 7. *$f(t)$ sei beliebig oft differenzierbar auf $[0, T]$. Sei*

$$-\infty < \alpha_{\min} \leqq \alpha_i \leqq \alpha_{\max} < +\infty, \quad i = 0, 1, 2, \ldots$$

Existieren zwei solche Konstanten A_t und B_t für $t \in [0, T]$, daß

$$\max_{\tau\in[0,t]} |(D + \alpha_N) \cdots (D + \alpha_0) f(\tau)| \leqq A_t^N B_t \tag{8}$$

für alle $N \geqq 0$ ist, so konvergiert die Interpolationsreihe in t gegen $f(t)$, d. h.

$$\lim_{N\to\infty} |R_N(f; \alpha_0, \ldots, \alpha_N, t)| = 0.$$

Existieren zwei Konstanten A und B, daß für alle $N \geqq 0$

$$\|(D + \alpha_N) \cdots (D + \alpha_0) f\| \leqq A^N B$$

gilt, so konvergiert die Interpolationsreihe gleichmäßig auf $[0, T]$ gegen $f(t)$, d. h.

$$\lim_{N\to\infty} \|R_N(f; \alpha_0, \ldots, \alpha_N, t)\| = 0.$$

Beweis. Zunächst einmal liegt für jedes N das α aus der Abschätzung in Satz 6 auch zwischen $\alpha_{\min}$ und $\alpha_{\max}$. Damit wird

$$|R_N(f; \alpha_0, \ldots, \alpha_N, t)| \leqq \max_{[0,t]} |(D + \alpha_N) \cdots (D + \alpha_0) f(\tau)| \frac{t^N}{(N+1!)}$$
$$\times \frac{1 - e^{-\alpha_{\min} t}}{\alpha_{\min}} \left(\frac{\max\limits_{\tau\in[0,t]} e^{-\alpha_{\min}\tau}}{\min\limits_{\tau\in[0,t]} e^{-\alpha_{\max}\tau}} \right)^N .$$

Sei

$$M_t = (\min_{\tau \in [0,t]} e^{-\alpha_{\max}\tau})^{-1} \max_{\tau \in [0,t]} e^{-\alpha_{\min}\tau}, \quad C_t = \frac{1 - e^{-\alpha_{\min} t}}{\alpha_{\min}}.$$

Wegen (8) ist

$$|R_N(f; \alpha_0, \ldots, \alpha_N, t)| \leqq (A_t M_t)^N B_t C_t \frac{t}{(N+1)!}.$$

Die rechte Seite dieser Ungleichung hat für $N \to \infty$ den Grenzwert Null, womit der erste Teil der Behauptung bewiesen ist.

Sei $C = \left\| \frac{1 - e^{-\alpha_{\min} t}}{\alpha_{\min}} \right\|$. Die Abschätzung

$$|R_N(f; \alpha_0, \ldots, \alpha_N, t)| \leqq A^N B M_T^N C \frac{T}{(N+1)!}$$

gilt für alle $t \in [0, T]$, also auch für $\|R_N\|$, q. e. d.

Bemerkung. Die hinreichende Bedingung für die gleichmäßige Konvergenz ist erfüllt, wenn (8) für $t = T$ erfüllt ist.

Satz 8. *Sei*

$$f(t) = e^{\beta_1 t} g_1(t) + \cdots + e^{\beta_n t} g_n(t),$$

die Funktionen $g_i(t)$ seien beliebig oft auf $[0, T]$ differenzierbar mit gleichmäßig beschränkten Ableitungen $\|g_i^{(l)}\| \leqq M_i$, $l = 0, 1, \ldots$, $i = 1, \ldots, n$. Sei

$$-\infty < \alpha_{\min} \leqq \alpha_j \leqq \alpha_{\max} < +\infty, \quad j = 0, 1, \ldots$$

Die Interpolationsreihe für $f(t)$ konvergiert gleichmäßig auf $[0, T]$ gegen $f(t)$.

Beweis. Zunächst ist

$$\begin{aligned}
&|(D + \alpha_0) \cdots (D + \alpha_N)(e^{\beta_i t} g_i(t))| \\
&= \left| \prod_{j=0}^{N} (\beta_i + \alpha_j) g_i(t) e^{\beta_i t} + \sum_{k=0}^{N} \prod_{\substack{j=0 \\ j \neq k}}^{N} (\beta_i + \alpha_j) g_i'(t) e^{\beta_i t} + \cdots + g_i^{(N+1)}(t) e^{\beta_i t} \right| \\
&\leqq \|e^{\beta_i t}\| M_i \left(\prod_{j=0}^{N} |\beta_i + \alpha_j| + \sum_{k=0}^{N} \prod_{\substack{j=0 \\ j \neq k}}^{N} |\beta_i + \alpha_j| + \cdots + 1 \right) \\
&= \|e^{\beta_i t}\| M_i \prod_{j=0}^{N} (1 + |\beta_i + \alpha_j|) \leqq \|e^{\beta_i t}\| M_i A_i^{N+1}
\end{aligned}$$

mit $A_i = \max(1 + |\beta_i + \alpha_{\max}|, 1 + |\beta_i + \alpha_{\min}|)$. Weiter ist dann

$$\begin{aligned}
&|(D + \alpha_0) \cdots (D + \alpha_N) f(t)| = \left| \sum_{i=1}^{n} (D + \alpha_0) \cdots (D + \alpha_N)(e^{\beta_i t} g_i(t)) \right| \\
&\leqq \sum_{i=1}^{n} |(D + \alpha_0) \cdots (D + \alpha_N)(e^{\beta_i t} g_i(t))| \\
&\leqq \sum_{i=1}^{n} \|e^{\beta_i t}\| M_i A_i^{N+1} \leqq \max_{i=1,\ldots,n} (\|e^{\beta_i t}\| M_i) \sum_{i=1}^{n} A_i^{N+1} \\
&\leqq \max_{i=1,\ldots,n} (\|e^{\beta_i t}\| M_i) \cdot n \, (\max_{i=1,\ldots,n} A_i)^{N+1}.
\end{aligned}$$

Damit sind die Voraussetzungen von Satz 7 erfüllt, q. e. d.

Beispiele.

$$e^{\beta t} = e^{-\alpha_0 t} + (\beta + \alpha_0)\,\varphi_1(t) + \cdots + \prod_{i=0}^{k-1} (\beta + \alpha_i)\,\varphi_k(t) + \cdots,$$

$$\begin{aligned} \cos t &= e^{-\alpha_0 t} + \alpha_0\,\varphi_1(t) \\ &+ \cdots + \{\alpha_0 \cdots \alpha_{2N-1} - \sum \alpha_{i_0} \cdots \alpha_{i_{2N-3}} + \cdots + (-1)^N\}\,\varphi_{2N}(t) \\ &+ \left\{\alpha_0 \cdots \alpha_{2N} - \sum \alpha_{i_0} \cdots \alpha_{i_{2N-2}} + \cdots + (-1)^N \sum_{i=0}^{2N} \alpha_i\right\} \varphi_{2N+1}(t) + \cdots. \end{aligned}$$

Der Vorteil der neuen Interpolationsformeln $\sum_{k=0}^{N} a_k\,\varphi_k(t)$ sind die freien Parameter $\alpha_0, \ldots, \alpha_N$. Ohne daß die „Interpolationseigenschaft“, die Übereinstimmung von Funktionswerten und Ableitungen von $f(t)$ und $\sum_{k=0}^{N} a_k\,\varphi_k(t)$ in $t = 0$, verlorengeht, können wir nun daran gehen, solche $\alpha_0, \ldots, \alpha_N$ auszuwählen, daß $\|R_N(f; \alpha_0, \ldots, \alpha_N)\|$ klein wird. Wir haben damit ein Problem der nichtlinearen Approximation zu lösen.

Die Lösung der Aufgabe

$$\min_{\substack{\alpha_i \in (-\infty, +\infty) \\ i=0,\ldots,N}} \|R_N(f; \alpha_0, \ldots, \alpha_N)\|,$$

sofern eine existiert, ist im allgemeinen nicht eindeutig. Eine weitere Schwierigkeit ist, daß aus der Kleinheit der Zahl $\|R_N(f; \alpha_0^1, \ldots, \alpha_N^1) - R_N(f; \alpha_0^2, \ldots, \alpha_N^2)\|$ nicht folgt, daß $(\alpha_0^1, \ldots, \alpha_N^1)$ und $(\alpha_0^2, \ldots, \alpha_N^2)$ im $(N + 1)$-dimensionalen euklidischen Raum beieinander liegen müssen. Diese Unkorrektheit ist für die Approximation mit Exponentialfunktionen charakteristisch, da Kombinationen von Exponentialfunktionen mit stark verschiedenen Exponenten im Sinne der Norm nahe beieinander liegen können (vgl. [15]). Mit der Lösung des genannten Approximationsproblems beschäftigt sich [9].

Satz 9. *Sei* $f(t)$ $(N + 1)$*-mal stetig differenzierbar auf* $[0, T]$. *Es gilt*

$$\inf_{\alpha_0,\ldots,\alpha_{N-1}} \|R_{N-1}\| \geqq \inf_{\alpha_0,\ldots,\alpha_N} \|R_N\|.$$

Beweis. Trivialerweise ist

$$\lim_{\alpha_N \to \infty} \|R_N(f; \alpha_0, \ldots, \alpha_N)\| \geqq \inf_{\alpha_0,\ldots,\alpha_N} \|R_N\|$$

für beliebige $\alpha_0, \ldots, \alpha_{N-1}$. Andererseits kann man sich leicht davon überzeugen, daß $\lim_{\alpha_N \to \infty} \|R_N(f; \alpha_0, \ldots, \alpha_N)\| = \|R_{N-1}(f; \alpha_0, \ldots, \alpha_{N-1})\|$ ist, q. e. d.

Bemerkungen.

1. Ist $\inf_{\alpha_0,\ldots,\alpha_N} \|R_N\| = \lim_{\substack{\alpha_N \to \infty \\ \cdots\cdots \\ \alpha_k \to \infty \\ \alpha_{k-1} \to \alpha_{k-1}^* \\ \cdots\cdots \\ \alpha_0 \to \alpha_0^*}} \|R_N\|,$

so ist $\inf_{\alpha_0,\ldots,\alpha_N} \|R_N\| = \|R_{k-1}(f; \alpha_0^*, \ldots, \alpha_{k-1}^*)\| = \min_{\alpha_0,\ldots,\alpha_{k-1}} \|R_{k-1}\|.$

2. Besitzen die Aufgaben $\min\limits_{\alpha_0,\ldots,\alpha_{N-1}} \|R_{N-1}\|$ und $\min\limits_{\alpha_0,\ldots,\alpha_N} \|R_N\|$ Lösungen, so ist $\min\limits_{\alpha_0,\ldots,\alpha_N} \|R_N\| < \min\limits_{\alpha_0,\ldots,\alpha_{N-1}} \|R_{N-1}\|$.

Satz 10. *Sei $f(t)$ eine entwickelbare Funktion, d. h., es existieren Parameter $\alpha_0^*, \alpha_1^*, \ldots,$ für die die Interpolationsreihe zu $f(t)$ gleichmäßig auf $[0, T]$ gegen $f(t)$ konvergiert.*

Entweder existiert dann eine endliche Menge natürlicher Zahlen $\{n_k\}$, so daß $\min\limits_{\alpha_0,\ldots,\alpha_{n_0}} \|R_{n_0}\| > \min\limits_{\alpha_0,\ldots,\alpha_{n_1}} \|R_{n_1}\| > \cdots > \min\limits_{\alpha_0,\ldots,\alpha_{n_m}} \|R_{n_m}\| = 0$ ist, oder es existiert eine unendliche Folge $\{n_k\}$, daß

$$\min_{\alpha_0,\ldots,\alpha_{n_0}} \| R_{n_0} \| > \min_{\alpha_0,\ldots,\alpha_{n_1}} \| R_{n_1} \| > \cdots > \min_{\alpha_0,\ldots,\alpha_{n_k}} \| R_{n_k} \| > \cdots > 0$$

ist.

Beweis. Wegen $\|R_N(f, \alpha_0^*, \ldots, \alpha_N^*)\| = \|R_N^*\| \xrightarrow[N \to \infty]{} 0$ existiert ein m_0, für welches $\|R_{m_0}^*\| < \inf\limits_{\alpha_0} \|R_0\|$ ist. Dann ist erst recht $\inf\limits_{\alpha_0,\ldots,\alpha_{m_0}} \|R_{m_0}\| < \inf\limits_{\alpha_0} \|R_0\|$. Wie wir oben gesehen haben, gibt es dann ein $n_0 \leqq m_0$, so daß $\min\limits_{\alpha_0,\ldots,\alpha_{n_0}} \|R_{n_0}\| = \inf\limits_{\alpha_0,\ldots,\alpha_{m_0}} \|R_{m_0}\|$ ist.

Nun existiert wieder wegen $\|R_N^*\| \xrightarrow[N \to \infty]{} 0$ ein m_1, daß $\|R_{m_1}^*\| < \min\limits_{\alpha_0,\ldots,\alpha_{n_0}} \|R_{n_0}\|$ ist, usw., q. e. d.

Die eben behandelte Form der Interpolation ist für die Interpolation von tabellierten Funktionen nicht günstig, da die Ableitungen in $t = 0$ für diese Funktionen nicht bekannt sind. Mit Hilfe der Operatorenfolge $F_k = \Delta + \alpha_k$, wobei $\Delta f(x) = \dfrac{f(x+h) - f(x)}{h}$, $h > 0$, $1 - \alpha_k h > 0$ ist, und der Funktionalfolge $s_k f = f(0)$ erhalten wir ähnliche Interpolationsfolgen und -summen wie im eben betrachteten Fall. Das Restglied verschwindet dann an den Stellen $t = 0, h, \ldots, Nh$ (vgl. [9]).

3. Interpolation mit rationalen Funktionen

Seien $x_0, x_1, \ldots, x_k, \ldots$ beliebige Stützstellen aus dem endlichen Intervall $[a, b]$. Seien $\alpha_0, \alpha_1, \ldots, \alpha_k, \ldots$ solche reellen Zahlen, daß für $x \in [a, b]$, $k \geqq 0$ der Ausdruck $1 + \alpha_k (x - x_k)$ nicht verschwinden kann.

Sei H die Menge der auf $[a, b]$ definierten Funktionen, $H_{s_k} = H, H_{F_k}$ die Menge der Funktionen aus H, die in der Stützstelle x_k eine endliche Ableitung besitzen, $k = 0, 1, \ldots$

Die Folge der Operatoren

$$F_k f(x) = \begin{cases} \dfrac{f(x) - f(x_k)}{x - x_k} + \alpha_k f(x) & \text{für} \quad x \neq x_k, \\ \lim\limits_{\substack{x \to x_k \\ x \neq x_k}} \dfrac{f(x) - f(x_k)}{x - x_k} + \alpha_k f(x_k) & \text{für} \quad x = x_k \end{cases}$$

und die Folge der Funktionale $s_k f(x) = f(x_k)$ besitzen alle drei Grundeigenschaften. Die erste ist wegen der Bedingung $1 + \alpha_k (x - x_k) \neq 0$ erfüllt. Assoziativität und Kommutativität der Operatoren folgen aus den entsprechenden Eigenschaften der Differenzenquotienten [1, 12], da die Operatoren $\mathring{F}_k = F_k|_{\alpha_k = 0}$ (d. h. $F_k = \mathring{F}_k + \alpha_k$) gerade diese Quotienten sind.

Für im Punkt x_k stetige Funktionen $g(x)$ aus H ist

$$F_k^{-1} g(x) = g(x) \frac{x - x_k}{1 + \alpha_k (x - x_k)}.$$

Die Interpolationsfolge wird gebildet durch die Funktionen

$$\varphi_0(x) = \frac{1}{1 + \alpha_0 (x - x_0)}, \quad \ldots,$$

$$\varphi_k(x) = \frac{1}{1 + \alpha_0 (x - x_0)} \prod_{i=1}^{k} \frac{x - x_i}{1 + \alpha_i (x - x_i)}, \quad \ldots$$

Wir betrachten nun Interpolationsreihen für Funktionen aus der linearen Hülle des Interpolationssystems.

Satz 11. *Sei* $f(x) = \sum\limits_{i=0}^{\infty} a_i \varphi_i(x)$ *aus* H. *Wir setzen die gleichmäßige und absolute Konvergenz der Reihen* $\sum\limits_{i=0}^{\infty} a_i D^l \varphi_i(x)$ *auf* $[a, b]$ *für alle* $l \geqq 0$ *voraus. Für solche Funktionen sind die Entwicklungskoeffizienten bestimmt durch das Gleichungssystem*

$$a_0 = (1 + \alpha_0(x_1 - x_0)) f(x_1),$$

$$\cdots\cdots\cdots\cdots\cdots\cdots\cdots\cdots\cdots$$

$$a_k = (1 + \alpha_0(x_{k+1} - x_0)) \{F_k \cdots F_1 f - \sum_{i=0}^{k-1} a_i F_k \cdots F_1 \varphi_i\}_{x_{k+1}},$$

$$\cdots\cdots\cdots\cdots\cdots\cdots\cdots\cdots\cdots$$

Ist noch $\alpha_0 = 0$, *so gilt für* $k \geqq 1$

$$a_k = (1 + \alpha_k(x_{k+1} - x_k)) \mathring{F}_k F_{k-1} \cdots F_1 f|_{x_{k+1}}.$$

Beweis. Wegen der Voraussetzung bezüglich der Konvergenz der Reihen sind die Voraussetzungen von Satz 2 erfüllt. Das erste Gleichungssystem in der Behauptung ergibt sich damit unmittelbar aus (3).

Für $\alpha_0 = 0$ folgt hieraus

$$\begin{aligned} a_k &= F_k \cdots F_1 f|_{x_{k+1}} - \sum_{i=0}^{k-1} a_i F_k \cdots F_1 \varphi_i|_{x_{k+1}} \\ &= F_k \cdots F_1 f|_{x_{k+1}} - \sum_{i=0}^{k-1} a_i \prod_{j=i+1}^{k} \alpha_j \end{aligned}$$

und

$$a_{k-1} = F_{k-1} \cdots F_1 f|_{x_k} - \sum_{i=0}^{k-2} a_i \prod_{j=i+1}^{k-1} \alpha_j.$$

Andererseits ist

$$\sum_{i=0}^{k-1} a_i \prod_{j=i+1}^{k} \alpha_j = \alpha_k \left(a_{k-1} + \sum_{l=0}^{k-2} a_l \prod_{j=l+1}^{k-1} \alpha_j \right) = \alpha_k F_{k-1} \cdots F_1 f|_{x_k}.$$

Wir erhalten damit

$$\begin{aligned} a_k &= F_k \cdots F_1 f|_{x_{k+1}} - \alpha_k F_{k-1} \cdots F_1 f|_{x_k} \\ &= \mathring{F}_k F_{k-1} \cdots F_1 f|_{x_{k+1}} + \alpha_k (F_{k-1} \cdots F_1 f|_{x_{k+1}} - F_{k-1} \cdots F_1 f|_{x_k}) \\ &= (1 + \alpha_k (x_{k+1} - x_k)) \mathring{F}_k F_{k-1} \cdots F_1 f|_{x_{k+1}}, \end{aligned}$$

q. e. d.

Für $\alpha_0 = 0$ sind die Entwicklungskoeffizienten also wieder durch ein Gleichungssystem mit Diagonalmatrix bestimmt. An dieser Stelle sei bemerkt, daß dann die a_i und auch die $\varphi_i(x)$ von der Stützstelle x_0 unabhängig sind.

Wir gehen nun zu der Aufgabe über, eine Funktion aus H durch eine Interpolationssumme zu approximieren.

Seien $x_{i_1}, \ldots, x_{i_M}$ alle voneinander verschiedenen Stützstellen aus der Menge der Stützstellen $x_0, \ldots, x_N$. x_{i_j} trete mit der Häufigkeit k_j auf, und es sei

$$\sum_{j=1}^{M} k_j = N + 1.$$

Sei $f(x)$ eine Funktion aus H, die in x_{i_j} endliche Ableitungen $f'(x), \ldots, f^{(k_j-1)}(x)$ besitzt, $j = 1, \ldots, M$. Wir approximieren $f(x)$ durch $\sum_{i=0}^{N} a_i \varphi_i(x)$ und betrachten das Restglied $R_N(f; x)$. Um Satz 3 anwenden zu können, führen wir noch die Stützstelle $x_{N+1} = x_0$ ein. Dann ist $s_{N+1} = s_0$, und wir erhalten nach Satz 3

$$\begin{aligned} &R_N(f; x) \\ &= (\mathring{F}_{N+1} + \alpha_0) F_N \cdots F_1 f(x) \frac{x - x_{N+1}}{1 + \alpha_0 (x - x_{N+1})} \prod_{i=1}^{N} \frac{x - x_i}{1 + \alpha_i (x - x_i)}. \end{aligned}$$

Im allgemeinen sind nun wegen $x_{N+1} = x_0$ die a_k und $\varphi_k(x)$, $k = 0, \ldots, N$, von N abhängig. Will man nach der Summe $\sum_{i=0}^{N} a_i \varphi_i(x)$ noch die Summe $\sum_{i=0}^{N+1} a_i \varphi_i(x)$ berechnen, so müssen alle Summanden neu bestimmt werden. Für bestimmte Aufgaben, z. B., wenn die $\alpha_0, \ldots, \alpha_N$ für neues N ohnehin neu festgelegt werden, ist diese Abhängigkeit kein Nachteil.

Interpolationssummen mit $\alpha_0 = 0$ besitzen den gleichen Vorteil wie das Newtonsche Interpolationspolynom. In diesen Summen sind die a_i und $\varphi_i(x)$ von N unabhängig. Die Summe $\sum_{i=0}^{N+1} a_i \varphi_i(x)$ entsteht aus der Summe $\sum_{i=0}^{N} a_i \varphi_i(x)$ durch Hinzunahme nur eines Summanden.

Beispiele.

1. Für $\alpha_0 = \cdots = \alpha_N = 0$, $x_i \neq x_j$, $i \neq j$, $i, j = 1, \ldots, N+1$, erhalten wir mit

$$\sum_{i=0}^{N} a_i \varphi_i(x) = f(x_1) + F_1 f|_{x_2}(x - x_1) + \cdots + F_N \cdots F_1 f|_{x_{N+1}}(x - x_1) \cdots (x - x_N)$$

das Newtonsche Interpolationspolynom.

2. Für $\alpha_0 = \cdots = \alpha_N = 0$, $x_1 = \cdots = x_{N+1}$ erhalten wir als $\sum_{i=0}^{N} a_i \varphi_i(x)$ die abgebrochene Taylorreihe

$$f(x_1) + f'(x_1)(x - x_1) + \cdots + \frac{f^{(N)}(x_1)}{N!}(x - x_1)^N.$$

3. Allgemein ergibt sich für $\alpha_0 = \cdots = \alpha_N = 0$ aus der Interpolationssumme das hermitesche Interpolationspolynom mit dem Restglied

$$R_N(f; x) = \mathring{F}_{N+1} \cdots \mathring{F}_1 f(x) \prod_{j=1}^{M} (x - x_{i_j})^{k_j}$$
$$= f^{(N+1)}(z) \frac{1}{(N+1)!} \prod_{j=1}^{M} (x - x_{i_j})^{k_j}, \qquad z \in (a, b),$$

sofern $f(x)$ eine stetige $(N+1)$-Ableitung besitzt.

Die Gleichungen $s_1 R_N = 0$, $s_2 F_1 R_N = 0, \ldots, s_{N+1} F_N \cdots F_1 R_N = 0$ aus Satz 3 bedeuten hier, daß das Restglied $R_N(f; x)$ und seine Ableitungen bis einschließlich der $(k_j - 1)$-Ordnung in der Stützstelle x_{i_j} verschwinden, $j = 1, \ldots, M$. Damit ist (6) also wieder die Verallgemeinerung der „Interpolationseigenschaft". Wir erhalten wieder die Möglichkeit, durch spezielle Auswahl der $\alpha_0, \ldots, \alpha_N$ günstige Interpolationssummen zu entwickeln.

In endliche Interpolationsreihen können nach Satz 4 nur solche Funktionen aus H zerlegt werden, die Lösung einer Gleichung der Form

$$(\mathring{F}_{N+1} + \alpha_0) F_N \cdots F_1 f(x) = 0$$

sind. Die allgemeine Lösung dieser Gleichung ist

$$f(x) = \frac{b_{N+1}}{1 + \alpha_0 (x - x_{N+1})}$$
$$+ \left\{ \frac{b_1}{1 + \alpha_1 (x - x_1)} + \sum_{s=2}^{N} \frac{b_s}{1 + \alpha_s (x - x_s)} \prod_{l=1}^{s-1} \frac{x - x_l}{1 + \alpha_l (x - x_l)} \right\} \frac{x - x_{N+1}}{1 + \alpha_0 (x - x_{N+1})}, \tag{9}$$

wobei die $b_1, \ldots, b_{N+1}$ beliebige, reelle Konstanten sind.

Satz 12. *Sei* $\varepsilon > 0$ *und* $\alpha_i \in \left[\frac{-1+\varepsilon}{b-a}, \infty\right)$ *für* $x_i = a$, $\alpha_i \in \left(-\infty, \frac{1-\varepsilon}{b-a}\right]$ *für* $x_i = b$, *sonst* $\alpha_i \in \left[\frac{-1+\varepsilon}{b - x_i}, \frac{1-\varepsilon}{x_i - a}\right]$, $i = 0, \ldots, N$.

Existieren für $f(x)$ *aus* H *zwei Konstanten* A *und* B *derart, daß für alle* $N \geqq 1$ *die Ungleichung*

$$\|(\mathring{F}_{N+1} + \alpha_0) F_N \cdots F_1 f\| \leqq \frac{A^N B}{(N+1)!}$$

erfüllt ist, so konvergiert die Reihe $\sum_{i=0}^{N} a_i \varphi_i(x)$ *gleichmäßig auf* $[a, b]$ *gegen* $f(x)$.

Beweis. Aus den Beschränkungen für die Parameter folgt $1 + \alpha_i(x - x_i) \geqq \varepsilon$ für alle $i \geqq 0$.

Nun wird

$$|R_N(f;x)| = |(F_{N+1} + \alpha_0) F_N \cdots F_1 f(x)| \prod_{i=1}^{N} \frac{|x - x_i|}{1 + \alpha_i(x - x_i)} \frac{|x - x_{N+1}|}{1 + \alpha_0(x - x_{N+1})}$$
$$\leqq \frac{A^N B}{(N+1)!} \frac{(b-a)^{N+1}}{\varepsilon^{N+1}}$$

und damit

$$\|R_N\| \leqq \frac{A^N B (b-a)^{N+1}}{\varepsilon^{N+1} (N+1)!} \xrightarrow[N \to \infty]{} 0,$$

q. e. d.

Bemerkung. Verschwinden alle Parameter $\alpha_0, \alpha_1, \ldots$ und ist $f(x)$ beliebig oft differenzierbar, so existieren solche ζ_N in (a, b), daß

$$(\mathring{F}_{N+1} + \alpha_0) F_N \cdots F_1 f(x) = \frac{f^{(N+1)}(\zeta_N)}{(N+1)!}$$

ist. Existieren solche Konstanten A und B, daß die $(N+1)$-Ableitung durch $A^N B$ gleichmäßig beschränkt ist, so ist die Voraussetzung des Satzes erfüllt.

Satz 13. *Sei* $f(x)$ *stetig auf* $[a, b]$. *Sei* α_i *aus* $\left(\frac{-1}{b-a}, \infty\right)$, *wenn* $x_i = a$, *aus* $\left(-\infty, \frac{1}{b-a}\right)$, *wenn* $x_i = b$, *und sonst aus* $\left(\frac{-1}{b-x_i}, \frac{1}{x_i - a}\right)$.

Existieren Zahlen $A_j > 0$ derart, daß die Intervalle

$$I_j = [x_{i_j} - A_j, x_{i_j} + A_j] \cap [a, b]$$

keine anderen Stützstellen als die mit x_{i_j} zusammenfallenden enthalten und $f^{(k_j-1)}(x)$ auf I_j existiert und Lipschitz-beschränkt ist, $j = 1, \ldots, M$, so ist das Restglied $R_N(f; x)$ auf $[a, b]$ stetig in x.

Beweis. Auf Grund der Eigenschaften der Differenzenquotienten mit sich wiederholenden Argumenten [1] und der Voraussetzungen des Satzes ist $\mathring{F}_{k_1-1} \cdots \mathring{F}_1 f(x)$ auf I_1 Lipschitz-beschränkt und damit auch $F_{k_1-1} \cdots F_1 f(x)$. Nun kann man zeigen [9], daß auch $G(x) = F_{N+1} \cdots F_{k_1+1} F_{k_1-1} \cdots F_1 f(x)$ Lipschitz-beschränkt auf I_1 mit einer Konstanten L ist. Hieraus folgt wieder

$$\begin{aligned} \lim_{x \to x_1} |F_{k_1} G(x)| &= \lim_{x \to x_1} \frac{|G(x) - G(x_1) + \alpha_{k_1}(x - x_1) G(x)|}{|x - x_1|} \\ &\leqq L + |\alpha_{k_1}| \max_{x \in I_1} |G(x)| < \infty. \end{aligned}$$

Die Beschränkungen des Satzes bezüglich der Parameter $\alpha_0, \ldots, \alpha_N$ garantieren, daß die Nenner $1 + \alpha_i(x - x_i)$ nirgends auf $[a, b]$ verschwinden. Wir bekommen schließlich

$$\begin{aligned} &\lim_{x \to x_1} |R_N(f; x)| \\ &= \lim_{x \to x_1} |F_{k_1} G(x)| \lim_{x \to x_1} \prod_{i=1}^{N} \left(\frac{|x - x_i|}{1 + \alpha_i (x - x_i)} \frac{|x - x_{N+1}|}{1 + \alpha_0 (x - x_{N+1})} \right) = 0. \end{aligned}$$

Damit ist die Stetigkeit des Restgliedes in x_1 gezeigt. Auf analoge Weise erhalten wir die Stetigkeit in den anderen Stützstellen. In allen Punkten aus $[a, b]$, die mit keiner Stützstelle zusammenfallen, ist $R_N(f; x)$ trivialerweise stetig, q. e. d.

Ist das Restglied stetig auf $[a, b]$, so besitzen die Probleme

$$\min_{\alpha_i \in \left(\frac{-1}{b - x_i}, \frac{1}{x_i - a}\right)} \|R_N\|$$

wegen $\lim\limits_{\alpha_i \to \frac{-1}{b - x_i}} \|R_N\| = \infty$ und $\lim\limits_{\alpha_i \to \frac{1}{x_i - a}} \|R_N\| = \infty$ Lösungen.

Sind alle Stützstellen voneinander verschieden, so ist es sinnvoll, die Koeffizienten a_i nach folgendem Differenzenschema zu berechnen. Um das Schema einfach zu beschreiben, führen wir die Größen $f1(x_i) = F_1 f(x)|_{x_i}$ und $fk(x_i) = F_k fk - 1(x)|_{x_i}$, $k \geqq 2$, ein. Durch Induktion erhält man, daß $fk(x_{i+1}) = F_k \cdots F_1 f(x)|_{x_{i+1}}$ für $i \geqq k \geqq 1$ ist:

$$
\begin{array}{lllllll}
x_1 & f(x_1) & & & & & \\
 & & f\,1(x_2) & & & & \\
x_2 & f(x_2) & & f\,2(x_3) & & & \\
 & & f\,1(x_3) & & f\,3(x_4) & & \\
x_3 & f(x_3) & & f\,2(x_4) & & & \\
\cdot & \cdot & & & & f\,N(x_{N+1}) & \\
\cdot & \cdot & & & & & f\,N+1\,(x) \\
\cdot & \cdot & & & & f\,N(x) & \\
 & & & & f\,3(x_{N+1}) & & \\
x_N & f(x_N) & & f\,2\,(x_{N+1}) & & & \\
 & & f\,1(x_{N+1}) & & f\,3(x) & & \\
x_{N+1} & f(x_{N+1}) & & f\,2(x) & & & \\
 & & f\,1(x) & & & & \\
x & f(x) & & & & &
\end{array}
$$

Zur Berechnung der Koeffizienten in der Interpolationssumme braucht man gerade die in den Spalten am weitesten oben stehenden Zahlen. Will man das Restglied in der Stelle x, $x \neq x_i$, $i = 1, \ldots, N + 1$, berechnen, so erhält man die dazu notwendige Größe $(\mathring{F}_{N+1} + \alpha_0)\, F_N \cdots F_1 f(x) = f\,N + 1\,(x)$, indem man der Tabelle unten eine Zeile hinzufügt.

Für feste $\alpha_0, \ldots, \alpha_N$ gibt es jeweils eine Menge von Funktionen, für die die $f\,N + 1\,(x)$ verschwinden. Für $\alpha_0 = \cdots = \alpha_N = 0$ ist das die Menge der Polynome mit dem Grad $\leqq N$. Die Dimension jeder dieser Mengen ist $N + 1$.

Genau wie beim üblichen Differenzenschema ist auch hier zu beachten, daß sich kleine Fehler in den Funktionswerten in den folgenden Spalten stark auswirken können.

Mit Hilfe der Interpolationssumme $\sum_{i=0}^{N} a_i \varphi_i(x)$ ist es auch möglich, Funktionen mit Polen so zu approximieren, daß das Restglied identisch verschwindet. Und zwar ist das dann möglich, wenn die zu approximierende Funktion $f(x)$ die Gestalt (9) hat, bei der ein oder mehrere Nennerfaktoren im betrachteten Intervall verschwinden. Es ist aber im allgemeinen nicht leicht festzustellen, ob $f(x)$ wirklich die Form (9) hat.

4. Beispiele

Als erstes wollen wir $f(t) = e^{-t} + e^{-2t}$ auf $[0, 1]$ durch den Ausdruck $2\,e^{-\alpha t}$ approximieren. In Abb. 1 sind $f(t)$ und die Interpolationssummen für $\alpha = 0$ und $\alpha = 1{,}24$ eingezeichnet. Für $\alpha = 1{,}43$ sind bei der gewählten Bildgröße $f(t)$ und Interpolationssumme nicht mehr zu unterscheiden.

Abb. 2 zeigt die Approximation der Funktion $f(t) = e^{-t} + e^{-2t} + e^{-3t}$ durch $3\,e^{-\alpha t}$. Die α-Werte sind in die Zeichnung eingetragen. Im nächsten Beispiel wurde $f(t) = e^{-t} + e^{-2t}$ durch die Summe

$$f(0)\,(1-\alpha_0 h)^{\frac{t}{h}} + \left(\frac{f(h)-f(0)}{h} + \alpha_0 f(0)\right)\frac{(1-\alpha_0 h)^{\frac{t}{h}} - (1-\alpha_1 h)^{\frac{t}{h}}}{\alpha_1-\alpha_0},$$

$$h = 0{,}1,$$

approximiert (Abb. 3).

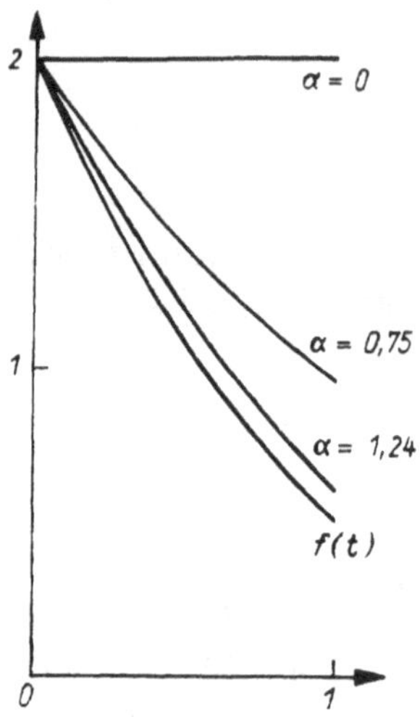

Abb. 1

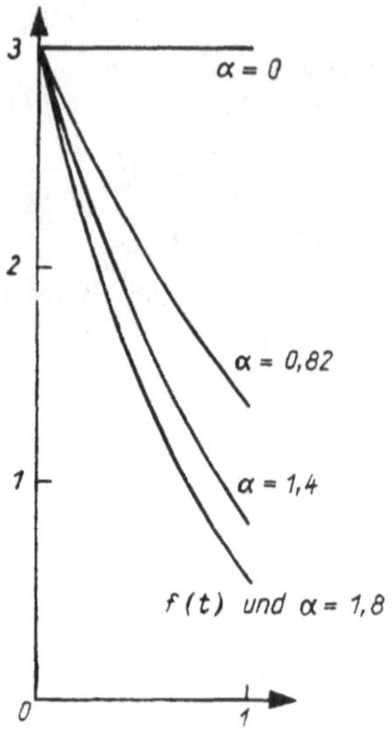

Abb. 2

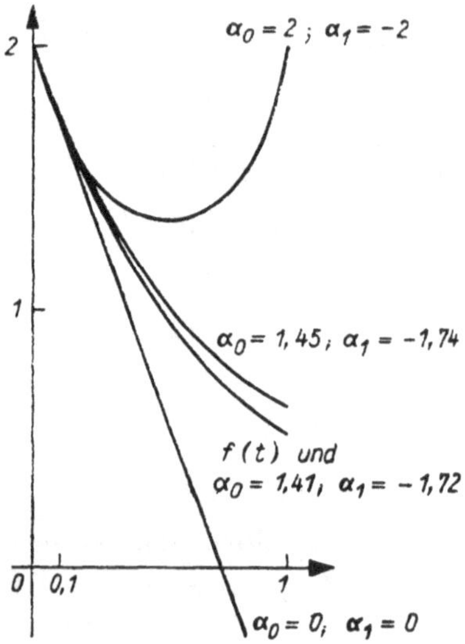

Abb. 3

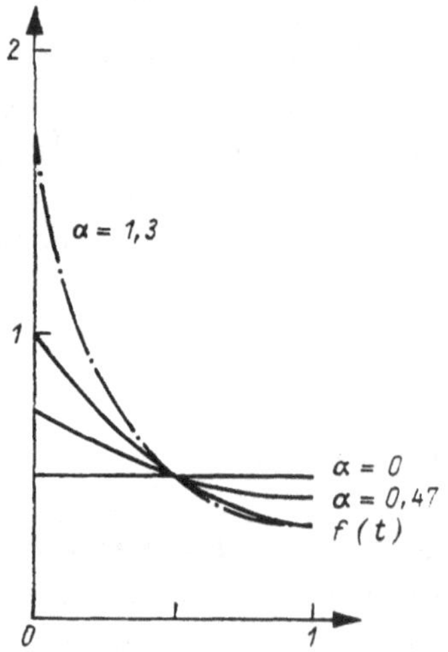

Abb. 4

Als letztes Beispiel wollen wir $f(t) = e^{-t}$ durch $e^{-\frac{1}{2}} \dfrac{1}{1 + \alpha\left(t - \frac{1}{2}\right)}$ approximieren. Abb. 4 zeigt, daß auch in diesem Fall die Interpolationssumme eine Verbesserung des klassischen Interpolationspolynoms darstellt.

Weiter Beispiele befinden sich in [9].

Literatur

[1] Beresin, I. S., und N. P. Shidkow, Numerische Methoden, Bd. 1–2. VEB Deutscher Verlag der Wissenschaften, Berlin 1970 bzw. 1971 (Übersetzung aus dem Russischen).

[2] Doetsch, G., Handbuch der Laplace-Transformation, Bd. 1–3. Birkhäuser Verlag, Basel 1950, 1955 bzw. 1956.

[3] Gelfond, A. O., Differenzenrechnung. VEB Deutscher Verlag der Wissenschaften, Berlin 1958 (Übersetzung aus dem Russischen).

[4] Гончаров, В. Л., Теория интерполирования и приближения функций. Изд. 2, Физматгиз, Москва 1954.

[5] Hamming, R. W., Numerical methods for scientists and engineers. McGraw-Hill Book Comp., Inc., New York 1962.

[6] Kautz, W. H., Network synthesis for specified transient response. Research Laboratory of Electronics, Massachusetts, Institute of Technology, Technical Report Nr. 209, Cambridge 1952.

[7] Kunz, K. S., Numerical analysis, McGraw-Hill Book Comp., New York 1957.

[8] Braess, D., Approximation mit Exponentialsummen. Computing 2 (1967), 309–321.

[9] März, R., Interpolation mit Parameteroptimierung. Dissertation, TH Karl-Marx-Stadt 1970.

[10] McDonough, N., Matched exponents for the representation of signals. Dissertation, The Johns Hopkins University Baltimore, 1963.

[11] Mikusiński, J., Operatorenrechnung. VEB Deutscher Verlag der Wissenschaften, Berlin 1957 (Übersetzung aus dem Polnischen).

[12] Мысовских, И. П., Лекции по методам вычислений. Физматгиз, Москва 1962.

[13] Peschel, M., Grundlagen einer allgemeinen Theorie der linearen Systeme. TH Karl-Marx-Stadt, Sektion Automatisierungstechnik 1969.

[14] Peschel, M., und R. März, Behandlung zeitvariabler Glieder mit den Methoden der Interpolationstheorie. msr **11** (1969), 449–452.

[15] Rice, J. R., The approximation of functions. Addison-Wesley Publ. Comp., Reading (Mass.)-Palo Alto-London 1964.

[16] Steffenson, J. F., Interpolation. Chelsea Publ., New York 1950.

Manuskripteingang: 11. 3. 1971

Verfasser:
Dr. rer. nat. Roswitha März, Sektion Mathematik der Humboldt-Universität Berlin

Beiträge zur Numerischen Mathematik
1 (1974), 95–108

Ein Verfahren der nichtlinearen Tschebyscheff-Approximation

Roswitha März

Aus einer Menge stetiger, von einer Anzahl reeller Parameter abhängiger Funktionen $F(a_1, \ldots, a_n, t)$ soll eine solche ausgewählt werden, die eine gegebene stetige Funktion $f(t)$ im Sinne der Tschebyscheff-Norm am besten approximiert.

Bei der linearen Approximation werden Additivität und Homogenität der Funktion $F(a_1, \ldots, a_n, t)$ in $a_1, \ldots, a_n$ vorausgesetzt. Auf diese Einschränkung soll hier verzichtet werden.

Nichtlineare Approximationen, besonders Approximationen durch Exponentialfunktionen oder rationale Funktionen, sind wichtig bei der Beschreibung des Verhaltens vieler Größen in Natur, Technik und Wirtschaft. Die Approximation von stetigen Funktionen durch rationale Funktionen wird in [7] ausführlich behandelt. Aussagen über die Existenz von besten Approximationen mit Exponentialfunktionen findet man in [1]. [10] enthält Resultate bezüglich der Existenz einiger nichtlinearer Approximationen.

Während für die Bestimmung der besten Approximation durch Exponentialfunktionen im Sinne der L_2-Norm recht günstige Variationen der Prony-Methode entwickelt worden sind [3, 6], hat man zur Lösung des Problems der gleichmäßigen Approximation lediglich Optimierungsverfahren zur Verfügung. Die bekannten derartigen Verfahren [2, 4, 9] setzen Eindeutigkeit der Lösung und Konvexität des Parametervariationsgebietes voraus. Solche Voraussetzungen sind jedoch oft nicht erfüllt. Hier soll deshalb ein Optimierungsverfahren zur Suche der besten gleichmäßigen Approximation entwickelt werden, in dessen Anwendungsbereich u. a. bestimmte Approximationen mit Exponentialfunktionen und rationalen Funktionen liegen.

Wenn wir im folgenden von einer Norm sprechen, meinen wir stets die Tschebyscheff-Norm, d. h., für eine auf dem endlichen Intervall I stetige Funktion $f(t)$ ist $\|f\| = \max_{t \in I} |f(t)|$. Ist eine Funktion $F(a, t)$ noch vom Parameter a abhängig, so schreiben wir $\|F(a)\| = \max_{t \in I} |F(a, t)|$.

Sei A ein Gebiet des n-dimensionalen euklidischen Raumes R^n. Wir betrachten das Problem

$$\min_{a \in A} \|f - F(a)\| \tag{0}$$

für eine gegebene stetige Funktion $f(t)$ und eine Familie stetiger Funktionen $F(a, t)$. Als Lösung des Problems bezeichnen wir ein $a^* \in A$, für das

$$\|f - F(a^*)\| = \min_{a \in A} \|f - F(a)\|$$

ist.

Sei $R(a, t) = f(t) - F(a, t)$ das Restglied der Approximation von $f(t)$ durch $F(a, t)$. Dann läßt sich (0) schreiben als

$$\min_{a \in A} \|R(a)\|. \tag{1}$$

Mit t_a wollen wir immer ein solches $t \in I$ bezeichnen, in dem die Norm $\|R(a)\|$ realisiert wird, d. h., für das $\|R(a)\| = |R(a, t_a)|$ gilt. Wir sagen, die Norm $\|R(a)\|$ wird positiv realisiert, wenn ein $t_a \in I$ existiert, für das $\|R(a)\| = R(a, t_a)$ ist. Entsprechend sagen wir, daß $\|R(a)\|$ negativ realisiert wird, wenn $\|R(a)\| = -R(a, t_a)$ für ein $t_a \in I$ ist.

Ein Punkt $a^1 \in A$ heißt schlechter als $a^2 \in A$, wenn $\|R(a^1)\| > \|R(a^2)\|$ ist. Um die Abhängigkeit von den einzelnen Parametern, d. h., von den Komponenten $a_1, \dots, a_n$ von $a \in A$, besser zu kennzeichnen, schreiben wir mitunter $R(a_1, \dots, a_n, t)$ für $R(a, t)$.

Satz 1. *Ist die Funktion $R(a, t)$ auf $A \times I$ stetig in a und t, so ist die Funktion $\|R(a)\|$ auf A stetig in a.*

Beweis. Wir betrachten eine Folge $\{a^l\} \subset A$ mit dem Grenzwert $\lim_{l \to \infty} a^l = a^* \in A$. Sei $t^l = t_{a^l}$. Wir bezeichnen weiter mit t^* einen Häufungspunkt der Folge $\{t^l\}$. Der Einfachheit halber behalten wir nun für die Unterfolgen $\{t^l\}, t^l \xrightarrow[l \to \infty]{} t^*$ und $\{a^l\}, a^l \xrightarrow[l \to \infty]{} a^*$ die alte Bezeichnung bei. Wegen der Stetigkeit von $R(a, t)$ ist

$$\lim_{l \to \infty} R(a^l, t^l) = R(a^*, t^*).$$

Es muß nun noch gezeigt werden, daß $|R(a^*, t^*)| = \|R(a^*)\|$ ist. Sei umgekehrt $|R(a^*, t^*)| < L < \|R(a^*)\|$ für eine Konstante L. Für genügend große l ist dann auch $|R(a^l, t^l)| < L$. Sei nun $\{\bar{t}^l\}$ eine Folge, die den Grenzwert t_{a^*} hat. Wegen der Stetigkeit von $R(a, t)$ ist wieder

$$\lim_{l \to \infty} R(a^l, \bar{t}^l) = R(a^*, t_{a^*})$$

und deshalb $L < |R(a^l, \bar{t}^l)|$ für genügend große l. Insgesamt erhalten wir also für genügend große l die Ungleichung

$$|R(a^l, t^l)| < L < |R(a^l, \bar{t}^l)|,$$

die im Widerspruch zur Definition von t^l steht, q. e. d.

Im weiteren werden wir ausschließlich solche in a und t stetigen Funktionen $R(a, t)$ betrachten.

Ist A abgeschlossen und beschränkt, so existiert wegen der Stetigkeit der Funktion $\|R(a)\|$ stets eine Lösung des Problems (1).

Auch wenn A unbeschränkt ist, existiert eine Folge $\{a^k\} \subset A$, für die

$$\lim_{k\to\infty} \|R(a^k)\| = \inf_{a\in A} \|R(a)\|$$

ist. Für genügend große k wird

$$\|R(a^k)\| < 1 + \inf_{a\in A} \|R(a)\|.$$

Folgt nun aus der letzten Ungleichung die Beschränktheit der Folge $\{a^k\}$, so ist die Existenz einer Lösung auf abgeschlossenen A sicher. Das gilt z. B. für die rationalen Approximationen [7] und für solche, bei denen die Komponenten $a_1, \ldots, a_n$ nur als nichtnegative Potenzen in $F(a, t)$ eingehen.

Bei Approximationen mit Exponentialfunktionen erhält man die Beschränktheit der Folge $\{a^k\}$ nicht. Hier erschwert die Tatsache, daß Kombinationen von Exponentialfunktionen mit verschiedensten Exponenten sich nach der Norm sehr wenig unterscheiden, das Problem.

Auch für abgeschlossenes, beschränktes A muß die Lösung des Problems (1) nicht eindeutig sein.

Beispiel. Sei $I = [0, T]$, $T < \infty$, $n = 2$, $A = \{a : a \in R^2,\ 0 \leqq a_i \leqq 1{,}44,\ i = 1, 2\}$, $R(a_1, a_2, t) = f(t) - f(0)\, e^{-a_1 t} - (f'(0) + a_1 f(0))\, e^{-a_1 t} * e^{-a_2 t}$ $\left(\text{mit der Faltung } g(t) * h(t) = \int\limits_0^t g(t-\tau)\, h(\tau)\, d\tau\right)$.

Für $f(t) = e^{-t} + e^{-2t}$ ist

$$\min_{a\in A,\, a_1 = a_2} \|R(a_1, a_2)\| = \|R(1{,}44,\ 1{,}44)\| = 0{,}42.$$

Andererseits ist $\|R(1{,}44,\ 1)\| = 0{,}03$, d. h., die Lösung des Problems

$$\min_{a\in A} \|R(a_1, a_2)\|$$

liegt nicht auf der Diagonale $a_1 = a_2$. Wegen $R(a_1, a_2, t) = R(a_2, a_1, t)$ existieren mindestens zwei Lösungen auf A. Für $f(t) = e^{-t}$ existieren sogar unendlich viele Lösungen auf A, nämlich $a_1 = 1$, a_2 — beliebig und umgekehrt.

Im folgenden sei, wenn nicht ausdrücklich anders vereinbart, A ein abgeschlossenes, beschränktes Gebiet.

Um zu einer Lösung der Aufgabe (1) zu gelangen, wollen wir uns der Newton- und der Sekantenmethode bedienen. Einen Newton-Schritt nennen wir die Veränderung der Parameterwerte $a_1^0, \ldots, a_n^0$ nach der Vorschrift

$$a_k^1 = a_k^0 - \left\{ R \frac{\partial R}{\partial a_k} \left(\sum_{i=1}^n \left(\frac{\partial R}{\partial a_i} \right)^2 \right)^{-1} \right\}_{(a^0, t_{a^0})}, \quad k = 1, \ldots, n. \tag{2}$$

Ein Newton-Schritt ist nur für $\sum_{i=1}^{n} \left(\frac{\partial R}{\partial a_i}\right)^2 > 0$ sinnvoll. Geometrisch bedeutet er folgendes. a^1 ist der Schnittpunkt der Hyperschmiegeebene zur Oberfläche $z = R(a, t_{a^0})$ im Punkt $(z^0, a^0) = (R(a^0, t_{a^0}), a^0) \in R^{n+1}$ mit der Geraden auf der Hyperebene $z = 0$, die durch den Vektor grad $R|_{(a^0, t_{a^0})}$ und den Punkt $(0, a^0)$ bestimmt ist. Um a^1 zu berechnen, muß man das Gleichungssystem

$$\frac{\partial R}{\partial a_1}(a_1^1 - a_1^0) + \cdots + \frac{\partial R}{\partial a_n}(a_n^1 - a_n^0) = -R,$$

$$\frac{a_1^1 - a_1^0}{\frac{\partial R}{\partial a_1}} = \cdots = \frac{a_n^1 - a_n^0}{\frac{\partial R}{\partial a_n}}$$

lösen. Verschwinden die partiellen Ableitungen nicht alle gleichzeitig, so besitzt dieses System eine einzige Lösung, die durch (2) angegeben werden kann. Ist $\sum_{i=1}^{n} \left(\frac{\partial R}{\partial a_i}\right)^2 = 0$, so existiert kein Schnittpunkt a^1, die Hyperschmiegefläche liegt dann parallel zur Ebene $z = 0$.

Als Sekantenschritt bezeichnen wir die Bestimmung des Punktes a^2 auf der Strecke $\overline{a^0 a^1}$ nach der Vorschrift

$$a_k^2 = a_k^0 - R^0(R^1 - R^0)^{-1}(a_k^1 - a_k^0), \qquad k = 1, \ldots, n,$$

wobei $R^i = R(a_i, t_{a^i})$ gesetzt wurde.

Satz 2. *Überall auf $A \times I$ existiere $\frac{\partial R}{\partial a_i}$ und wechsele nirgends das Vorzeichen, $i = 1, \ldots, n$. Sei $\sum_{i=1}^{n} \left(\frac{\partial R}{\partial a_i}\right)^2 > 0$ auf $A \times I$, $|R^0| > 0$. Wird, ausgehend von a^0, a^1 durch einen Newton-Schritt bestimmt, wobei die Strecke $\overline{a^0 a^1}$ ganz auf A liegen soll, und ist $R^0 R^1 \geqq 0$, so ist der Punkt a^1 besser als a^0, d. h., es ist $|R^1| < |R^0|$.*

Beweis. Ohne Einschränkung der Allgemeinheit können wir $R^0 > 0$, $R^1 \geqq 0$ annehmen. Der Einfachheit halber setzen wir $t^i = t_{a^i}$. Für $\left.\frac{\partial R}{\partial a_i}\right|_{(a^0, t^0)} > 0$ folgt aus (2) $a_i^1 < a_i^0$, für $\left.\frac{\partial R}{\partial a_i}\right|_{(a^0, t^0)} = 0$ ergibt sich $a_i^1 = a_i^0$ und für $\left.\frac{\partial R}{\partial a_i}\right|_{(a^0, t^0)} < 0$ ist $a_i^1 > a_i^0$, $i = 1, \ldots, n$.

Sei $\left.\frac{\partial R}{\partial a_1}\right|_{(a^0, t^0)} \neq 0$. Wir betrachten $R(a, t)$ für $a \in \overline{a^0 a^1}$. Dort sind die Komponenten von a miteinander verknüpft durch die Relationen

$$a_i = a_i^0 + (a_1 - a_1^0)(a_i^1 - a_i^0)(a_1^1 - a_1^0)^{-1}, \qquad i = 2, \ldots, n.$$

Setzen wir diese in $R(a_1, \ldots, a_n, t)$ ein, so erhalten wir eine Funktion $\tilde{R}(a_1, t)$. Auf $\overline{a^0 a^1} \times I$ gilt dann $\tilde{R}(a_1, t) = R(a_1, \ldots, a_n, t)$, woraus

$$\frac{\partial \tilde{R}}{\partial a_1} = \frac{\partial R}{\partial a_1} + \sum_{i=2}^{n} \frac{\partial R}{\partial a_i} (a_i^1 - a_i^0)(a_1^1 - a_1^0)^{-1} = (a_1^1 - a_1^0)^{-1} \sum_{i=1}^{n} \frac{\partial R}{\partial a_i} (a_i^1 - a_i^0)$$

folgt. Die Glieder der Summe im letzten Ausdruck haben alle ein negatives Vorzeichen. Damit hat $\frac{\partial \tilde{R}}{\partial a_1}$ zwischen a_1^0 und a_1^1 das gleiche Vorzeichen wie $\frac{\partial R}{\partial a_1}$. Dann ist

$$R^0 = \tilde{R}(a_1^0, t^0) \geqq \tilde{R}(a_1^0, t^1) > \tilde{R}(a_1^1, t^1) = R^1.$$

Ist $\left.\frac{\partial R}{\partial a_1}\right|_{(a^0, t^0)} = 0$, so wählen wir eine andere Komponente von a als unabhängige Variable aus, q. e. d.

1. Aus dem Beweis des Satzes 2 folgt, daß für $a \in \overline{a^0 a^1}$, $a \neq a^0, a^1$ die Ungleichung $|R^1| < \| R(a) \| < |R^0|$ gilt. Dabei ist a um so besser, je näher es bei a^1 liegt. Alle Normen werden mit dem gleichen Vorzeichen realisiert wie die in a^0 und a^1.

2. Hat die Strecke $\overline{a^0 a^1}$ einen Schnittpunkt mit der Grenze des Gebietes A, so bezeichnen wir nun mit a^1 den Schnittpunkt der Strecke mit der Grenze, der a^0 am nächsten liegt. Für diesen neuen Punkt a^1 gilt Satz 2 ebenfalls.

Im folgenden wollen wir, wenn durch (2) ein solches a^1 bestimmt ist, daß $\overline{a^0 a^1}$ nicht ganz auf A liegt, als Ergebnis des Newton-Schrittes gleich den entsprechenden Schnittpunkt bezeichnen.

Satz 3. *$\frac{\partial R}{\partial a_i}$ existiere auf $A \times I$ und wechsele dort nirgends das Vorzeichen, $i = 1, \ldots, n$. Sei $\sum_{i=1}^{n} \left(\frac{\partial R}{\partial a_i}\right)^2 > 0$ auf $A \times I$.*

Sei a^1 das Ergebnis eines Newton-Schrittes in $a^0 \in A$.

Werde $\| R(a^0) \|$ positiv realisiert und $\| R(a^1) \|$ negativ oder umgekehrt. Dann gilt für alle $a \in \overline{a^0 a^1}$, $a \neq a^0, a^1$ die Ungleichung

$$\| R(a) \| \leqq \max(|R^0|, |R^1|).$$

Das Problem $\min_{a \in \overline{a^0 a^1}} \| R(a) \|$ ist eindeutig lösbar, man erhält die Lösung durch fortgesetzte Sekantenschritte.

Beweis. Ohne Einschränkung können wir $R^0 > 0$, $R^1 < 0$ voraussetzen. Genau wie in Satz 2 erhalten wir für die a auf $\overline{a^0 a^1}$, in denen $\| R(a) \|$ positiv realisiert wird, die Ungleichung $\| R(a) \| < R^0$ und für die a auf $\overline{a^0 a^1}$, in denen $\| R(a) \|$ negativ realisiert wird, $\| R(a) \| < -R^1$. Damit ist der erste Teil der Behauptung bewiesen.

Wir bilden nun a^2 durch einen Sekantenschritt. a^2 liegt auf $\overline{a^0 a^1}$ und fällt nicht mit den Punkten a^0 und a^1 zusammen. Wird $\| R(a^2)\|$ positiv realisiert, so ist $R^2 < R^0$, und zwischen a^0 und a^2 sind alle Punkte schlechter als a^2. Wird $\| R(a^2)\|$ negativ realisiert, so ist $| R^2 | < | R^1 |$ und die Punkte zwischen a^1 und a^2 sind schlechter als a^2. Wird $\| R(a^2)\|$ gleichzeitig positiv und negativ realisiert, so werden, ausgehend von a^2 die Punkte auf $\overline{a^0 a^1}$ nach beiden Seiten hin schlechter. Im letzten Fall ist a^2 Lösung des Problems $\min_{a \in \overline{a^0 a^1}} \| R(a)\|$, und zwar die einzige.

Wird $\| R(a^2)\|$ nicht gleichzeitig positiv und negativ realisiert, so geht der nächste Sekantenschrittt von a^0 und a^2 aus, wenn $R^0 R^2 < 0$ ist, von a^1 und a^2 aus, wenn $R^1 R^2 < 0$ ist.

Für das Ergebnis dieses Schrittes a^3 stellen wir die gleichen Überlegungen an wie für a^2, usw.

Wir erhalten entweder mit einem a^m die Lösung, nämlich genau dann, wenn $\| R(a^m)\|$ gleichzeitig posititiv und negativ realisiert wird, oder wir bekommen eine unendliche Folge $\{a^m\}$, die einen Grenzwert $a^* \in \overline{a^0 a^1}$, $a^* \neq a^0, a^1$ hat und deren zugehörige $\| R(a^m)\|$ entweder nur positiv oder nur negativ realisiert werden.

Diesen letzten Fall wollen wir weiter untersuchen. Zunächst ist $\| R(a^*)\| \leqq | R^m |$ für alle m. Wir zeigen nun, daß $\| R(a^*)\|$ gleichzeitig positiv und negativ realisiert wird und deshalb Lösung unseres Problems ist. Verschwindet der Grenzwert der Folge $\{ R^m\}$, so ist diese Behauptung trivial. Sei

$$\| R(a^*)\| = \lim_{m \to \infty} | R^m | > 0.$$

Wir teilen die Folge $\{a^m\}$ in zwei Unterfolgen, so, daß die eine nur solche a^m enthält, für die $\| R(a^m)\|$ positiv realisiert wird, und die andere nur solche a^m, für die $\| R(a^m)\|$ negativ realisiert wird.

Beide Unterfolgen enthalten unendlich viele Glieder. Würden z. B. von einem Index m_0 an alle $\| R(a^m)\|$, $m \geqq m_0$, nur positiv realisiert, $\| R(a^{m-1})\|$ negativ realisiert, so wäre $a^* = \lim_{m \to \infty} a^m = a^{m-1}$. Wegen

$$R(a^{m-1}, \lim_{m \to \infty} t^m) = \lim_{m \to \infty} R^m \geqq 0$$

würde $\| R(a^{m-1})\|$ dann auch noch positiv realisiert werden, was den Eigenschaften der Folge $\{a^m\}$ widerspricht. Beide Unterfolgen haben natürlich den Grenzwert a^*. Als Grenzwert der zur ersten Unterfolge gehörenden Folge der R^m wird $\| R(a^*)\|$ positiv realisiert, als Grenzwert der zur zweiten Unterfolge gehörenden R^m wird $\| R(a^*)\|$ negativ realisiert, d. h., $\| R(a^*)\|$ wird gleichzeitig positiv und negativ realisiert, q. e. d.

Satz 4. *$\frac{\partial R}{\partial a_i}$ existiere auf $A \times I$, wechsele nirgends das Vorzeichen, $i = 1, \ldots, n$. Sei $\sum_{i=1}^{n} \left(\frac{\partial R}{\partial a_i}\right)^2 > 0$ auf $A \times I$.*

Durch einen Punkt $\bar{a} \in A$ legen wir eine Gerade G mit der Gleichung

$$\frac{a_1 - \bar{a}_1}{b_1} = \cdots = \frac{a_n - \bar{a}_n}{b_n},$$

in der die b_i nicht verschwinden und das gleiche Vorzeichen wie $\frac{\partial R}{\partial a_i}$ haben, $i = 1, \ldots, n$. Seien c und d solche Schnittpunkte der Geraden G mit der Grenze des Gebietes A, daß die Strecke $\overline{c\,d}$ ganz auf A liegt.

Das Problem $\min\limits_{a \in \overline{cd}} \|R(a)\|$ besitzt dann eine eindeutige Lösung.

Beweis. Wir definieren

$$\tilde{R}(a_1, t) = R\left(a_1,\ (a_1 - \bar{a}_1)\frac{b_2}{b_1} + \bar{a}_2, \ldots, (a_1 - \bar{a}_1)\frac{b_n}{b_1} + \bar{a}_n,\ t\right).$$

Für $a \in \overline{c\,d}$ ist $\tilde{R}(a_1, t) = R(a, t)$ und

$$\frac{\partial \tilde{R}}{\partial a_1} = \frac{1}{b_1}\sum_{i=1}^{n} \frac{\partial R}{\partial a_i}\, b_i .$$

Die Ableitung $\frac{\partial \tilde{R}}{\partial a_1}$ wechselt also auf $[c_1, d_1] \times I$ das Vorzeichen nicht.

Werden $\|R(c)\|$ und $\|R(d)\|$ mit gleichem Vorzeichen realisiert, so kann man wie in Satz 2 zeigen, daß für alle $a \in \overline{c\,d}$, $a \neq c, d$ die Ungleichung

$$\|R(a)\| > \min\left(\|R(c)\|, \|R(d)\|\right)$$

gilt, d. h., die Lösung des Problems ist c oder d.

Werden $\|R(c)\|$ und $\|R(d)\|$ mit verschiedenen Vorzeichen realisiert, so können die Schlüsse von Satz 3 übertragen werden. Die Lösung ist dann der Punkt a^* auf $\overline{c\,d}$, für den $\|R(a^*)\|$ gleichzeitig positiv und negativ realisiert wird. Die Eindeutigkeit folgt wieder aus den Monotonie-Eigenschaften der Funktion $R(a, t)$, q. e. d.

Bemerkungen. 1. Ausgehend von den obigen Behauptungen ist folgendes Optimierungsverfahren zur Bestimmung von a^* möglich.

Wir bestimmen a^*, indem wir die Komponente a_1^* als Lösung des Problems $\min\limits_{a_1 \in [c_1, d_1]} \|\tilde{R}(a_1^*)\|$ bestimmen; die restlichen Komponenten von a^* erhalten wir aus der Geradengleichung.

Einen beliebigen Anfangswert $a_1^0 \in [c_1, d_1]$ verbessern wir durch Newtonschritte. Nun gibt es drei Möglichkeiten:

a) Wir erhalten ständig neue $a_1^m \in (c_1, d_1)$, für die $\tilde{R}^m \tilde{R}^{m-1} > 0$ gilt. Dann ist $a_1^* = \lim\limits_{m \to \infty} a_1^m$ und $\|\tilde{R}(a_1^*)\| = 0$.

b) Wir erhalten ein a_1^m, das auf der Grenze des Intervalls liegt und für das $\tilde{R}^m \tilde{R}^{m-1} \geqq 0$, $\tilde{R}^{m-1} \neq 0$ ist. In diesem Fall ist $a_1^* = a_1^m$.

c) Wir erhalten ein $a_1^m \in [c_1, d_1]$, für das $\tilde{R}^m \tilde{R}^{m-1} \leqq 0$, $\tilde{R}^{m-1} \neq 0$ gilt. Wird die Norm $\|\tilde{R}(a_1^m)\|$ gleichzeitig positiv und negativ realisiert, so ist $a_1^* = a_1^m$. Andernfalls werden die nächsten Näherungen durch Sekantenschritte gebildet. Wir bekommen dann a_1^* nach endlich vielen Schritten oder als $\lim\limits_{m \to \infty} a_1^m$. In jedem Fall wird $\|\tilde{R}(a_1^*)\|$ gleichzeitig positiv und negativ realisiert.

2. Sei A ein unbeschränktes Gebiet, und zwar ein solches, daß $a \in G$ mit $a_1 \in [c_1, \infty)$ auf A liegt. Satz 4 ist übertragbar, wenn $\lim\limits_{a \to \infty} \tilde{R}(a_1, t)$ stetig in t auf I ist. Dann ist entweder

$$\lim_{a_1 \to \infty} \|\tilde{R}(a_1)\| = \inf_{a \in G, a_1 \geqq c_1} \|R(a)\|,$$

oder es existiert eine eindeutige Lösung des Problems $\min\limits_{a \in G, a_1 \geqq c_1} \|R(a)\|$. Das in Bemerkung 1 beschriebene Optimierungsverfahren ist hier direkt anwendbar, obwohl die Existenz der Lösung nicht von vornherein bekannt ist. Man muß dabei nur beachten, daß in der Verlaufsmöglichkeit a)

$$a_1^* = \lim_{m \to \infty} a_1^m < +\infty$$

genau dann, wenn $\|R(a_1^*)\| = 0$ ist, und $a_1^* = \lim\limits_{m \to \infty} a_1^m = \infty$ genau dann, wenn der Grenzwert der Folge $\{R^m\}$ nicht verschwindet. Damit ist aus dem Verlauf des Optimierungsverfahrens Lösbarkeit bzw. Unlösbarkeit des Problems erkennbar. Analoges gilt, wenn A ein solches Gebiet ist, daß a_1 in $(-\infty, d_1]$ oder in $(-\infty, +\infty)$ variieren kann.

3. Für beschränktes A ist zur Bestimmung der Lösung des Problems

$$\min_{a \in \overline{cd}} \|R(a)\|$$

jedes andere Intervallteilungsverfahren anwendbar.

4. Verschwindet $\sum\limits_{i=1}^{n} \left(\frac{\partial R}{\partial a_i}\right)^2$ auf der Grenze von A, so behält Satz 4 seine Richtigkeit. Das in Bemerkung 1 beschriebene Verfahren darf dann nicht auf der Grenze von A begonnen werden.

5. Ersetzen wir im Satz 4 die Bedingung $\sum\limits_{i=1}^{n} \left(\frac{\partial R}{\partial a_i}\right)^2 > 0$ durch $\sum\limits_{\substack{i=1 \\ i \neq i_0}}^{n} \left(\frac{\partial R}{\partial a_i}\right)^2 > 0$, so können wir in der Geradengleichung $b_{i_0} = 0$ zulassen.

6. Sei $\tilde{I}$ eine beliebige Untermenge von I, $\tilde{I} \neq I$, auf der $\frac{\partial R}{\partial a_i}$, $i = 1, \ldots, n$, und $R(a, t)$ gleichzeitig und für alle $a \in A$ verschwinden. Sind alle Voraussetzungen des Satzes bezüglich $A \times (I \backslash \tilde{I})$ erfüllt, ist $R(a, t)$ partiell nach a_i, $i = 1, \ldots, n$, differenzierbar auf $A \times I$, so gelten Satz 4 und die obigen

Bemerkungen. Die Eindeutigkeit der Lösung folgt auch hier aus den Monotonie-Eigenschaften von $R(a, t)$.

Die Optimierung der Parameter $a_1, \ldots, a_n$ auf der Geraden G bedeutet die Optimierung nur eines Parameters a_1. Nun liegt der Gedanke nahe, ein Optimierungsverfahren zur Lösung von Problem (1) ebenfalls mit Hilfe von Newton und Sekantenschritten zu gestalten.

Einen Anfangswert $a^0 \in A$ verbessern wir durch Newton-Schritte, bis wir $R^m R^{m+1} < 0$ erhalten. Wir merken uns das Vorzeichen von R^m und bestimmen a^l als Lösung des Problems $\min\limits_{a \in \overline{a^m a^{m+1}}} \| R(a) \|$. $\| R(a^l) \|$ wird gleichzeitig positiv und negativ realisiert. Ausgehend von a^l führen wir wieder einen Newton-Schritt durch, wobei wir in die Formel (2) ein solches t_{a^l} einsetzen, daß $R^m R(a^l, t_{a^l}) < 0$ ist. Weiter wird nun mit Newton-Schritten verbessert, bis $R^k R^{k+1} < 0$ wird. Ist die Lösung des Problems $\min\limits_{a \in \overline{a^k a^{k+1}}} \| R(a) \|$ nicht besser als a^l, wird die Suche abgebrochen. Andernfalls wird sie wie oben fortgeführt.

Satz 5. *Seien alle Voraussetzungen des Satzes 4 erfüllt. Besteht das soeben beschriebene Optimierungsverfahren ausschließlich aus Newton-Schritten und ist dabei* $a^* = \lim\limits_{m \to \infty} a^m < +\infty$, *so ist a^* Lösung des Problems* (1) *mit* $\| R(a^*) \| = 0$.

Beweis. Die Behauptung folgt unmittelbar aus (2).

Im allgemeinen bietet dieses Verfahren jedoch nur die Möglichkeit, einen Anfangswert zu verbessern. Wie weit man dabei von der Lösung entfernt ist, geht aus dem Verfahren nicht hervor. Seine Anwendung auf bestimmte Approximationen mit Exponentialfunktionen oder rationalen Funktionen ergab gute Resultate [5].

Im oben angeführten Beispiel würde man die Diagonale $a_1 = a_2$, wenn man während der Suche auf sie träfe, durch einen Newton-Schritt nicht mehr verlassen können. Das bedeutet, daß unser Verfahren nicht für die ganze hier angegebene Klasse von Approximationen zum Ziel führen kann.

Im weiteren wollen wir nun ein Optimierungsverfahren beschreiben, durch welches auf Grund der Monotonie-Eigenschaften von $R(a, t)$ und der Lösbarkeit des Problems auf bestimmten Geraden das Optimierungsgebiet sukzessive eingeschränkt wird. Dieses Verfahren wird eine Verallgemeinerung auf unbeschränktes A nicht zulassen.

Satz 6. *Sei* $\sum\limits_{i=1}^{n} \left(\frac{\partial R}{\partial a_i}\right)^2 > 0$ *im Innern von* A, $\sum\limits_{i=1}^{n} \left(\frac{\partial R}{\partial a_i}\right)^2 \geqq 0$ *auf der Grenze von* A, $\frac{\partial R}{\partial a_i}$ *wechsele nirgends das Vorzeichen,* $i = 1, \ldots, n$. *Sei $\bar{a}$ ein Punkt, für den die Norm* $\| R(\bar{a}) \|$ *gleichzeitig positiv und negativ realisiert wird.*

Sei G das zusammenhängende, $\bar{a}$ enthaltende, auf A liegende Stück einer Geraden mit der Gleichung

$$\frac{a_1 - \bar{a}_1}{b_1} = \cdots = \frac{a_n - \bar{a}_n}{b_n}. \tag{3}$$

Für G, deren Parameter $b_1, \ldots, b_n$ der Bedingung $b_i \frac{\partial R}{\partial a_i} \geqq 0, b_i \neq 0, i = 1, \ldots, n$ genügen, ist $\bar{a}$ die Lösung des Problems $\min_{a \in G} \|R(a)\|$, und alle $a \neq \bar{a}$ auf G sind schlechtere Punkte als $\bar{a}$.

Beweis. Satz 6 folgt unmittelbar aus Satz 4.

Bemerkungen.

1. Lassen wir in der Geradengleichung (3) $b_{i_0} = 0$ zu, so erhalten wir die Relation $\|R(a)\| \geqq \|R(\bar{a})\|$ für $a \in G$, d. h., die Punkte auf G sind nicht besser als a.
2. $\|R(a)\|$, $a \in G$, wird auf der einen Seite von $\bar{a}$ positiv und auf der anderen Seite von $\bar{a}$ negativ realisiert.
3. Satz 6 kann auch für beliebige Punkte $\bar{a} \in A$ formuliert werden. Wird z. B. $\|R(\bar{a})\|$ positiv realisiert, so sind alle Punkte auf dem Teil von G schlechter als $\bar{a}$, auf dem von $\bar{a}$ aus gesehen $\tilde{R}(a_1, t)$ eine wachsende Funktion von a_1 ist.
4. Satz 6 gilt auch für unbeschränktes Gebiet A.
5. Satz 6 bietet die Möglichkeit, Teile von A aus den weiteren Betrachtungen auszuschließen, da in ihnen keine besseren Punkte liegen.

Beispiel. Sei A das in Abb. 1 dargestellte Gebiet des zweidimensionalen euklidischen Raumes. Sei der Bestimmtheit halber $\frac{\partial R}{\partial a_1} > 0$, $\frac{\partial R}{\partial a_2} > 0$. Wird $\|R(\bar{a})\|$ positiv und negativ realisiert, so kann das schraffierte Gebiet von der weiteren Suche nach der Lösung von (1) ausgeschlossen werden. Nach Bemerkung 3 kann auch noch das gepunktete Gebiet weggelassen werden.

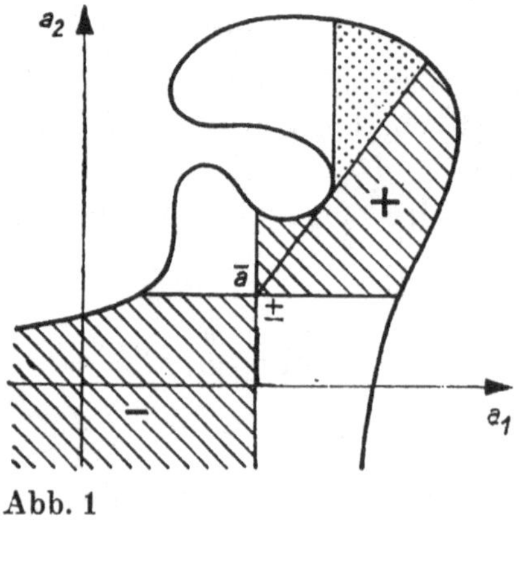

Abb. 1

Satz 7. *Sei A ein n-dimensionaler Quader mit der Seitenlänge s. $R(a, t)$ habe alle in Satz 6 verlangten Eigenschaften.*

Zur Bestimmung einer Lösung des Problems (1) *kann ein Verfahren der sukzessiven Gebietseinschränkung konstruiert werden, welches garantiert, daß das zur Optimierung übrigbleibende Gebiet beliebig klein gemacht werden kann.*

Beweis. Eine der Diagonalen des Quaders erfüllt die Bedingungen für die Geradenabschnitte G des Satzes 6. Sei dies G_1.

Liegt die Lösung a_{G_1} des Problems $\min\limits_{a \in G_1} \|R(a)\|$ in der Ecke des Quaders, so ist a_{G_1} Lösung von (1). Ist a_{G_1} kein Eckpunkt, so wird $\|R(a_{G_1})\|$ positiv und negativ realisiert. Ist a_{G_1} gerade der Mittelpunkt des Quaders, so werden nach Satz 6 genau zwei Quader mit der Seitenlänge $\frac{s}{2}$ von der weiteren Suche ausgeschlossen. Für jede andere Lage von a_{G_1} werden zwei Quader ausgeschlossen, die zusammen ein Volumen haben, das größer als $2\left(\frac{s}{2}\right)^n$ ist.

Für die nach dem Wegstreichen übrigbleibenden $2^n - 2$ kleinen Quader in A stellen wir die gleichen Überlegungen an.

Im ungünstigsten Fall liegen die Lösungen der Probleme für die Diagonalen immer im Mittelpunkt des entsprechenden Quaders. Dann vermindert sich das Gebiet nach der Lösung auf G_1 um $2\left(\frac{s}{2}\right)^n$ Volumeneinheiten VE. Beim zweiten Schritt werden $2^n - 2$ Diagonalen-Probleme gelöst und $2(2^n - 2)\left(\frac{s}{2^2}\right)^n$ VE gestrichen. Beim dritten Schritt müssen $(2^n - 2)^2$ Diagonalen-Probleme gelöst werden, wir können $2(2^n - 2)^2\left(\frac{s}{2^3}\right)^n$ VE streichen. Nach m Schritten haben wir unser Gebiet A um

$$S(m) = 2\left(\frac{s}{2}\right)^n\left(1 + \frac{2^n - 2}{2^n} + \left(\frac{2^n - 2}{2^n}\right)^2 + \cdots + \left(\frac{2^n - 2}{2^n}\right)^{m-1}\right) \text{VE}$$

verkleinert. Weiter ist $\lim\limits_{m \to \infty} S(m) = s^n$, q. e. d.

Bemerkungen.

1. Die Unterteilung des nach einem Schritt übrigbleibenden Gebietes ist nicht notwendig. Sie wurde hier nur wegen der einfachen Darstellungsmöglichkeit vorgenommen. Durch andere Auswahl der Strecken G können ähnliche Verfahren konstruiert werden.

2. Ist A ein beliebiges abgeschlossenes, beschränktes Gebiet derart, daß jede Hyperebene es nur in endlich viele Teile zerschneiden kann, so kann ebenfalls ein Verfahren der sukzessiven Gebietseinschränkung entwickelt werden. Für die Auswahl der Strecken G gibt es auch hier viele Möglichkeiten.

Da während der Optimierung ständig die t_a berechnet werden müssen, wird die Durchführung des Verfahrens sehr kompliziert. Ein t_a bekommt man in der Regel nur durch eine Kurvendiskussion und auch dann für die meisten Funktionen nur näherungsweise.

Das Verfahren wird praktisch durchführbar, wenn wir die Norm $\|g\|$ einer Funktion $g(t)$ durch den Ausdruck $\max_{i=0,\ldots,l} |g(t_i)|$ ersetzen. t_i, $i = 0, 1, \ldots, l$, sind dabei Stützstellen aus dem Intervall I. Alle unsere Behauptungen behalten ihre Gültigkeit.

Nun erhebt sich sofort die Frage, ob wir genügend gute Näherungen der Lösung des Problems (1) erhalten, wenn wir die Anzahl der Stützstellen sehr groß wählen.

Sei $I = [\alpha, \beta]$. Seien $t_0^k = \alpha < t_1^k < \cdots < t_{l_k+1}^k = \beta$ die Stützstellen, $k = 1, 2, \ldots$ Wir setzen $h_i^k = t_{i+1}^k - t_i^k$, $i = 0, \ldots, l_k$, $k = 1, 2, \ldots$

Satz 8. *$R(a, t)$ genüge allen Bedingungen des Satzes 4 und besitze außerdem eine beschränkte partielle zweite Ableitung nach t $\left|\frac{\partial^2 R}{\partial t^2}\right| \leqq M$ auf $A \times I$. Die Probleme*

$$\min_{a\in A} \|R(a)\| \tag{1}$$

und

$$\min_{a\in A} \max_{0\leqq i\leqq l_k+1} |R(a, t_i^k)|, \quad k = 1, 2, \ldots$$

seien eindeutig lösbar; es seien a^* und a^k, $k = 1, 2, \ldots$ diese Lösungen. Bildet die Folge $\{\max_{0\leqq i\leqq l_k} h_i^k\}$ für $k \to \infty$ eine Nullfolge, so ist

$$\lim_{k\to\infty} a^k = a^* \quad \text{und} \quad \lim_{k\to\infty} \max_{0\leqq i\leqq l_k+1} |R(a^k, t_i^k)| = \|R(a^*)\|.$$

Beweis. Die Funktion

$$P_k(a, t) = R(a, t_i^k) + (t - t_i^k)(t_{i+1}^k - t_i^k)^{-1}(R(a, t_{i+1}^k) - R(a, t_i^k))$$
$$\text{für} \quad t \in [t_i^k, t_{i+1}^k], \quad i = 0, 1, \ldots, l_k,$$

ist stetig in a und t auf $A \times I$. Es existieren dort die partiellen Ableitungen $\frac{\partial P_k}{\partial a_i}$, $i = 1, \ldots, n$, welche das Vorzeichen nirgends wechseln. In den Stützstellen der Norm ist $P_k(a, t) = R(a, t)$ und deshalb

$$\|P_k(a)\| = \max_{0\leqq i\leqq l_k+1} |R(a, t_i^k)| \quad \text{für} \quad a \in A.$$

Für $k \to \infty$ und $\max_{0\leqq i\leqq l_k} h_i^k \to 0$ konvergiert $P_k(a, t)$ gleichmäßig auf I gegen $R(a, t)$.

Sei a^k Lösung des Problems $\min_{a\in A} \|P_k(a)\|$. Die Norm $\|P_k(a^k)\|$ werde in t^k realisiert. Sei $\tilde{a}$ Häufungspunkt der Folge $\{a^k\}$ und $\tilde{t}$ Häufungspunkt der Folge $\{t^k\}$. Wie betrachten nun Unterfolgen mit den Grenzwerten $\tilde{a}$ bzw. $\tilde{t}$, behalten aber für sie die Bezeichnungen $\{a^k\}$ und $\{t^k\}$ bei. Wegen

$$|R(\tilde{a}, \tilde{t}) - P_k(a^k, t^k)| \leqq |R(\tilde{a}, \tilde{t}) - R(a^k, t^k)| + |R(a^k, t^k) - P_k(a^k, t^k)|$$

ist

$$\lim_{k\to\infty} P_k(a^k, t^k) = R(\tilde{a}, \tilde{t}).$$

Die Norm $\|R(\tilde{a})\|$ wird in $\tilde{t}$ realisiert.

Wäre $\tilde{a}$ nicht Lösung des Problems (1), so erhielten wir für genügend große k einen Widerspruch zur Definition der a^k.

Da wir die eindeutige Lösbarkeit von (1) vorausgesetzt hatten, kann die zuerst definierte Folge $\{a^k\}$ nur einen Häufungspunkt besitzen, q. e. d.

Bemerkung. Sind die Lösungen der in Satz 8 genannten Probleme nicht eindeutig, so erhalten wir mit den Häufungspunkten der Folge $\{a^k\}$ Lösungen von (1).

Bis auf Satz 8 sind alle Aussagen auf den Fall eines unendlichen Intervalls I übertragbar, wenn die Norm $\|f\| = \sup_{t\in I} |f(t)|$ eingeführt wird und für $R(a, t)$ die Stetigkeit und Differenzierbarkeit in $a_1, \ldots, a_n$ der Grenzwerte für $t \to \infty$ bzw. $t \to -\infty$ vorausgesetzt werden.

Im Anwendungsbereich des beschriebenen Optimierungsverfahrens liegen zum Beispiel folgende Approximationen:

1. $F(a, t) = (a_1 + a_2 t + \cdots + a_n t^n)^{-1}$ mit $(a_1 + a_2 t + \cdots + a_n t^n)^{-1} \geqq \varepsilon > 0$. Hier existiert nach [7] eine eindeutige Lösung von (1);

2. $F(a, t) = f(0)\, e^{-a_1 t} + \sum_{i=2}^{n} (D + a_1) \cdots (D + a_{i-1}) f|_{t=0}\, e^{-a_1 t} * \cdots * e^{-a_i t}$,
wobei D der Differentialoperator ist;

3. $F(a, t) = f(x_1) + \sum_{i=1}^{n} (1 + a_i(x_{i+1} - x_i))\, \mathring{F}_i F_{i-1} \cdots F_1 f|_{x_{i+1}} \prod_{j=1}^{i} \frac{t - x_j}{1 + a_j (t - x_j)}$,
wobei $x_1, \ldots, x_{n+1}$ vorgegebene Stützstellen sind und

$$F_i\, g(x) = \frac{g(x) - g(x_i)}{x - x_i} + a_i\, g(x), \quad \mathring{F}_i\, g(x) = \frac{g(x) - g(x_i)}{x - x_i}$$

ist.

Die letzten beiden Beispiele werden in [5] ausführlich betrachtet.

Literatur

[1] Braess, D., Approximation mit Exponentialsummen. Computing 2 (1967), 309–321.

[2] Drenick, R. F., Die Optimierung linearer Regelsysteme. R. Oldenbourg Verlag, München 1967.

[3] Kautz, W. H., Network synthesis for specified transient response. Research Laboratory of Electronics, Massachusetts Institute of Technology, Technical Report Nr. 209, Cambridge 1952.

[4] Künzi, H. P., H. G. Tzschach und C. A. Zehnder, Numerische Methoden der mathematischen Optimierung mit Algol- und Fortran-Programmen. B. G. Teubner, Stuttgart 1967.

[5] März, R., Interpolation mit Parameteroptimierung. Dissertation, TH Karl-Marx-Stadt 1970.

[6] McDonough, N., Matched exponents for the representation of signals. Dissertation, The Johns Hopkins University, Baltimore 1963.

[7] Rice, J. R., The approximation of functions. Addison-Wesley Publ. Comp., Reading (Mass.)-Palo Alto-London 1964.

[8] Ремез, Е. Я., Основы численных методов чебышевского приближения. Наук. думка, Киев 1969.

[9] Spang, H. A., A review of minimization techniques for nonlinear functions. Siam Review 4 (1962), 343–365.

[10] Staňko, S., On existence theorems for some class of nonlinear Tschebysheff approximations. Prace Matematyczne 12 (1969), 301–304.

Manuskripteingang: 11. 3. 1971

Verfasser:
Dr. rer. nat. Roswitha März, Sektion Mathematik der Humboldt-Universität Berlin

Beiträge zur Numerischen Mathematik
1 (1974), 109–120

Ein iteratives Verfahren gemischter Strategie zur Nullstellenbestimmung von Polynomen in einer Unbestimmten mit automatischer Fehlerabschätzung für die Näherungswerte der Nullstellen

HORST SANDMANN und HANS-GÜNTHER JAHNKE

1. Theoretische Grundlagen

Es sei $f(z) = \sum_{l=0}^{n} a_l z^{n-l}$, $n > 1$; a_l, $l = 0(1)\,n$, seien komplexe Zahlen, $a_0 \neq 0$.

1.1. *Ein iteratives Verfahren gemischter Strategie zur Nullstellenbestimmung von Polynomen $f(z)$*

1.1.1. Verfahren nach SZMELTER

Ausgegangen wird von dem globalkonvergenten Verfahren nach SZMELTER [10]. Es ist ein Suchverfahren auf der Betragfläche von $f(z)$ und benutzt die folgende grundlegende Eigenschaft: Kritische Punkte der Betragfläche von $f(z)$ sind höchstens Sattelpunkte. Der Konvergenzgrad bei diesem Verfahren ist im Lokalen $\ll 1$.

Iterationsvorschrift: $z^{(i+1)} = z^{(i)} + x^{(i)}$ (1.1.1.1)

mit der Korrektur: $x^{(i)} = 2 * x^{(i-1)}$, falls $\|f(z^{(i)})\| < \|f(z^{(i-1)})\|$,

sonst: $x^{(i)} = (-0.08 + i * 0.24) * x^{(i-1)}$.

1.1.2. Kombiniertes Verfahren nach SZMELTER-NEWTON

Das Verfahren nach SZMELTER (abgekürzt: SV) wird mit dem Newton-Verfahren angewandt auf $g(z)$, $g(z) = f(z)/f'(z)$ (abgekürzt: NV), [8], S. 325, gekoppelt. Man erhält ein nie versagendes globalkonvergentes, im Lokalen quadratisch konvergierendes Verfahren (abgekürzt: SNV). Vom SV wird zum NV übergegangen, wenn eine vom SV berechnete Näherung im NV-Einzugsgebiet einer Nullstelle liegt.

1.2. *Fehlerabschätzung*

Es sei z_0 eine vom SNV berechnete Näherung (einer Nullstelle).

1.2.1. Fehlerabschätzung nach einem Satz von LAGUERRE

Es sei

$$f'(z_0) \neq 0; \tag{1.2.1.1}$$

$$z_M = z_0 - \frac{n}{2} f(z_0)/f'(z_0); \tag{1.2.1.2}$$

$$r = \frac{n}{2} |f(z_0)/f'(z_0)| \text{ (Laguerre-Radius).} \tag{1.2.1.3}$$

Dann gilt nach LAGUERRE [9], S. 61, oder [7], S. 48: In

$$|z - z_M| \leqq r \tag{1.2.1.4}$$

existiert mindestens eine Nullstelle z_1 von $f(z)$. Hiermit erhält man eine Fehlerabschätzung für z_M (z_M eine Näherung für die Nullstelle z_1), wobei

$$|z_1 - z_M| \leqq r \tag{1.2.1.5}$$

gilt, falls (1.2.1.1) erfüllt ist.

1.2.2. Fehlerabschätzung mit $|f(z_0)|^{\frac{1}{n}}$

Es sei

$$f(z) = \prod_{j=1}^{n} (z - z_j), \quad n \geqq 1; \tag{1.2.2.1}$$

dann ist

$$|f(z)| = \prod_{j=1}^{n} |z - z_j|. \tag{1.2.2.2}$$

Man setze $z = z_0$. Dann erhält man

$$|z_0 - z_{j_0}|^n \leqq \prod_{j=1}^{n} |z_0 - z_j| = |f(z_0)| \tag{1.2.2.3}$$

für mindestens eine Nullstelle z_{j_0}, also

$$|z_0 - z_{j_0}| \leqq |f(z_0)|^{\frac{1}{n}} \quad (\equiv w). \tag{1.2.2.4}$$

Hiermit erhält man stets eine Fehlerabschätzung für die Näherung z_0 der nicht notwendig einfachen Nullstelle z_{j_0}.

1.3. *Rückrechnung*

Es seien z_{0j}, $j = 1(1)\,n$, vom SNV berechnete Näherungen der n Nullstellen z_j, $j = 1(1)\,n$, von $f(z)$. Mit den Größen z_{0j}, $j = 1(1)\,n$, werden nach

$$f_j(z) = f_{j-1}(z) * (z - z_{0j}), \quad j = 1(1)\,n, \quad f_0(z) \equiv 1, \tag{1.3.1}$$

die Koeffizienten des Polynoms $g(z)$, $g(z) = f(z) + \sum_{l=0}^{n} a_l\,\varepsilon_l * z^{n-l}$, zum Vergleich mit den Koeffizienten a_l, $l = 0(1)\,n$, von $f(z)$ berechnet.

2. Zur Programmierung des SNV mit automatischer Fehlerabschätzung

Die Iterationsvorschriften für SV und NV sind unverändert übernommen.

Es sei $z^{(i-1)}$, $i \geqq 1$, das Ergebnis des $(i-1)$-ten SV-Schrittes, $x^{(i-1)}$ die SV-Korrektur, die zu $z^{(i)}$ führt,

$$z^{(i)} = z^{(i-1)} + x^{(i-1)}, \tag{2.1}$$

ferner

$$f(z) = vr(z) + i * vi(z) \tag{2.2}$$

und

$$\|f(z)\| = \max\,(|vr(z)|, |vi(z)|). \tag{2.3}$$

Weiterhin sei $t^{(i-1)}$ das Ergebnis des $(i-1)$-ten SNV-Schrittes, $x^{(i-1)}$ bzw. $u^{(i-1)}$ die SV- bzw. NV-Korrektur, die zu $t^{(i)}$ führt. Ferner sei

$$z^{(i)} = zr^{(i)} + i * zi^{(i)}, \quad t^{(i)} = tr^{(i)} + i * ti^{(i)}, \tag{2.4}$$
$$x^{(i)} = xr^{(i)} + i * xi^{(i)}, \quad u^{(i)} = ur^{(i)} + i * ui^{(i)}.$$

2.1. *Bedingung für den Übergang vom SV zum NV*

Es sei

$$0 < \|f(z^{(i)})\| < \|f(z^{(i-1)})\|; \tag{2.1.1}$$

$$|x^{(i)}/z^{(i)}| \leqq 10^{-2}; \tag{2.1.2}$$

$$N \equiv f'(z^{(i)})^2 - f(z^{(i)}) * f''(z^{(i)}) \neq 0 \tag{2.1.3}$$

(Nenner bei NV-Korrektur);

$$u^{(i)} \equiv f(z^{(i)}) * f'(z^{(i)})/N, \quad |u^{(i)}/z^{(i)}| \leqq 10^{-1}; \tag{2.1.4}$$

$$(\|f(z^{(i)} - u^{(i)})\| < \|f(z^{(i)})\|) \vee (|u^{(i)}/z^{(i)}| > 10^{-3}), \tag{2.1.5}$$

dann erfolgt Übergang vom SV zum NV, d. h.

$$z^{(i+1)} = z^{(i)} - u^{(i)}. \tag{2.1.6}$$

Bemerkung 2.1.1. Nach Übergang zum NV werden vor Berechnung der Größe $z^{(i)} - u^{(i)}$ (eines NV-Schrittes) nur (2.1.3), (2.1.4) und (2.1.5) getestet, bei deren Erfülltsein (2.1.6) erfolgt.

Ist (2.1.3) oder/und (2.1.4) nicht erfüllt, so erfolgt ein SV-Schritt (2.1).

Sind (2.1.3) und (2.1.4) erfüllt und ist (2.1.5) nicht erfüllt, so wird $f(z)$ reduziert, d. h.

$$f(z) = f(z)/(z - z^{(i)}). \tag{2.1.7}$$

Ist nach 30 NV-Schritten (2.1.7) nicht erreicht, so erfolgt Übergang vom NV zum SV. Anschließend werden (2.1.2), (2.1.3), (2.1.4) und (2.1.5) nicht mehr getestet, so daß ein erneuter Übergang zum NV ausgeschlossen ist.

2.2. *Abbruchbedingungen im SNV*

2.2.1. $n > 2$

Es sei eine der folgenden Bedingungen erfüllt:

$$\|f(z^{(i)})\| = 0; \tag{2.2.1}$$

$$\|f(z^{(i)})\| < \|f(z^{(i-1)})\| \wedge |x^{(i)}/z^{(i)}| < 10^{-2}$$
$$\wedge\ (zr^{(i)} + xr^{(i)} = zr^{(i)} \vee zi^{(i)} + xi^{(i)} = zi^{(i)}); \tag{2.2.2}$$

$$\|f(z^{(i)})\| \geqq \|f(z^{(i-1)})\| \wedge |x^{(i)}/z^{(i)}| < 10^{-8}$$
$$\wedge\ (zr^{(i)} + xr^{(i)} = zr^{(i)} \wedge zi^{(i)} + xi^{(i)} = zi^{(i)}); \tag{2.2.3}$$

$$|u^{(i)}/t^{(i)}| < 10^{-10} \wedge (tr^{(i)} - ur^{(i)} = tr^{(i)} \wedge ti^{(i)} - ui^{(i)} = ti^{(i)}); \tag{2.2.4}$$

$$\|f(t^{(i)} - u^{(i)})\| = 0; \tag{2.2.5}$$

$$\|f(t^{(i)} - u^{(i)})\| \geqq \|f(t^{(i)})\| \wedge |u^{(i)}/t^{(i)}| \leqq 10^{-3}. \tag{2.2.6}$$

Dann erfolgt Abbruch des SNV mit der Näherung $z^{(i)}$ bzw. $t^{(i)}$, bei (2.2.5) mit der Näherung $t^{(i)} - u^{(i)}$ (einer Nullstelle z_{0j} von $f(z)$) und Übergang zu (2.1.7).

2.2.2. $n = 2$

z_1 und z_2 werden nach den bekannten elementaren Formeln (für die Lösungen quadratischer Gleichungen) berechnet.

2.3. *Fehlererfassung*

Mit der Fehlerabschätzung nach (1.2.1.5) und (1.2.2.4) lassen sich die Ergebnisse des SNV absichern (vgl. die Bemerkung 2.3.1). Bei der automatischen Berechnung der in die Abschätzung eingehenden Größen treten zusätzlich Rundungsfehler auf. Diese, wie auch die Rundungsfehler bei der Rückrechnung, (1.3.1), werden hier mit Hilfe der Intervallrechnung, [5], erfaßt.

Das Rundungsverhalten des benutzten Automaten wird dabei durch eine code-procedure, genannt SCHR (Schranken), berücksichtigt. Mit SCHR bestimmt man zu dem (Automaten-)Ergebnis x jeder arithmetischen Operation ein Paar sicherer Schranken x_1, x_2, d. h.

$$x_1 \leqq x \leqq x_2. \tag{2.3.1}$$

Bemerkung 2.3.1. Mit m ($\leqq n$) disjunkten Kreisbereichen $k_j, j = 1(1)\,m$, und Nullstellenanzahl v_j (von $f(z)$) in k_j, $\sum_{j=1}^{m} v_j = n$, besitzt man mit Sicherheit für jede Nullstelle eine Fehlerabschätzung.

3. Anwendungsbereich

Es wurde ein ALGOL-60-R-300-Programmsystem (SV, NV, SNV) aufgestellt. Es lassen sich damit für jedes komplexe Polynom $f(z)$, $2 \leqq n \leqq 80$, n Näherungen für die n Nullstellen z_j (nacheinander) berechnen und anschließend zu jeder Näherung z_{0j} automatisch mindestens eine sichere obere Fehlerschranke für $|z_{0j} - z_j|$ (nach (1.2.1.5) oder (1.2.2.4)) – einschließlich Rundungsfehlerabschätzung – angeben. Es wird ausschließlich mit 8stelliger (Dezimal-) Mantisse gerechnet. Das Programmsystem (SV, NV, SNV) ist ein – bezüglich 8stelliger (Dezimal-)Mantisse und falls alle Zwischenergebnisse im Maschinenzahlenbereich (nach oben) bleiben – nie versagendes Lösungsverfahren für $f(z) = 0$.

Bemerkung 3.1. Für $f(z)$ mit ($80 \geqq$) $n \geqq 24$ ist mit einem segmentierten Programm zu arbeiten:
Segment 1: Berechnung von n Näherungen für die n Nullstellen;
Segment 2: automatische Fehlerabschätzung.

Bemerkung 3.2. Es ist sinnvoll, das Programm zur Rechnung mit $(10 * m + 8)$-stelliger (Dezimal-)Mantisse zu erweitern, $1 \leqq m \leqq 5$.

4. Parameter

4.1. *Eingabe*

n Grad des Polynoms $f(z)$;
c, d Koeffizientenfelder für die Real- bzw. Imaginärteile der Koeffizienten a_l, $l = 0(1)\,n$, von $f(z)$;
$(c[l] := R(a_l),\ d[l] := I(a_l),\ l = 0(1)\,n)$.

4.2. *Ausgabe*

n Grad des Polynoms $f(z)$;
c, d Koeffizientenfelder für die Real- bzw. Imaginärteile der Koeffizienten $\tilde{a}_l = a_l/a_0$, $l = 0(1)\,n$, des normierten Polynoms $\tilde{f}(z) = f(z)/a_0$ (vgl. Abb. 4.2.1).

```
        F(Z)          GRAD   N=          4

+(    .10000000# 01   +I*(    .00000000# 01   ))*Z HOCH   4
+(   -.14970000# 02   +I*(    .40000000# 01   ))*Z HOCH   3
+(    .14490200# 02   +I*(   -.66940000# 02   ))*Z HOCH   2
+(    .36158620# 03   +I*(    .21489000# 03   ))*Z HOCH   1
+(   -.25818000# 01   +I*(    .73352020# 03   ))*Z HOCH   0
```

Abb. 4.2.1

4.2.1. Ergebnisse des SNV

Angabe des verwendeten Programmzweiges,
z_{0j} Näherung für j-te Nullstelle,
$g_j(z_{0j})$ Funktionswert des reduzierten Polynoms $g_j(z)$,
$\tilde{f}(z_{0j})$ Funktionswert des normierten Polynoms $\tilde{f}(z)$,
$\tilde{f}'(z_{0j})$ Funktionswert der ersten Ableitung von $\tilde{f}(z)$ für $j = 1(1)\,n$ (vgl. Abb. 4.2.1.1).

```
SZMELTER-NEWTON
      Y              1   .  NULLSTELLE      -.20099989# 01     -.20000023# 01

         G (Y)          .00000000# 08      .00000000# 08
         F (Y)          .00000000# 03      .00000000# 03
         F'(Y)          .12927970# 01      .46993000# 00


N      =             3
SZMELTER-NEWTON
      Y              2   .  NULLSTELLE      .89999996# 01      .99999870# 00

         G'(Y)          .30000000#-05     -.20000000#-05
         F (Y)          .21900000#-03      .86000000#-05
         F'(Y)         -.24451023# 03      .15857024# 03


N      =             2
      Y              3   .  NULLSTELLE      .10000001# 02     -.99999968# 00

         G (Y)          .61000000#-05      .00000000# 01
         F (Y)          .24700000#-03     -.23060000#-03
         F'(Y)          .19142056# 03     -.26269034# 03


N      =             1
      Y              4   .  NULLSTELLE      -.20200012# 01     -.19999977# 01

         G (Y)          .00000000# 08      .00000000# 08
         F (Y)          .10000000#-04     -.10000000#-04
         F'(Y)         -.12951170# 01     -.47032000# 00
```

Abb. 4.2.1.1

4.2.2. Ergebnisse der Fehlerabschätzung

z_{0j} Näherung für j-te Nullstelle,
Intervallfunktionswert des $\bar{f}(z)$ für z_{0j},
Intervallfunktionswert des $\bar{f}'(z)$ für z_{0j},
$2 * r(j)$, $r(j)$ Laguerre-Radius für z_{0j},
$w(j) \equiv |f(z_{0j})|^{1/n}$
für $j = 1(1)\, n$ (vgl. Abb. 4.2.2.1)
(vgl. die Bemerkung 2.3.1).

4.2.3. Ergebnisse der Rückrechnung

Intervallkoeffizienten und Intervallmittelwerte (vgl. Abb. 4.2.3.1);
Marke Ende.

```
      FEHLERABSCHAETZUNG


Y    :     -.20099989# 01          -.20000023# 01                        1

    [     -.30000000#-03    :      .30000000#-03    ]
    [     -.32000000#-03    :      .29000000#-03    ]     F (Y)

    [      .12925850# 01    :      .12930090# 01    ]
    [      .46967000# 00    :      .47011000# 00    ]     F'(Y)

/Z-Y/ <= N*/F(Y)/F'(Y)/<=          .12767715#-02
N.TE WURZEL AUS  /F(Y)/<=          .14474722# 00


Y    :      .89999996# 01           .99999970# 00                        2

    [     -.74400000#-03    :      .88600000#-03    ]
    [     -.72960000#-03    :      .78480000#-03    ]     F (Y)

    [     -.24451073# 03    :     -.24450966# 03    ]
    [      .15856968# 03    :      .15857091# 03    ]     F'(Y)

/Z-Y/ <= N*/F(Y)/F'(Y)/<=          .16245613#-04
N.TE WURZEL AUS  /F(Y)/<=          .18548177# 00


Y    :      .10000001# 02          -.99999968# 00                        3

    [     -.34930000#-02    :      .40860000#-02    ]
    [     -.19808000#-02    :      .14996000#-02    ]     F (Y)

    [      .19141991# 03    :      .19142120# 03    ]
    [     -.26269085# 03    :     -.26268983# 03    ]     F'(Y)

/Z-Y/ <= N*/F(Y)/F'(Y)/<=          .55880953#-04
N.TE WURZEL AUS  /F(Y)/<=          .25958728# 00


Y    :     -.20200012# 01          -.19999977# 01                        4

    [     -.28000000#-03    :      .29000000#-03    ]
    [     -.29000000#-03    :      .28000000#-03    ]     F (Y)

    [     -.12953490# 01    :     -.12949250# 01    ]
    [     -.47053000# 00    :     -.47008000# 00    ]     F'(Y)

/Z-Y/ <= N*/F(Y)/F'(Y)/<=          .11918843#-02
N.TE WURZEL AUS  /F(Y)/<=          .14233936# 00
```

Abb. 4.2.2.1

```
INT.-KOEFF. AUS BERECHN. NULLSTELLEN          INT.-MITTELWERI

 .10000000# 01      .10000000# 01           4     .10000000# 01
 .00000000# 08      .00000000# 08           4     .00000000# 08

- 14970006# 02     -.14969995# 02           3    -.14970001# 02
  39999991# 01      .40000009# 01           3     .40000000# 01

  14490174# 02      .14490227# 02           2     .14490201# 02
- 66940025# 02     -.66939977# 02           2    -.66940000# 02

  36158605# 03      .36158641# 03           1     .36158623# 03
  21488983# 03      .21489019# 03           1     .21489001# 03

- 25821900# 01     -.25813600# 01           0    -.25817750# 01
  73351986# 03      .73352069# 03           0     .73352030# 03


ENDE
```

Abb. 4.2.3.1

4.3. *Handgesteuerte Programmauswahl*

Je nach Stellung von Schaltern (Selektoren, [1], S. 75) wird im Programmsystem (SV, NV, SNV) genau ein Verfahren ausgewählt:

Selektoren 1 und 2 in Stellung „Programm“: SNV
Selektor 1 in Stellung „ein“,
Selektor 2 in Stellung „Programm“: SV
Selektor 1 in Stellung „Programm“,
Selektor 2 in Stellung „ein“: NV

Auf weitere Einzelheiten wird nicht eingegangen.

5. Ergebnisse

Das Programmsystem (SV, NV, SNV) wurde auf Robotron 300 erprobt.

Bemerkung 5.1. Es wurde zusätzlich ein ALGOL-60-CDC-1604-A-Programm für SV (ohne automatische Fehlerabschätzung) aufgestellt. Gerechnet wurden Beispiele $f(z)$ bis zum Grad $n = 120$.

5.1. *Polynomauswahl*

Das Verhalten des Programmsystems (SV, NV, SNV) wurde mit zahlreichen kritisch ausgewählten Polynomen untersucht. Die Auswahl erfolgte systematisch nach drei Gesichtspunkten:

(a) Grad n,
(b) Maschinenzahlenbereich,
(c) Geometrie der Nullstellen.

Einbezogen wurden in der Literatur untersuchte Polynome $f(z)$ aus [2–4, 6, 11, 12]. Die ausgewählten Polynome $f(z)$ lassen sich wie folgt gruppieren:
$f(z)$ mit isolierten einfachen Nullstellen, Grad $n \leqq 48$;
$f(z)$ mit linear angeordneten isolierten einfachen Nullstellen, Grad $n \leqq 20$;
$f(z)$ mit isolierten mehrfachen Nullstellen (ohne Nullstellenbüschel), Grad $n \leqq 80$, Vielfachheit $v \leqq 20$;
$f(z)$ mit Nullstellenbüscheln (einfache und mehrfache Nullstellen), Grad $n \leqq 18$, v Summe der Vielfachheiten aller Nullstellen eines Büschels $\leqq 6$.

5.2. *Auswertung*

5.2.1. Mit (SV, NV, SNV) wurden ca. 100 Polynome $f(z)$ bis zum Grad $n = 80$ behandelt. Für jedes Polynom $f(z)$ $(2 \leqq n \leqq 80)$, für das kein Zwischenergebnis überläuft, werden stets n Näherungen mit Fehlerabschätzungen angegeben. In diesem Sinn versagt das Verfahren – das Programmsystem (SV, NV, SNV) – nie.

5.2.2. Es ergaben sich folgende (durchschnittliche) Rechenzeiten.

Grad n	min
4	2
10	6
20	26
32	70
40	96
60	160

5.2.3. Für die aus der Literatur entnommenen Polynome mit bekannten Näherungen und Fehlerabschätzungen (für die Nullstellen) führte (SV, NV, SNV) zu größenordnungsmäßig denselben Resultaten. Die Fehlerabschätzung bei Polynomen mit mehrfachen Nullstellen bzw. (und/oder) Nullstellenbüscheln ergab (bei Rechnung mit 8stelliger (Dezimal-)Mantisse) auch keine besseren Resultate, als bereits aus der Literatur bekannt sind.

5.2.4. Die n Näherungen z_{0j} für die n Nullstellen eines Polynoms $f(z)$ (Grad n) lassen sich mit (SV, NV, SNV) nach aufsteigenden Abständen ordnen,

$$|z_{0j_{i-1}} - z_{0j_i}| \leqq |z_{0j_i} - z_{0j_{i+1}}|, \quad i = 2(1)\,n-1,$$

und zu Punkthaufen zusammenfassen.

Für Polynome $f(z)$ mit isolierten mehrfachen Nullstellen (ohne Nullstellenbüschel) ergibt das arithmetische Mittel z_{0m} aller z_{0j_l}, die einem Punkthaufen angehören, eine im allgemeinen auf 5 bis 8 Stellen exakte Näherung für die zugehörige (theoretische) Nullstelle. Man erhält beispielsweise bei der Funktion $f(z) = (z - 1/3)^4 \cdot (z + 1/4)$ (vgl. [3])

$$z_{01} = 0.329\ 657\ 37 + 0.406\ 125\ 42 * 10^{-2}$$
$$(|z_1 - z_{01}| \leqq 0.18514114 * 10^{-1}),$$
$$z_{0m} = 0.333\ 333\ 33 + 0.3725 * 10^{-8}$$
$$(|z_j - z_{0j}| \leqq 0.19331823 * 10^{-1}, j = 1(1)\,4);$$

hierbei stimmten die Näherungen $z_{0j}, j = 1(1)\,4$, mit 0.33333333 auf höchstens zwei Stellen überein.

Bei $f(z) = (z^4 - 1)^{10}$ erhält man u. a.

$$z_{0m} = 0.4784 * 10^{-6} + 0.10000003 * 10^1 \quad (|z_{14} - z_{0,14}| \leqq 0.86523080).$$

Die Ergebnisse der Fehlerabschätzung für die gemittelten Näherungen (für die Nullstellen) ist im allgemeinen geringfügig geändert gegenüber den Ergebnissen der Fehlerabschätzung für die Näherungen $z_{0j}, j = 1(1)\,n$.

Die Rückrechnung mit den gemittelten Näherungen (gleichgerichtete Fehler!) an Stelle der (ursprünglichen) Näherungen z_{0j}, $j = 1(1)\,n$, führt im allgemeinen zu größeren Koeffizientenintervallen als die Rückrechnung mit den (ursprünglichen) Näherungen z_{0j} (mit unterschiedlichen Fehlerrichtungen).

5.2.5. Zweckmäßig wäre ein gegenüber (SV, NV, SNV) erweitertes Programmsystem S mit verschiedenen Verfahren zur Nullstellenbestimmung von Polynomen $f(z)$ und zur Fehlerabschätzung der Nullstellennäherungen.

Das Programmsystem sollte vor Berechnung der Nullstellen Aussagen über ihre Lage und Vielfachheit ermöglichen (Klasseneinteilung für alle Polynome $f(z)$ (vgl. etwa 5.1.)). Abhängig von den a-priori-Aussagen über die Nullstellen eines Polynoms $f(z)$ wäre von S ein zugeordnetes Verfahren (aus S) auszuwählen.

In Abhängigkeit von den Forderungen an die Ergebnisse müßte das Programmsystem S auch die Mantissenlänge automatisch steuern.

Herrn Dr. rer. nat. habil. K.-H. BACHMANN danken wir für zahlreiche Hinweise bei der Entstehung dieser Arbeit.

Literatur

[1] BACHMANN, K.-H., Algol-Programmierung mit Variante für Robotron 300. VEB Deutscher Verlag der Wissenschaften, Berlin 1969.
[2] FISCHER, H., Eine Methode zur Einschließung der Nullstellen von Polynomen mit komplexen Koeffizienten. Computing 4 (1969), 125–138.
[3] FISCHER, K., Zertifikat zu Algorithmus 5 [polroot, Nickel, Computing 2 (1967) 284–288]. Computing 2 (1967), 289.
[4] LAGOUANELLE, J.-L., Sur une méthode de calcul de l'ordre de multiplicité des zéros d'un polynome. C. R. Acad. Sci. Paris 262 (1966), 626–627.
[5] MOORE, R. E., Interval analysis. Prentice Hall, Inc., Englewood Cliffs (N. J.) 1966.
[6] ROCKNE, J., and P. LANCASTER, Automatic errorbounds for the approximate solution of equations. Computing 4 (1969), 294–303.
[7] SCHMIDT, J. W., und H. DRESSEL, Fehlerabschätzung bei Polynomgleichungen mit dem Fixpunktsatz von Brouwer. Numer. Math. 10 (1967), 42–50.
[8] SCHRÖDER, E., Über unendlich viele Algorithmen zur Auflösung von Gleichungen. Math. Ann. 2 (1870), 317–365.
[9] SPECHT, W., Algebraische Gleichungen mit reellen oder komplexen Koeffizienten. Enzykl. math. Wiss. Bd. I/1, H. 3, II, 2. Aufl. B. G. Teubner, Stuttgart 1958.
[10] SZMELTER, J., Eine Methode zur Berechnung aller Wurzeln eines Polynoms. Wiss. Z. TH Magdeburg 9 (1965), 409.
[11] TRAUB, J. F., The calculation of zeros of polynomials and analytic functions. Proc. Sympos. appl. Math. 19 (1967), 138–152.
[12] WILKINSON, J. H., Rundungsfehler. Springer-Verlag, Berlin-Heidelberg-New York 1969.

Manuskripteingang: 5. 11. 1971

Verfasser:
Dipl.-Math. HORST SANDMANN, Institutskomplex Mathematik der Deutschen Akademie der Wissenschaften zu Berlin;
Dipl.-Math. HANS-GÜNTHER JAHNKE, Institutskomplex Mathematik der Deutschen Akademie der Wissenschaften zu Berlin

Beiträge zur Numerischen Mathematik
1 (1974), 121–134

Potentialtheoretische Lösung eines ebenen Spannungsproblems

Erich Schincke und Elke Gruhne

1. Einleitung

Bekanntlich gestattet die Methode der Integralgleichungen für zahlreiche Spannungsprobleme eine elegante analytische Darstellung der Lösung, worauf bereits E. Weinel [1] hingewiesen hat. Ob diese Lösungen auch für numerische Berechnungen günstig sind, ist allerdings eine andere Frage. Betrachten wir etwa den Spannungszustand in einer Lasche, die mit einer Scheibe fest verbunden ist, so führen die elastizitätstheoretischen Ansätze unter gewissen Voraussetzungen auf eine eindimensionale singuläre Integrodifferentialgleichung (Prandtl-Gleichung), mit deren Lösung der Spannungszustand in Abhängigkeit von der Laschenform beschrieben werden kann. Benutzt man ferner eine von K. Schröder [2] angegebene Umkehrformel für singuläre Integralgleichungen erster Art, so läßt sich die Integrodifferentialgleichung auf eine Fredholmsche Integralgleichung mit regulärem Kern zurückführen, die wie I. N. Vekua [3] und L. G. Magnaradse [4] gezeigt haben, für gewisse Klassen der Koeffizientenfunktionen in geschlossener Form gelöst werden kann. Diese Lösung enthält aber noch Koeffizienten, die selbst wieder aus einem linearen Gleichungssystem ermittelt werden müssen, dessen Koeffizienten durch im allgemeinen nicht elementar auflösbare Integrale gebildet werden. Dadurch wird eine numerische Berechnung besonders im Hinblick auf den Rechenaufwand und auf die damit verbundene Fehlerakkumulation (vgl. P. Vielhauer [5]) erheblich kompliziert. Aus diesem Grunde schlagen wir für die numerische Lösung vor, die Integrodifferentialgleichung auf ein zweidimensionales drittes Randwertproblem der Potentialtheorie für das Außengebiet des Einheitskreises zurückzuführen und dessen Lösung durch Iteration zu ermitteln.

Da die Glieder der Iterationsfolge elementar berechenbare Potentialfunktionen darstellen, läßt sich eine approximative numerische Lösung verhältnismäßig einfach berechnen.

Nach einigen Bemerkungen zum vorgelegten Spannungsproblem und der zugehörigen Integrodifferentialgleichung betrachten wir das entsprechende Randwertproblem in einer bezüglich der in der Randbedingung enthaltenen

Koeffizientenfunktionen verallgemeinerten Form. Für das Iterationsverfahren, das auch noch auf dem Rand des Einheitskreises gleichmäßig konvergiert, wird ein hinreichendes Konvergenzkriterium angegeben. Von den zahlreichen numerischen Ergebnissen, die mit diesem Verfahren berechnet wurden, ist in der vorliegenden Arbeit nur ein Teil wiedergegeben.

2. Das Spannungsproblem als Lösung einer Integrodifferentialgleichung

Eine Scheibe von der Form einer Halbebene mit konstanter und im Sinne einer Normierung gleich 1 gesetzter Dicke, die lediglich durch Längskräfte beansprucht ist, wird am Rand durch eine Lasche verstärkt. Die endliche Länge dieser Lasche in der x-Richtung sei b, die Breite gleich der Scheibendicke und die Höhe $y = t(x)$ mit $0 \leqq t \leqq t_0$ und $t(0) = t_0$ sei im Intervall $-\frac{b}{2} \leqq x \leqq \frac{b}{2}$ stetig (vgl. Abb. 1). Die Lasche ist so beschaffen, daß sie nur eine axiale

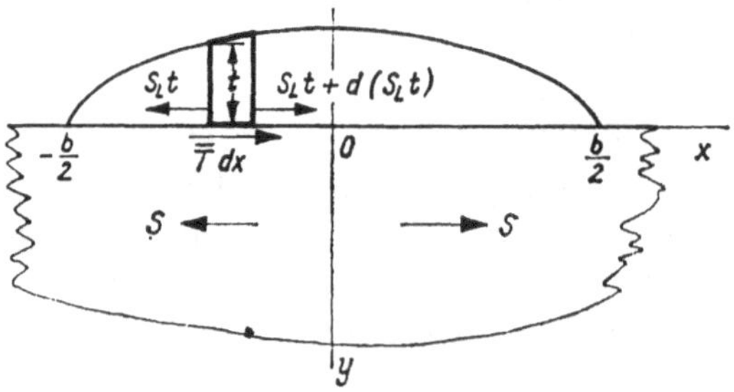

Abb. 1.
Spannungen in Scheibe und Lasche

Beanspruchung in der x-Richtung aufnehmen kann, die durch Schubkräfte in der Verbindungsfläche zwischen Scheibe und Lasche erzeugt werden. Die Verbindung selbst wird technologisch als vollkommen angesehen. Wenn wir mit S die konstante Spannung in der Scheibe, die bei nicht vorhandener Lasche besteht, mit S_L die Spannung in der Lasche und schließlich mit $\bar{S}$ und $\bar{T}$ die Randwerte von Spannung und Schubspannung für $y = 0$ bezeichnen, so ergibt sich aus der Bedingung für das Gleichgewicht der Kräfte die Differentialgleichung

$$d(S_L t) + \bar{T}\,dy = 0. \tag{1}$$

Ferner erhält man für $\bar{S}(\bar{T})$ nach A. PFLÜGER [6] die Funktionalbeziehung

$$\bar{S} = S + \frac{2}{\pi} \int_{-\frac{b}{2}}^{\frac{b}{2}} \frac{\bar{T}(x')}{x - x'}\,dx', \tag{2}$$

wobei das uneigentliche Integral als Cauchyscher Hauptwert zu verstehen ist. Beachtet man außerdem, daß die Dehnung von Lasche und Scheibe am Rand $y = 0$ übereinstimmen, so folgt mit E bzw. E_L als Elastizitätsmodul von Scheibe bzw. Lasche auf Grund von

$$\frac{\bar{S}}{S_L} = \frac{E}{E_L} \tag{3}$$

aus (2) eine Integrodifferentialgleichung

$$S_L t = \frac{E_L}{E} t \left(S - \frac{2}{\pi} \int_{-\frac{b}{2}}^{\frac{b}{2}} \frac{d(S_L t)}{dx'} \frac{dx'}{x - x'} \right) \tag{4}$$

für die Größe $S_L t$ und damit auch für gesuchte Laschenspannung S_L.

3. Überführung der Integrodifferentialgleichung in eine Randwertaufgabe

Mit Hilfe der Substitutionen

$$x = \frac{b}{2} \cos \vartheta, \quad x' = \frac{b}{2} \cos \vartheta' \tag{5}$$

geht die Gleichung (4) nach geringer Umformung über in

$$f(\vartheta) = h(\vartheta) \left\{ \frac{b}{16} - \frac{1}{4\pi} \int_0^{\pi} \frac{df}{d\vartheta} \frac{d\vartheta'}{\cos \vartheta' - \cos \vartheta} \right\}, \tag{6}$$

wobei zur Abkürzung

$$f(\vartheta) = \frac{S_L(\vartheta)\, t(\vartheta)}{S}, \quad h(\vartheta) = \frac{16}{b} \frac{E_L}{E} t(\vartheta) \tag{6a}$$

gesetzt wurde. Für die Funktion $t(\vartheta)$ wird gefordert, daß sie durch

$$t(\vartheta) = t_0 \sin \vartheta \left(1 + \sum_{\nu=1}^{n} a_{2\nu} \cos 2\nu\vartheta\right) \tag{7}$$

dargestellt werden kann. Ferner sei die gesuchte Funktion $f(\vartheta)$ im Intervall $0 \leqq \vartheta \leqq \pi$ stetig und genüge der Bedingung

$$f(0) = f(\pi) = 0. \tag{8}$$

Die Ableitung $df/d\vartheta$ genüge dort außerdem gleichmäßig einer H-Bedingung

$$\left| \frac{d}{d\vartheta} f(\vartheta + \Delta\vartheta) - \frac{d}{d\vartheta} f(\vartheta) \right| \leqq C |\Delta\vartheta|^{\alpha} \quad (0 < \alpha < 1). \tag{9}$$

Zur Überführung von (7) in eine Randwertaufgabe setzen wir die zunächst im Intervall $0 \leqq \vartheta \leqq \pi$ erklärten Größen h und f auf das Intervall $-\pi \leqq \vartheta \leqq 0$ durch die Vorschriften

$$h(-\vartheta) = -h(\vartheta) \quad (0 \leqq \vartheta \leqq \pi) \tag{10}$$

und

$$f(-\vartheta) = -f(\vartheta) \quad (0 \leqq \vartheta \leqq \pi) \tag{11}$$

fort, so daß wir diese Funktionen nunmehr als Ortsfunktionen längs des Einheitskreises $r = 1$ einer r, ϑ-Ebene auffassen können .

Auf jedem abgeschlossenen Teilintervall von $-\pi \leqq \vartheta \leqq \pi$, das nicht die Stellen $\vartheta = 0$ und $\vartheta = \pi$ enthält, genügt dann auch $df/d\vartheta$ gleichmäßig einer H-Bedingung (vgl. dazu etwa H. SCHUBERT [7]).

Wenn angenommen wird, daß eine Lösung $f(\vartheta)$ der Integrodifferentialgleichung (6) mit den geforderten Eigenschaften bereits vorliegt, so kann mit den längs $r = 1$ erklärten Randwerten

$$[\varphi(r, \vartheta)] = f(\vartheta)/4 \tag{12}$$

die im Außengebiet $r > 1$ reguläre Potentialfunktion

$$\varphi(r, \vartheta) = \frac{1}{8\pi} \int_{-\pi}^{\pi} f(\vartheta') \frac{r^2 - 1}{r^2 - 2r\cos(\vartheta - \vartheta') + 1} \, d\vartheta' \tag{13}$$

gebildet werden, deren Ableitung nach r die Randwerte

$$\left[\frac{\partial}{\partial r}\varphi(r, \vartheta)\right] = -\frac{\sin\vartheta}{4\pi} \int_{0}^{\pi} \frac{df}{d\vartheta'} \frac{d\vartheta'}{\cos\vartheta' - \cos\vartheta} \tag{14}$$

besitzt. Mit den Gleichungen (12) und (14) geht (6) über in die Beziehung

$$\frac{4\sin\vartheta}{h(\vartheta)} [\varphi(r, \vartheta)] - \left[\frac{\partial}{\partial r}\varphi(r, \vartheta)\right] = \frac{b\sin\vartheta}{16}, \tag{15}$$

die als Randbedingung der folgenden potentialtheoretischen Randwertaufgabe aufgefaßt werden darf:

Gesucht ist eine im Gebiet $r > 1$ der r, ϑ-Ebene reguläre Potentialfunktion $\varphi(r, \vartheta)$, die für $r = 1$ die Bedingung (15) erfüllt und deren Randwerte $[\varphi(r, \vartheta)]$ stetig sind. Die Lösung $\varphi(r, \vartheta)$ existiert nach bekannten potentialtheoretischen Sätzen (vgl. dazu K. MARUHN [8]). Die Randwerte $[\varphi(r, \vartheta)]$ bilden eine ungerade Funktion von ϑ mit der Periode 2π und verschwinden an den Stellen $\vartheta = 0, \pi$.

Drückt man $[\varphi(r, \vartheta)]$ bzw. $\left[\frac{\partial}{\partial r}\varphi(r, \vartheta)\right]$ mit Hilfe von (12) und (14) durch $f(\vartheta)$ bzw. $df/d\vartheta$ aus, so ergibt sich auf Grund von (15) die Integrodifferentialgleichung (6); d. h., eine Lösung $\varphi(r, \vartheta)$ des obigen Randwertproblems führt stets zur Lösung $f(\vartheta)$ von (6).

4. Ein Iterationsverfahren zur numerischen Lösung der Randwertaufgabe

Das im vorigen Abschnitt formulierte Randwertproblem soll nunmehr unter etwas allgemeineren Voraussetzungen über die in die Randbedingung eingehenden Koeffizienten durch Iteration gelöst werden. Anstelle von Gleichung (15) legen wir dabei auf $r = 1$ die Bedingung

$$k\,\sigma(\vartheta)\,[\varphi] - \tau(\vartheta)\,[\partial\varphi/\partial r] = g(\vartheta) \tag{16}$$

zugrunde, wobei die Konstante $k > 0$ vorausgesetzt wird und die Funktionen $\sigma(\vartheta)$ und $\tau(\vartheta)$ durch

$$\left.\begin{aligned}\sigma(\vartheta) &= 1 + \sum_{\mu=1}^{m} (a_\mu \cos\mu\,\vartheta + b_\mu \sin\mu\,\vartheta),\\ \tau(\vartheta) &= 1 + \sum_{\mu=1}^{m} (c_\mu \cos\mu\,\vartheta + d_\mu \sin\mu\,\vartheta)\end{aligned}\right\} \tag{17}$$

dargestellt werden.

Wenn

$$p_\mu = \max\left(\sqrt{a_\mu^2 + b_\mu^2}, \sqrt{c_\mu^2 + d_\mu^2}\right) \tag{18}$$

bedeutet, so ist die Bedingung

$$\sum_{\mu=1}^{m} p_\mu = \tau < 1 \tag{19}$$

hinreichend für die Konvergenz des noch zu formulierenden Iterationsverfahrens im Gebiet $r > 1$ der r, ϑ-Ebene.

Wird ferner

$$\tau + \sum_{\mu=1}^{m} \frac{\mu}{k} \sqrt{c_\mu^2 + d_\mu^2} = \bar{\tau} < 1 \tag{20}$$

gefordert, so ist sogar noch für $r = 1$ eine gleichmäßige Konvergenz gewährleistet. Die Funktion $g(\vartheta)$ sei im Intervall $-\pi \leqq \vartheta \leqq \pi$ beschränkt mit höchstens endlich vielen Unstetigkeitsstellen und sei in jedem abgeschlossenen Stetigkeitsintervall analytisch. Außerdem wird verlangt, daß $g(\vartheta)$ von beschränkter Schwankung ist.

Es existiert nach K. Maruhn [8] eine im Gebiet $r > 1$ (mit Einschluß des unendlich fernen Punktes) reguläre Potentialfunktion $\varphi(r, \vartheta)$, die für $r = 1$ die Bedingung (16) erfüllt. Die Randwerte $[\varphi(r, \vartheta)]$ sind stetig.

Wenn mit $\psi(r, \vartheta)$ die zu $\varphi(r, \vartheta)$ konjugierte Potentialfunktion bezeichnet wird, ist die Funktion

$$F(z) = \varphi(r, \vartheta) + i\,\psi(r, \vartheta) \quad (z = r\,e^{i\vartheta}) \tag{21}$$

im Gebiet $|z| > 1$ analytisch. Sie möge dort die Potenzreihendarstellung

$$F(z) = \sum_{\nu=0}^{m} A_\nu z^{-\nu} \tag{22}$$

besitzen.

Betrachten wir dann die lineare Differentialgleichung

$$k\left\{1+\sum_{\mu=1}^{m}(\alpha_\mu z^\mu+\bar{\alpha}_\mu z^{-\mu})\right\}F(z)-\left\{1+\sum_{\mu=1}^{m}(\beta_\mu z^\mu+\bar{\beta}_\mu z^{-\mu})\right\}z\,F'(z)$$
$$=\sum_{\mu=1}^{m}(\gamma_\mu z^\mu+\bar{\gamma}_\mu z^{-\mu})+G_0(z), \tag{23}$$

wobei

$$\alpha_\mu=a_\mu-i\,b_\mu,\quad \beta_\mu=c_\mu-i\,d_\mu$$

und

$$G_0(z)=\frac{1}{2\pi}\int_{-\pi}^{\pi}g(\vartheta)\,\frac{z+e^{i\vartheta}}{z-e^{i\vartheta}}\,d\vartheta=\sum_{\nu=0}^{\infty}C_\nu^{[0]}z^{-\nu} \tag{24}$$

mit

$$C_0^{[0]}=\frac{1}{2\pi}\int_{-\pi}^{\pi}g(\vartheta)\,d\vartheta,\quad C_\nu^{[0]}=\frac{1}{\pi}\int_{-\pi}^{\pi}g(\vartheta)\,e^{i\nu\vartheta}\,d\vartheta\quad(\nu\geqq 1) \tag{25}$$

bedeutet. Die im allgemeinen komplexen Konstanten γ_μ sind durch die Regularitätseigenschaft von $F(z)$ eindeutig bestimmt durch

$$\gamma_\mu=\sum_{\nu=\mu}^{m}\{k\,\alpha_\mu+(\nu-\mu)\,\beta_\mu\}\,A_{\nu-\mu}\quad(\mu=1,2,\ldots,m), \tag{26}$$

was sich durch Einsetzen der Potenzreihe (22) in Gleichung (23) nachweisen läßt.

Die als Lösung der Differentialgleichung (23) eindeutige bestimmte Lösung $F(z)$ besitzt folgende Eigenschaften:
$F(z)$ ist im Gebiet $|z|>1$ regulär mit $F(\infty)=A_0$;
$F(z)$ ist auf dem Rand des Einheitskreises $|z|=1$ durchweg stetig;

$z\,F'(z)$ genügt für $1<|z|<1+\varepsilon$ mit $\varepsilon>0$ der Ungleichung[1])

$$|z\,F'(z)|\leqq M_1\ln(1-|z|^{-1})^{-1}.$$

Wegen Gleichung (21) und der Relation

$$z\,F'(z)=r\,\frac{\partial}{\partial r}\varphi(r,\vartheta)+i\,r\,\frac{\partial}{\partial r}\psi(r,\vartheta) \tag{27}$$

folgt, daß

$$\mathrm{Re}\,\{F(z)\}=\varphi(r,\vartheta) \tag{28}$$

die Lösung des Randwertproblems mit der Randbedingung (16) darstellt. Bezüglich der ausführlichen Beweise sei auf E. Schincke [9] und Hoang duc Nguyen [10] verwiesen.

---

[1]) M_1 und später benutzte M_i $(i=2,3,\ldots)$ sind Konstante.

Um einen Lösungsansatz für die Differentialgleichung (23) zu gewinnen, betrachten wir zunächst den Poincaréschen Sonderfall $\alpha_\mu = \beta_\mu = 0$ für alle μ. Dabei geht (23) über in

$$z\,F_0'(z) - k\,F_0(z) = -\,G_0(z), \tag{29}$$

und die Lösung lautet

$$F_0(z) = z^k \int_z^\infty \frac{G_0(\eta)}{\eta^{k+1}}\,d\eta. \tag{30}$$

Diese Gestalt der Lösung sehen wir als typisch auch für den allgemeinen Fall an und setzen

$$F(z) = z^k \int_z^\infty \frac{G(\eta)}{\eta^{k+1}}\,d\eta. \tag{31}$$

Von der noch unbekannten Funktion $G(z)$ fordern wir, daß sie im Gebiet $|z| > 1$ einschließlich des unendlich fernen Punktes analytisch ist. Aus (28) ergibt sich durch Differentiation

$$z\,F'(z) = k\,z^k \int_z^\infty \frac{G(\eta)}{\eta^{k+1}}\,d\eta - G(z). \tag{32}$$

Setzt man die Ausdrücke (31) und (32) in die Differentialgleichung (23) ein, so erhält man nach geringer Umformung die Integralgleichung

$$\begin{aligned} G(z) = {} & k\,z^k \sum_{\mu=1}^{m} \{(\beta_\mu - \alpha_\mu)\,z^\mu + (\bar\beta_\mu - \bar\alpha_\mu)\,z^{-\mu}\} \int_z^\infty \frac{G(\eta)}{\eta^{k+1}}\,d\eta \\ & - \sum_{\mu=1}^{m} (\beta_\mu z^\mu + \bar\beta_\mu z^{-\mu})\,G(z) + \sum_{\mu=1}^{m} (\gamma_\mu z^\mu + \bar\gamma_\mu z^{-\mu}) + G_0(z), \end{aligned} \tag{33}$$

die mit Hilfe einer Iterationsfolge $\{G_\lambda(z)\}$ in folgender Weise gelöst wird:

Ausgehend von

$$G^{[0]}(z) = G_0(z) \tag{34}$$

wird sukzessive

$$\begin{aligned} G^{[\lambda+1]}(z) = {} & k\,z^k \sum_{\mu=1}^{m} \{(\beta_\mu - \alpha_\mu)\,z^\mu + (\bar\beta_\mu - \bar\alpha_\mu)\,z^{-\mu}\} \int_z^\infty \frac{G^{[\lambda]}(\eta)}{\eta^{k+1}}\,d\eta \\ & - \sum_{\mu=1}^{m} (\beta_\mu z^\mu + \bar\beta_\mu z^{-\mu})\,G^{[\lambda]}(z) \\ & + \sum_{\mu=1}^{m} (\gamma_\mu^{[\lambda]} z^\mu - \bar\gamma_\mu^{[\lambda]} z^{-\mu}) + G_0(z) \quad (\lambda = 0, 1, \ldots) \end{aligned} \tag{35}$$

mit

$$\gamma_\mu^{[\lambda]} = \sum_{\nu=\mu}^{m} \frac{k\,\alpha_\nu + (\nu - \mu)\,\beta_\mu}{k + \nu - \mu}\,C_{\nu-\mu}^{[\lambda]} \quad (\mu = 1, 2, \ldots, m) \tag{36}$$

berechnet. Dabei sind die Koeffizienten $C_\nu^{[\lambda]}$ aus

$$G^{[\lambda]}(z) = \sum_{\nu=0}^{\infty} C_\nu^{[\lambda]} z^{-\nu} \tag{37}$$

zu entnehmen. Daß eine Entwicklung (37) für alle λ im Gebiet $|z| > 1$ gilt, erkennt man, ausgehend von Gleichung (24), durch vollständige Induktion. Dabei werden insbesondere durch die Koeffizienten $\gamma_\mu^{[\lambda]}$ in der Form (36) von vornherein alle in $G^{[\lambda+1]}(z)$ auftretenden Potenzen von z mit positivem Exponenten eliminiert.

5. Konvergenzbetrachtungen

Für den Nachweis der Konvergenz der Iterationsfolge $\{G^{[\lambda]}(z)\}$ betrachten wir die mit $\lim\limits_{\lambda\to\infty} G^{[\lambda]}(z)$ äquivalente Reihe

$$G^{[0]}(z) + \sum_{\lambda=0}^{\infty} \{G^{[\lambda+1]}(z) - G^{[\lambda]}(z)\} \tag{38}$$

und schätzen zunächst $G^{[0]}(z)$ ab. Mit Hilfe der aus Gleichung (25) folgenden Ungleichungen

$$|C_0^{[0]}| \leqq M_2, \quad |C_\nu^{[0]}| \leqq 2\, M_2 \quad (\nu \geqq 1) \tag{39}$$

ergibt sich im Bereich $|z| \geqq \varrho > 1$

$$|G^{[0]}(z)| \leqq \sum_{\nu=0}^{\infty} \frac{G_\nu^{[0]}}{|z|^\nu} \leqq 2\, M_2 \sum_{\nu=0}^{\infty} \frac{1}{\varrho^\nu} = \frac{2\, M_2}{1-\varrho^{-1}} = M_3. \tag{40}$$

Eine Potenzreihenentwicklung von Gleichung (35) mit Hilfe der Gleichungen (24) und (37) liefert durch Koeffizientenvergleich

$$\begin{aligned} C_\nu^{[\lambda+1]} = C_\nu^{[0]} &- \sum_{\mu=1}^{m} \frac{k\alpha_\mu + (\nu+\mu)\beta_\mu}{k+\nu+\mu} C_{\nu+\mu}^{[\lambda]} - \sum_{\mu=1}^{\nu} \frac{k\overline{\alpha}^\mu + (\nu-\mu)\overline{\beta}_\mu}{k+(\nu-\mu)} C_{\nu-\mu}^{[\lambda]} \\ &- \sum_{\substack{\mu=\nu \\ (\nu\neq 0)}}^{m} \frac{k\overline{\alpha}_\mu + (\mu-\nu)\overline{\beta}_\mu}{k+(\mu-\nu)} \overline{C}_{\mu-\nu}^{[\lambda]}. \end{aligned} \tag{41}$$

Damit gewinnt man die Abschätzung

$$|C_\nu^{[\lambda+1]} - C_\nu^{[\lambda]}| \leqq \tau^{\lambda+1}\, 2\, M_2, \tag{42}$$

so daß für $|z| \geqq \varrho$

$$|G^{[\lambda+1]}(z) - G^{[\lambda]}(z)| \leqq \sum_{\nu=0}^{\infty} \frac{|C_\nu^{[\lambda+1]} - C_\nu^{[\lambda]}|}{|z|^\nu} \leqq \tau^{\lambda+1} \frac{2\, M_2}{1-\varrho^{-1}} = \tau^{\lambda+1} M_3 \tag{43}$$

folgt.

Daher konvergiert die Reihe (38) im Bereich $|z| \geqq \varrho$ gleichmäßig, und

$$\lim_{\lambda \to \infty} G^{[\lambda]}(z) = G(z) \tag{44}$$

stellt nach dem Weierstraßschen Konvergenzsatz im Gebiet $|z| > 1$ eine analytische Funktion dar, die im unendlich fernen Punkt beschränkt ist.

Mit Hilfe der Potenzreihendarstellung

$$G(z) = \sum_{\nu=0}^{\infty} C_\nu z^{-\nu} \tag{45}$$

und der auf Grund des Weierstraßschen Doppelreihensatzes für alle ν bestehenden Relation

$$C_\nu = C_0^{[0]} + \sum_{\lambda=0}^{\infty} (C_\nu^{[\lambda+1]} - C_\nu^{[\lambda]}) \tag{46}$$

ergibt sich durch Einsetzen von Gleichung (35) in die Reihe (38), daß die durch Gleichung (44) erklärte Grenzfunktion $G(z)$ im Gebiet $|z| > 1$ der Integralgleichung (33) genügt.

Wenn auf beiden Seiten der Gleichung (33) der Ausdruck

$$-k z^k \int_z^{\infty} \frac{G(\eta)}{\eta^{k+1}} d\eta$$

addiert wird, folgt bei Beachtung der Identität

$$z \left(z^k \int_z^{\infty} \frac{G(\eta)}{\eta^{k+1}} d\eta \right)' = k z^k \int_z^{\infty} \frac{G(\eta)}{\eta^{k+1}} d\eta - G(z), \tag{47}$$

daß die Funktion $F(z)$ in der Form (31) der Differentialgleichung (23) genügt.

Bilden wir dann analog zu Gleichung (31) die Funktionen

$$F^{[\lambda]}(z) = z^k \int_z^{\infty} \frac{G^{[\lambda]}(\eta)}{\eta^{k+1}} d\eta \quad (\lambda = 0, 1, \ldots), \tag{48}$$

so wird

$$\operatorname{Re}\{F^{[\lambda]}(z)\} = \varphi^{[\lambda]}(r, \vartheta) \tag{49}$$

nur dann für hinreichend große λ eine Approximation der gesuchten Potentialfunktion $\varphi(r, \vartheta)$ liefern, wenn

$$\lim_{\lambda \to \infty} F^{[\lambda]}(z)$$

auch noch für $|z| = 1$ existiert. Dazu betrachten wir analog zu (38) die Reihe

$$F^{[0]}(z) + \sum_{\lambda=0}^{\infty} (F^{[\lambda+1]}(z) - F^{[\lambda]}(z)). \tag{50}$$

Zunächst gilt wegen Gleichung (30) und Gleichung (48)

$$F^{[0]}(z) = F_0(z). \tag{51}$$

Setzt man die Reihe (24) in (30) ein, so folgt bei gliedweiser erlaubter Integration im Bereich $|z| \geqq \varrho$

$$F^{[0]}(z) = \sum_{\nu=0}^{\infty} \frac{C_\nu^{[0]}}{k+\nu} z^{-\nu}. \tag{52}$$

Da $g(\vartheta)$ von beschränkter Schwankung vorausgesetzt war, muß

$$|C_\nu^{[0]}| \leqq \frac{M_4}{\nu} \quad (\nu = 1, 2, \ldots) \tag{53}$$

sein, und damit folgt wegen $k > 0$

$$\sum_{\nu=0}^{\infty} \frac{|C_\nu^{[0]}|}{k+\nu} \leqq \frac{|C_0^{[0]}|}{k} + M_4 \sum_{\nu=1}^{\infty} \frac{1}{\nu^2} = M_5. \tag{54}$$

Das bedeutet aber, daß die Abschätzung

$$|F^{[0]}(z)| \leqq M_5 \tag{55}$$

auch noch für $|z| = 1$ gültig ist. Für die Differenzen

$$F^{[\lambda+1]}(z) - F^{[\lambda]}(z)$$

ergibt sich entsprechend

$$F^{[\lambda+1]}(z) - F^{[\lambda]}(z) = z^k \int_z^{\infty} \frac{G^{[\lambda+1]}(\eta) - G^{[\lambda]}(\eta)}{\eta^{k+1}} d\eta$$

$$= \sum_{\nu=0}^{\infty} \frac{C_\nu^{[\lambda+1]} - C_\nu^{[\lambda]}}{k+\nu} z^{-\nu}, \tag{56}$$

und mit Hilfe der Koeffizientenrelation (41) gewinnt man die Abschätzung

$$\sum_{\nu=0}^{\infty} \frac{|C_\nu^{[\lambda+1]} - C_\nu^{[\lambda]}|}{k+\nu} \leqq \bar{\tau}^{\lambda+1} M_5, \tag{57}$$

wobei $\bar{\tau}$ durch Ungleichung (20) erklärt ist. Damit folgt aber die für $|z| = 1$ gültige Abschätzung

$$|F^{[\lambda+1]}(z) - F^{[\lambda]}(z)| \leqq \bar{\tau}^{\lambda+1} M_5 \tag{58}$$

und wegen $\bar{\tau} < 1$ nach dem Weierstraßschen Konvergenzsatz die gleichmäßige Konvergenz der Reihe (50) für $|z| = 1$.

6. Anwendung des Iterationsverfahrens

Für eine numerische approximativ zu berechnende Lösung $\varphi(r, \vartheta)$ müssen zunächst die im allgemeinen komplexen Koeffizienten $C_\nu^{[\lambda]}$, die durch Gleichung (41) definiert sind, ermittelt werden. Die Ausgangskoeffizienten $C_\nu^{[0]}$ sind dabei mit Hilfe der Beziehungen (25) durch die vorgegebene Funktion $g(\vartheta)$ eindeutig bestimmt.

Wird die Iteration bei $\lambda = p$ und die Potenzreihendarstellung bei $\nu = q$ abgebrochen, so ergibt sich die Näherungsbeziehung

$$\varphi(r, \vartheta) \approx \operatorname{Re}\left\{\sum_{\nu=0}^{q} \frac{C_\nu^{[p]}}{k+\nu} z^{-\nu}\right\}. \tag{59}$$

Zweckmäßig werden Real- und Imaginärteile der $C_\nu^{[\lambda]}$ getrennt berechnet. Setzt man

$$\frac{C_\nu^{[\lambda]}}{k+\nu} = R_\nu^{[\lambda]} + i\, I_\nu^{[\lambda]}, \tag{60}$$

so ergeben sich aus Gleichung (41) für die Programmierung

$$\begin{aligned} R_\nu^{[\lambda+1]} = R_\nu^{[0]} - \frac{1}{2(k+\nu)} \Bigg\{ & \sum_{\mu=1}^{m} (k\, a_\mu + (\nu+\mu)\, c_\mu)\, R_{\nu+\mu}^{[\lambda]} \\ & + \sum_{\mu=1}^{m} (k\, b_\mu + (\nu+\mu)\, d\mu)\, I_{\nu+\mu}^{[\lambda]} + \sum_{\mu=1}^{\nu} (k\, a_\mu + (\nu-\mu)\, c_\mu)\, R_{\nu-\mu}^{[\lambda]} \\ & - \sum_{\mu=1}^{\nu} (k\, b_\mu + (\nu-\mu)\, d_\mu)\, I_{\nu-\mu}^{[\lambda]} + \sum_{\substack{\mu=\nu \\ (\nu\neq 0)}}^{m} (k\, a_\mu + (\mu-\nu)\, c_\mu)\, R_{\mu-\nu}^{[\lambda]} \\ & + \sum_{\substack{\mu=\nu \\ (\nu\neq 0)}}^{m} (k\, b_\mu + (\mu-\nu)\, d_\mu)\, I_{\mu-\nu}^{[\lambda]} \Bigg\} \end{aligned} \tag{61}$$

und

$$\begin{aligned} I_\nu^{[\lambda+1]} = I_\nu^{[0]} + \frac{1}{2(k+\nu)} \Bigg\{ & \sum_{\mu=1}^{m} (k\, b_\mu + (\nu+\mu)\, d_\mu)\, R_{\nu+\mu}^{[\lambda]} \\ & + \sum_{\mu=1}^{m} (k\, a_\mu + (\nu+\mu)\, c_\mu)\, I_{\nu+\mu}^{[\lambda]} - \sum_{\mu=1}^{\nu} (k\, b_\mu + (\nu-\mu)\, d_\mu)\, R_{\nu-\mu}^{[\lambda]} \\ & - \sum_{\mu=1}^{\nu} (k\, a_\mu + (\nu-\mu)\, c_\mu)\, I_{\nu-\mu}^{[\lambda]} - \sum_{\substack{\mu=\nu \\ (\nu\neq 0)}}^{m} (k\, b_\mu + (\mu-\nu)\, d_\mu)\, R_{\mu-\nu}^{[\lambda]} \\ & + \sum_{\substack{\mu=\nu \\ (\nu\neq 0)}}^{m} (k\, a_\mu + (\mu-\nu)\, c_\mu)\, I_{\mu-\nu}^{[\lambda]} \Bigg\}. \end{aligned} \tag{62}$$

Damit kann aber $\varphi(r, \vartheta)$ unmittelbar approximativ berechnet werden durch

$$\varphi(r, \vartheta) \approx \sum_{\nu=0}^{q} (R_\nu^{[p]} \cos \nu\, \vartheta + I_\nu^{[p]} \sin \nu\, \vartheta)\, r^{-\nu}. \tag{63}$$

7. Numerische Berechnungen

Nachdem das Spannungsproblem auf eine Randwertaufgabe mit der Randbedingung (15) zurückgeführt worden ist, brauchen wir zur Anwendung des Iterationsverfahrens in Gleichung (16) nur speziell

$$\left.\begin{aligned} k &= \frac{b\,E}{4\,t_0\,E_L}, \quad \sigma(\vartheta) \equiv 1, \\ \tau(\vartheta) &= 1 + \sum_{\mu=1}^{n} a_{2\mu} \cos 2\,\mu\,\vartheta, \\ q(\vartheta) &= \frac{b}{16}\,\tau(\vartheta) \sin\vartheta \end{aligned}\right\} \tag{64}$$

zu setzen.

Da $g(\vartheta) = -g(-\vartheta)$, $g(0) = g(\pi) = 0$ und $\tau(\vartheta) = \tau(-\vartheta) > 0$ ist, muß

$$\varphi(r, \vartheta) = -\varphi(r, -\vartheta) \tag{65}$$

gelten. Demzufolge wird in Gleichung (63) $R_\nu^{[p]} = 0$ für alle $\nu \in [0, q]$, und die Näherungslösung besitzt die Gestalt

$$\varphi(r, \vartheta) \approx \sum_{\nu=0}^{q} I_\nu^{[p]}\, r^{-\nu} \sin\nu\,\vartheta. \tag{66}$$

Die Randwerte $[\varphi(r, \vartheta)]$ liefern die Lösung der Integralgleichung (6), und auf Grund der Beziehungen (6a) und (5) erhält man die Laschenspannung $S_L(x)$. Einige Ergebnisse der numerischen Rechnungen sind in Abb. 2 eingetragen. Dabei wurde als Werkstoff Baustahl zugrunde gelegt, so daß $E = E_L = 21000$ kp/mm^2 ist.

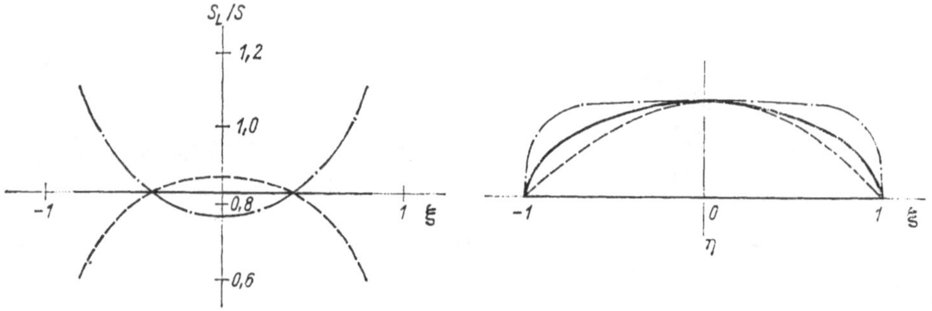

Abb. 2.
Laschenspannung S_L/S für verschiedene Laschenformen $\left(\xi = \frac{2\,x}{b},\ \eta = \frac{2\,y}{b}\right)$

Bei der elliptisch geformten Lasche mit $-\eta = \sqrt{1-\xi^2}$ ist für $\eta = 0$, $-1 < \xi < 1$ die Spannung S_L/S konstant. An den beiden Laschenenden wird sie sprunghaft unendlich. Für eine dreieckförmige Lasche weist S_L/S im Laschenbereich einen Kurvenverlauf mit negativer Krümmung auf, für eine rechteckförmige Lasche dagegen wird die Krümmung positiv. Die elliptisch geformte Lasche stellt in diesem Sinne einen Grenzfall dar.

Wenn $S_L t$ ermittelt ist, stellt Gleichung (1) eine Bestimmungsgleichung für $\bar{T}$ dar. Will man sich nicht auf die Berechnung von S_L und $\bar{T}$ beschränken, so kann mit Hilfe der bekannten Ansätze (vgl. dazu A. PFLÜGER [6])

$$\left.\begin{aligned} S_y &= \frac{2}{\pi} \int_{-\frac{b}{2}}^{\frac{b}{2}} R\, y^2 (x - x')\, dx', \\ S_x &= S + \frac{2}{\pi} \int_{-\frac{b}{2}}^{\frac{b}{2}} R (x - x')^3\, dx', \\ T &= \frac{2}{\pi} \int_{-\frac{b}{2}}^{\frac{b}{2}} R\, y (x - x')^2\, dx' \end{aligned}\right\} \qquad (67)$$

mit

$$R = \bar{T}(x') \{y^2 + (x - x')^2\}^{-2} \qquad (68)$$

das gesamte Spannungsfeld der Lasche und ihrer Umgebung ermittelt werden. In der numerischen Untersuchung von E. GRUHNE [11] sind die Spannungen S_x, S_y und T durch ein Zusatzprogramm ebenfalls für verschiedene Werkstoffkombinationen mitberechnet worden.

Literatur

[1] WEINEL, E., Die Integralgleichung des ebenen Spannungszustandes und der Plattentheorie. ZAMM **11** (1931), 349–360.

[2] SCHRÖDER, K., Über eine Integralgleichung erster Art der Tragflügeltheorie. Sitzungsber. Preuß. Akad. Wiss., Phys. Math. Klasse, Berlin 1938.

[3] ВЕКУА, И. Н., Об интегро-дифференциальном уравнении Прандтля. Прикл. мат. мех. **9** (1945), 143–150.

[4] МАГНАРАДЗЕ, Л. Г., Об одном новом интегральном уравнении теории крыла самолета. Сообщ. АН ГрузССР **3** (1942), 503–508.

[5] VIELHAUER, P., Berechnung von Lösungen der Prandtlschen Integrodifferentialgleichung mit den Methoden von Vekua-Magnaradse und Schmidt-Schincke. Diplomarbeit TH Dresden 1955 (unveröff.).

[6] PFLÜGER, A., Halbscheibe mit Randglied. Ein Spannungsgleichnis zum Problem der tragenden Linie. ZAMM 25/27 (1947), 177–185.

[7] Schubert, H., Über eine lineare Integrodifferentialgleichung mit Zusatzkern. Ber. Verhandl. Sächs. Akad. Wiss., Math.-nat. Klasse 97, Heft 7.

[8] Maruhn, K., Einige Bemerkungen zu den Randwertaufgaben der Potentialtheorie. Sitz.-Ber. Berl. Math. Ges. 40. u. 41. Jahrgang (1942), 13–28.

[9] Schincke, E., Lösungen des dritten Randwertproblems der Potentialtheorie und der Prandtlschen Integrodifferentialgleichung. Wiss. Z. Univ. Halle 3, Math.-nat. Reihe, Nr. 2 (1953/54), 483–505.

[10] Hoang duc Nguyen, Iterative Lösungen des dritten Randwertproblems der Potentialtheorie für nichtbeschränkte ebene Gebiete mit stetigem Rand. Dissertation Univ. Halle 1971.

[11] Gruhne, E., Numerische Berechnung des Spannungsverlaufes am Rande eines Trägers mit Lasche nach einem Iterationsverfahren. Diplomarbeit Univ. Halle 1969 (unveröff.)

Manuskripteingang: 25. 6. 1971

Verfasser:

Prof. Dr. Erich Schincke, Sektion Mathematik der Martin-Luther-Universität Halle-Wittenberg;

Dipl.-Math. Elke Gruhne, Sektion Mathematik der Martin-Luther-Universität Halle-Wittenberg

Beiträge zur Numerischen Mathematik
1 (1974), 135–155

Ein Beitrag zu Fehlerabschätzungen bei Differenzenverfahren

HARTMUT SCHÖNHEINZ

1. Einleitung

In einer Reihe von Arbeiten [6–11] sind für Differenzenverfahren zur Lösung von Randwertaufgaben bei gewöhnlichen Differentialgleichungen solche Fehlerschranken aufgestellt worden, die nur verfügbare Größen zu ihrer Durchführung erfordern und die Ordnung der Verfahren richtig erfassen. In der ursprünglichen Vorgehensweise wurde dabei ausgenutzt, daß zwischen dem gewöhnlichen Differenzenverfahren bzw. dem Mehrstellenverfahren und bestimmten Quadraturformeln, welche auf die zur Randwertaufgabe äquivalente Integralgleichung angewendet werden, ein unmittelbarer Zusammenhang besteht [6–8]. Der für das Differenzenverfahren charakteristische Fehler konnte dadurch im wesentlichen über den Fehler der benutzten Quadraturformeln erfaßt werden. Verbesserungen dieser Abschätzungen sind für das gewöhnliche Differenzenverfahren bei gleichzeitiger Erweiterung der Aufgabenklasse in [9, 10] angegeben, bei geringerem Aufwand ergeben sich im allgemeinen günstigere Fehlerschranken.

In der vorliegenden Arbeit wird die Randwertaufgabe

$$x'' = f(s, x, x') \tag{1.1a}$$

mit linearen Randbedingungen

$$U_1[x] = A_1, \quad U_2[x] = A_2 \tag{1.1b}$$

bei $s = \alpha$ bzw. $s = \beta$ betrachtet, wobei auch $U_\mu[x] = U_\mu[x, x']$ geschrieben wird, um das Vorkommen der Ableitungen in den Randbedingungen explizit zu kennzeichnen. Für die bei der numerischen Behandlung von (1.1) nach dem gewöhnlichen Differenzenverfahren bzw. dem Mehrstellenverfahren auftretenden Fehler sollen unter einheitlichem Gesichtspunkt Abschätzungen angegeben werden, die unmittelbar die Eigenschaften der Differenzenverfahren ausnutzen, ohne die äquivalente Darstellung als Quadraturformelmethode zu benötigen. Für das Mehrstellenverfahren ergeben sich dabei entscheidende Vereinfachungen der Abschätzungen aus [7] bei einer gleichzeitigen Verschärfung, und auch für das gewöhnliche Differenzenverfahren lassen sich die Fehlerschranken verbessern. Außerdem erhält man gegenüber der Betrachtungsweise über die Quadraturformelmethode wesentlich einfachere Abschätzungen des Fehlers, der bei der Approximation der Ableitungen entsteht.

2. Allgemeine Formulierungen

Um nichtlineare Aufgaben (1.1) erfassen zu können, ist die Bereitstellung eines Vergleichssatzes zweckmäßig, der mit funktionalanalytischen Begriffen formuliert wird. Die für das Differenzenverfahren charakteristischen Eigenschaften gehen dann in die Abschätzungen der im Vergleichssatz benötigten Größen ein.

Zunächst werde die Fixpunktaufgabe

$$\mathfrak{x} = \mathfrak{T}\,\mathfrak{x} \tag{2.1}$$

betrachtet, und es seien Näherungen $\mathfrak{u}$, $\mathfrak{v}$ für den Fixpunkt von $\mathfrak{T}$ bekannt. Zum Beispiel können $\mathfrak{u}$, $\mathfrak{v}$ Iterierte eines Vergleichsoperators $\mathfrak{S}$ zu $\mathfrak{T}$ sein,

$$\mathfrak{v} = \mathfrak{S}\,\mathfrak{u}, \tag{2.2}$$

jedoch wird im weiteren die Kenntnis eines solchen Operators $\mathfrak{S}$ nicht gefordert. Folgender Satz [6, 7], der hier nur für den einfachsten Fall linearer Majoranten formuliert werden soll, gestattet eine Abschätzung des Fehlers $\mathfrak{x} - \mathfrak{v}$.

Vergleichssatz. *Es seien $\mathfrak{E}$ und $\mathfrak{R}$ B ($\mathfrak{R}$)-Räume, und $\mathfrak{T}$ sei ein auf einer konvexen Teilmenge $\mathfrak{D}$ von $\mathfrak{E}$ erklärter Operator. $\mathfrak{P}$ sei ein linearer, positiver Operator in $\mathfrak{R}$ mit*

$$\|\mathfrak{T}\,\mathfrak{z} - \mathfrak{T}\,\mathfrak{y}\| \leqq \mathfrak{P}\|\mathfrak{z} - \mathfrak{y}\|, \quad \mathfrak{y}, \mathfrak{z} \in \mathfrak{D}, \tag{2.3}$$

und die geometrische Reihe $\sum\limits_{\nu=0}^{\infty} \mathfrak{P}^{\nu}\,\mathfrak{a}$ konvergiere für jedes $\mathfrak{a} \in \mathfrak{R}$ (d. h., $\mathfrak{T}$ ist ein kontrahierender Operator). Außerdem seien das Element $\mathfrak{u}$ und die Kugel

$$K := \{\mathfrak{y} \in \mathfrak{E} : \|\mathfrak{y} - \mathfrak{v}\| \leqq \mathfrak{b}\},$$

$$\mathfrak{b} := (\mathfrak{J} - \mathfrak{P})^{-1}\,\mathfrak{P}\|\mathfrak{u} - \mathfrak{v}\| + (\mathfrak{J} - \mathfrak{P})^{-1}\|\mathfrak{T}\,\mathfrak{u} - \mathfrak{v}\|^{1)},$$

in $\mathfrak{D}$ enthalten. Dann besitzt $\mathfrak{T}$ genau einen Fixpunkt $\mathfrak{x}$ in K, d. h., es gilt die Fehlerabschätzung

$$\|\mathfrak{x} - \mathfrak{v}\| \leqq \mathfrak{b}. \tag{2.4}$$

---

[1]) Mit $\mathfrak{J}$ wird der identische Operator bezeichnet.

Zum Beweis des Satzes wird auf [6] verwiesen, der dort für den allgemeineren Fall nichtlinearer Majoranten gegeben ist.

Es wird nun die Randwertaufgabe (1.1) betrachtet. Mit $\varphi = 1$, $\psi = s$ existiert unter der Voraussetzung

$$U_1[\varphi]\, U_2[\psi] - U_1[\psi]\, U_2[\varphi] \neq 0 \tag{2.5}$$

die Greensche Funktion $G(s, t)$ zu x'' und den Randbedingungen (1.1b). Ist dann noch g die Lösung der Aufgabe

$$g'' = 0, \quad U_1[g] = A_1, \quad U_2[g] = A_2, \tag{2.6}$$

so läßt sich die Randwertaufgabe (1.1) als Integralgleichungssystem

$$x(s) = g(s) + \int_\alpha^\beta G(s, t) f(t, x(t), \tilde{x}(t))\, dt, \tag{2.7a}$$

$$\tilde{x}(s) = \tilde{g}(s) + \int_\alpha^\beta \tilde{G}(s, t) f(t, x(t), \tilde{x}(t))\, dt \tag{2.7b}$$

schreiben. Dabei sollen $\tilde{x} = x'$, $\tilde{g} = g'$ und $\tilde{G} = \partial G/\partial s$ bedeuten. Die Aufgabe lautet also $\mathfrak{x} = \mathfrak{T}\,\mathfrak{x}$, wenn $\mathfrak{E} = \mathfrak{C} = (C, C)$ mit C als Raum der auf $[\alpha, \beta]$ stetigen Funktionen und $\mathfrak{y} = (y, \tilde{y}) \in \mathfrak{C}$ bedeuten sowie wenn $\mathfrak{T} = (T, \tilde{T})$ durch die rechte Seite von (2.7) erklärt wird. Die rechte Seite f von (1.1a) sei in allen Punkten $(s, x, \tilde{x})$ mit

$$\alpha \leqq s \leqq \beta, \quad h(s) \leqq x \leqq k(s), \quad \tilde{h}(s) \leqq \tilde{x} \leqq \tilde{k}(s) \quad (h, k, \tilde{h}, \tilde{k} \text{ stetig}) \tag{2.8}$$

erklärt und so oft differenzierbar, wie es für die Fehlerabschätzung benötigt wird. Durch die Beziehung (2.8) ist gleichzeitig die Teilmenge $\mathfrak{D}$ von $\mathfrak{C}$ gegeben. Wird noch die Normierung von $\mathfrak{y} \in \mathfrak{C}$ durch

$$\|\mathfrak{y}\| = \left(\max_{\alpha \leqq s \leqq \beta} |y(s)|, \max_{\alpha \leqq s \leqq \beta} |\tilde{y}(s)|\right)$$

festgelegt und gilt für f auf $\mathfrak{D}$ die Ungleichung

$$|f(s, z, \tilde{z}) - f(s, y, \tilde{y})| \leqq p(s)|z - y| + \tilde{p}(s)|\tilde{z} - \tilde{y}|,$$

so erfüllt $\mathfrak{T}$ auf $\mathfrak{D}$ eine Lipschitzbedingung mit der Matrix

$$\mathfrak{P} = \max_{\alpha \leqq s \leqq \beta} \int_\alpha^\beta |\mathfrak{K}(s, t)|\, \mathfrak{p}(t)\, dt, \quad \mathfrak{p} = \begin{pmatrix} p & \tilde{p} \\ p & \tilde{p} \end{pmatrix}, \quad \mathfrak{K} = \begin{pmatrix} G & 0 \\ 0 & \tilde{G} \end{pmatrix}.$$

Die Aufgabe (1.1) ist damit als Fixpunktaufgabe im Raum $\mathfrak{C}$ formuliert, der Operator $\mathfrak{T}$ vermittelt unter den genannten Voraussetzungen an $\mathfrak{P}$ eine kontrahierende Abbildung.

Um Fehlerabschätzungen für die nach dem Differenzenverfahren zu (1.1) erhaltenen Näherungen $u_i \approx x(s_i)$, $\tilde{u}_i \approx \tilde{x}(s_i)$ mit obigem Vergleichssatz aufstellen zu können, werden durch geeignete Interpolation stetige Funktionen $u, \tilde{u} \in C$ erklärt. Die Abschätzung des Defektes $\mathfrak{w} := \mathfrak{T}\,\mathfrak{u} - \mathfrak{v}$ erfolgt dabei nicht über die in (2.7) gegebene Darstellung von $\mathfrak{T}$, sondern es wird eine dem

Charakter des jeweiligen Differenzenverfahrens angepaßte Darstellung benutzt (vgl. (3.16), (3.17) bzw. (4.20), (4.21)).

Diese Darstellung beruht auf dem folgenden Hilfssatz, der explizit die Lösung von Differenzengleichungssystemen angibt, wie sie zur Behandlung der Aufgabe (1.1) herangezogen werden.

Hilfssatz. *Die Randbedingungen* U_1, U_2 *genügen der Bedingung* (2.5), φ_i $(i = 0(1)\,n)$ *sind beliebige reelle Zahlen. Dann besitzt das Gleichungssystem*

$$D^2 y_i := \frac{y_{i+1} - 2y_i + y_{i-1}}{h^2} = \varphi_i, \quad i = 1(1)\,n-1, \tag{2.9a}$$

$$U_1[y, \tilde{y}] = A_1, \quad U_2[y, \tilde{y}] = A_2 \tag{2.9b}$$

mit

$$y(\alpha) = y_0, \quad y(\beta) = y_n,$$

$$\tilde{y}(\alpha) = \frac{y_1 - y_0}{h} - h\varphi_0, \quad \tilde{y}(\beta) = \frac{y_n - y_{n-1}}{h} + h\varphi_n$$

die Lösung

$$y_i = g_i + \sum_{k=0}^{n} h\,G(s_i, t_k)\,\varphi_k \quad \left(i = 0(1)\,n;\; s_i = t_i = \alpha + ih,\; h = \frac{\beta - \alpha}{n}\right).$$

Dabei ist $g_i = g(s_i)$ durch (2.6) festgelegt und $G(s, t)$ die oben eingeführte Greensche Funktion. Der Nachweis dieser Aussage folgt aus den Eigenschaften der diskreten Greenschen Funktion $G(s_i, t_k)$, die hier mit der stetigen Greenschen Funktion zum Randwertproblem (1.1) in den Stützstellen s_i, t_k übereinstimmt (vgl. [7, 8]). Diskrete Greensche Funktionen zur Lösung bestimmter Differenzengleichungssysteme werden auch in [2–5, 12, 13] verwendet.

Die Überlegungen dieses Beitrages lassen sich leicht auf ungleichabständige Stützstellensysteme übertragen.

3. Das gewöhnliche Differenzenverfahren

Die Anwendung des gewöhnlichen Differenzenverfahrens auf die nichtlineare Randwertaufgabe (1.1) und die iterative Lösung des entstehenden Gleichungssystems führt mit $f_i := f(s_i, u_i, \tilde{u}_i)$ auf

$$D^2 v_i = f_i, \quad i = 1(1)\,n-1, \tag{3.1}$$
$$U_1[v, \tilde{v}] = A_1, \quad U_2[v, \tilde{v}] = A_2\,^{1)}$$

---

1) Es ist $v(\alpha) = v_0$, $v(\beta) = v_n$, $\tilde{v}(\alpha) = \tilde{v}_0$, $\tilde{v}(\beta) = \tilde{v}_n$ zu setzen.

mit

$$\tilde{v}_i = \frac{v_{i+1} - v_i}{h} - h\,\frac{f_i}{2}, \quad i = 0\,(1)\,n-1, \tag{3.2a}$$

bzw.

$$\tilde{v}_i = \frac{v_i - v_{i-1}}{h} + h\,\frac{f_i}{2}, \quad i = 1\,(1)\,n.^{1)} \tag{3.2b}$$

u_i, v_i bzw. $\tilde{u}_i$, $\tilde{v}_i$ sind Näherungen für die Lösung x bzw. $\tilde{x} = x'$ von (1.1) an den Stützstellen s_i. Die Gleichungen (3.2a) und (3.2b) stimmen für $i = 1\,(1)\,n-1$ überein, wenn man (3.1) beachtet. Sie können demnach für $i = 1(1)\,n-1$ durch

$$\tilde{v}_i = \frac{v_{i+1} - v_{i-1}}{2h} \tag{3.2c}$$

ersetzt werden. Auf Grund des Hilfssatzes kann die Lösung des Gleichungssystems (3.1) in der Form

$$v_i = g_i + \sum_{k=0}^{n} \hbar\, G(s_i, t_k) f_k, \quad i = 0(1)\,n, \tag{3.3}$$

geschrieben werden; dabei bedeutet $\hbar = h/2$ für $k = 0$ bzw. $k = n$, $\hbar = h$ für $k = 1(1)\,n-1$.

Von zentraler Bedeutung bei der Aufstellung von Fehlerschranken zum Differenzenverfahren ist nun eine geeignete Interpolationsformel, die einerseits stetige Funktionen v und $\tilde{v}$ als Näherungen für die Lösung x und $\tilde{x}$ von (1.1) liefert, andererseits aber auch einen Weg zur Aufstellung der in (3.1), (3.2) verwendeten Differenzenformeln beschreibt, der eine für die weiteren Untersuchungen geeignete Darstellung des im vorigen Abschnitt eingeführten Operators $\mathfrak{T}$ ermöglicht. Für das gewöhnliche Differenzenverfahren ist dies die stückweise lineare Interpolation in den Intervallen $I_i := [s_i, s_{i+1}]$ ($i = 0(1)\,n-1$), die hier speziell als Lösung einer Randwertaufgabe beschrieben werden soll: Sei y in I_i zweimal stetig differenzierbar (hier wie im weiteren bedeutet Differenzierbarkeit im abgeschlossenen Intervall, daß in den Randpunkten halbseitige Differenzierbarkeit vorliegt), und sei $y(s_i) = y_i$, $y(s_{i+1}) = y_{i+1}$. Dann gilt

$$y(s) = y_i(s) + \int_{s_i}^{s_{i+1}} G_i(s, t)\, y''(t)\, dt \tag{3.4}$$

für $s \in I_i$. Dabei ist

$$y_i(s) := \frac{s_{i+1} - s}{h}\, y_i + \frac{s - s_i}{h}\, y_{i+1} \tag{3.5}$$

---

[1]) Eine Motivierung dieser speziellen Differenzennäherungen ergibt sich später (vgl. (3.11), 3.12)).

das lineare Polynom, welches die Punkte (s_i, y_i), (s_{i+1}, y_{i+1}) interpoliert, und

$$G_i(s,t) = -(s_{i+1}-s)(t-s_i)/h \quad \text{für} \quad t \leqq s,$$

$$G_i(s,t) = -(s_{i+1}-t)(s-s_i)/h \quad \text{für} \quad t \geqq s$$

ist die zu x'', $x(s_i)$, $x(s_{i+1})$ gehörende Greensche Funktion. Das Restglied der linearen Interpolation ist hierbei in Integralstellung gegeben und kann in der üblichen Weise durch $h^2/8 \cdot \max_{t \in I_i} |y''(t)|$ abgeschätzt werden. Mit der Bezeichnung $G_i'(s,t) = \partial G_i(s,t)/\partial s$ folgt aus (3.4)

$$y'(s) = \frac{y_{i+1}-y_i}{h} + \int_{s_i}^{s_{i+1}} G_i'(s,t)\, y''(t)\, dt, \quad s \in I_i, \tag{3.6}$$

und hieraus, wenn man noch die entsprechende Darstellung im Intervall I_{i-1} beachtet und Stetigkeit von y' für $s = s_i$ gefordert wird,

$$D^2 y_i = \frac{1}{h}\left\{\int_{s_{i-1}}^{s_i} G_{i-1}'(s_i,t)\, y''(t)\, dt - \int_{s_i}^{s_{i+1}} G_i'(s_i,t)\, y''(t)\, dt\right\}. \tag{3.7}$$

Speziell für die Lösung x der Differentialgleichung (1.1a) gilt also mit $x(s_i) = x_i$

$$D^2 x_i = F_i(x, \tilde{x}), \quad i = 1(1)\, n-1, \tag{3.8a}$$

wenn

$$F_i(x,\tilde{x}) := \frac{1}{h}\left\{\int_{s_{i-1}}^{s_i} G_{i-1}'(s_i,t)\, f(t, x(t), \tilde{x}(t))\, dt - \int_{s_i}^{s_{i+1}} G_i'(s_i,t)\, f(t, x(t), \tilde{x}(t))\, dt\right\}$$

ist. Für stetige Funktionen y, $\tilde{y}$, die im weiteren insbesondere durch stückweise lineare bzw. kubische Interpolation entstanden sein können und die somit in I_i zweimal differenzierbar sind, folgt mit Taylorentwicklung von f

$$F_i(y,\tilde{y}) = f(s_i, y_i, \tilde{y}_i) + R_i(y,\tilde{y}), \tag{3.9}$$

wobei

$$|R_i(y,\tilde{y})| \leqq \frac{h}{6}\, |f'(s_i, y_i, \tilde{y}_i)^+ - f'(s_i, y_i, \tilde{y}_i)^-|$$

$$+ \frac{h^2}{24}\left\{\max_{s \in I_{i-1}} |f''(s, y(s), \tilde{y}(s))| + \max_{s \in I_i} |f''(s, y(s), \tilde{y}(s))|\right\} \tag{3.10}$$

abgeschätzt werden kann. Es bedeutet $f'(s, y, \tilde{y}) := df(s, y(s), \tilde{y}(s))/ds$; die angehängten Zeichen $+$ oder $-$ deuten auf rechts- bzw. linksseitige Ableitungen hin, die infolge der erwähnten stückweisen Interpolation durch Unstetigkeiten der Ableitungen von y, $\tilde{y}$ bei s_i verschieden sein können. An dieser Stelle sei vermerkt, daß auch die Funktion f und deren Ableitungen an den Stellen s_i $(i = 1(1)\, n-1)$ Sprungstellen besitzen dürfen. Dann ist

$$F_i(y,\tilde{y}) = \frac{1}{2}\left(f(s_i, y_i, \tilde{y}_i)^+ + f(s_i, y_i, \tilde{y}_i)^-\right) + R_i(y,\tilde{y}),$$

und das Restglied R_i ist von der Ordnung $O(h)$. Ist f in ganz $[\alpha, \beta]$ stetig differenzierbar, so ist R bei bestimmten Eigenschaften von $y, \tilde{y}$ von der Ordnung $O(h^2)$ (vgl. die Fußnote 2 auf S. 143).

Aus (3.6) folgt entsprechend

$$\left.\begin{aligned} x'(s_i) &=: \tilde{x}_i = \frac{x_{i+1} - x_i}{h} - \tilde{F}_i(x, \tilde{x}) \\ \text{bzw.} \quad & \\ x'(s_{i+1}) &=: \tilde{x}_{i+1} = \frac{x_{i+1} - x_i}{h} + \tilde{F}_i^*(x, \tilde{x}) \end{aligned}\right\} \tag{3.11}$$

mit

$$\tilde{F}_i(y, \tilde{y}) := -\int_{s_i}^{s_{i+1}} G_i'(s_i, t) f(t, y(t), \tilde{y}(t))\, dt = \frac{h}{2} f(s_i, y_i, \tilde{y}_i) + \tilde{R}_i(y, \tilde{y}),$$

$$\begin{aligned} \tilde{F}_i^*(y, \tilde{y}) &:= \int_{s_i}^{s_{i+1}} G_i'(s_{i+1}, t) f(t, y(t), \tilde{y}(t))\, dt \\ &= \frac{h}{2} f(s_{i+1}, y_{i+1}, \tilde{y}_{i+1}) + \tilde{R}_i^*(y, \tilde{y}). \end{aligned} \tag{3.12}$$

Dabei kann

$$\left.\begin{aligned} |\tilde{R}_i(y, \tilde{y})| &\leqq \frac{h^2}{6} \cdot \max_{s \in I_i} |f'(s, y(s), \tilde{y}(s))|, \\ |\tilde{R}_i^*(y, \tilde{y})| &\leqq \frac{h^2}{6} \cdot \max_{s \in I_i} |f'(s, y(s), \tilde{y}(s))| \end{aligned}\right\} \tag{3.13}$$

abgeschätzt werden.

Ergänzt man die Differenzengleichungen (3.8a) durch die Randbedingungen

$$U_1[x, \tilde{x}] = A_1, \quad U_2[x, \tilde{x}] = A_2, \tag{3.8b}$$

wobei $\tilde{x}(\alpha)$ und $\tilde{x}(\beta)$ in der Gestalt (3.11) eingehen sollen, so steht mit (3.8) ein Gleichungssystem der Form (2.9) für die Lösung der Randwertaufgabe (1.1) an den Stellen s_i zur Verfügung. Nach dem angegebenen Hilfssatz folgt

$$x_i = g_i + \sum_{k=0}^{n} h\, G(s_i, t_k) F_k(x, \tilde{x}), \tag{3.14}$$

wobei noch $F_0 := \tilde{F}_0/h$ und $F_n := \tilde{F}_{n-1}^*/h$ bedeutet. Werden die x_i $(i = 0(1)n)$ aus (3.14) linear interpoliert, so ergibt sich unter Beachtung der Linearität von g und G

$$x_i(s) = g(s) + \sum_{k=0}^{n} h\, G(s, t_k) F_k(x, \tilde{x}) \tag{3.15}$$

und mit (3.4)

$$x(s) = x_i(s) + \int_{s_i}^{s_{i+1}} G_i(s, t) f(t, x(t), \tilde{x}(t))\, dt, \quad s \in I_i. \tag{3.16}$$

Für die Ableitung $\tilde{x}$ der Lösung von (1.1) folgt mit $\tilde{x}'' = f'(s, x, \tilde{x})$ die Gleichung

$$\tilde{x}(s) = \tilde{x}_i(s) + \int_{s_i}^{s_{i+1}} G_i(s, t) f'(t, x(t), \tilde{x}(t))\, dt, \quad s \in I_i. \tag{3.17}$$

$\tilde{x}_i(s)$ ist wieder die lineare Interpolationsfunktion der Werte $\tilde{x}_i$, $\tilde{x}_{i+1}$:

$$\tilde{x}_i(s) = \frac{s_{i+1} - s}{h}\left[\frac{x_{i+1} - x_i}{h} - \tilde{F}_i(x, \tilde{x})\right] + \frac{s - s_i}{h}\left[\frac{x_{i+1} - x_i}{h} + \tilde{F}_i^*(x, \tilde{x})\right].$$

Durch die rechten Seiten von (3.16) und (3.17) ist für $s \in I_i$ eine solche äquivalente Darstellung des Operators $\mathfrak{T}$ aus (2.7) gegeben, die sofort eine Abschätzung des Defektes $\mathfrak{T}\,\mathfrak{u} - \mathfrak{v}$ ermöglicht. Hierbei ist zunächst zu beachten, daß man das Gleichungssystem des gewöhnlichen Differenzenverfahrens (3.1) aus Gleichung (3.8) erhält, wenn dort in den gemäß (3.9) und (3.12) für F, $\tilde{F}$ und $\tilde{F}^*$ gegebenen Ausdrücken die Restglieder R, $\tilde{R}$ und $\tilde{R}^*$ vernachlässigt werden. Die stetigen Funktionen $u(s) = u_i(s)$, $\tilde{u}(s) = \tilde{u}_i(s)$ bzw. $v_i(s)$, $\tilde{v}_i(s)$ werden analog zu $x_i(s)$ und $\tilde{x}_i(s)$ durch stückweise lineare Interpolation aus u_i, $\tilde{u}_i$, v_i und $\tilde{v}_i$ gewonnen, wobei nur $v_i(s)$ und $\tilde{v}_i(s)$ explizit angegeben werden sollen:

$$v_i(s) = \frac{s_{i+1} - s}{h}\, v_i + \frac{s - s_i}{h}\, v_{i+1} = g(s) + \sum_{k=0}^{n} \bar{h}\, G(s, t_k) f_k,$$

$$\tilde{v}_i(s) = \frac{s_{i+1} - s}{h}\left[\frac{v_{i+1} - v_i}{h} - \frac{h}{2} f_i\right] + \frac{s - s_i}{h}\left[\frac{v_{i+1} - v_i}{h} + \frac{h}{2} f_{i+1}\right].$$

Erklärt man noch die stetigen Funktionen v und $\tilde{v}$ durch

$$\left.\begin{aligned} v(s) &= v_i(s) + \int_{s_i}^{s_{i+1}} G_i(s, t) f(t, u(t), \tilde{u}(t))\, dt, \\ \tilde{v}(s) &= \tilde{v}_i(s) + \int_{s_i}^{s_{i+1}} G_i(s, t) f'(t, u(t), \tilde{u}(t))\, dt \end{aligned}\right\} \tag{3.18}$$

im Intervall I_i, so erhält man demnach

$$\begin{aligned} w := T(u, \tilde{u}) - v = g(s) &+ \sum_{k=0}^{n} h\, G(s, t_k)\, F_k(u, \tilde{u}) + \int_{s_i}^{s_{i+1}} G_i(s, t) f(t, u, \tilde{u})\, dt \\ &- \left[g(s) + \sum_{k=0}^{n} \bar{h}\, G(s, t_k) f_k + \int_{s_i}^{s_{i+1}} G_i(s, t) f(t, u, \tilde{u})\, dt\right] \\ &= \sum_{k=0}^{n} h\, G(s, t_k)\, R_k(u, \tilde{u}), \end{aligned} \tag{3.19}$$

wobei noch $R_0(u, \tilde{u}) := \tilde{R}_0(u, \tilde{u})/h$ und $R_n(u, \tilde{u}) := \tilde{R}^*_{n-1}(u, \tilde{u})/h$ gesetzt wurde. Die zunächst nur für $s \in I_i$ erhaltene Gleichung (3.19) für den Defekt w ist im gesamten Intervall $[\alpha, \beta]$ gültig.

Für die zweite Komponente $\tilde{w}_i$ des Defektes ergibt sich mit (3.17), (3.18) und der Abkürzung

$$e_i := \frac{v_{i+1} - v_i}{h} - \frac{u_{i+1} - u_i}{h}$$

die Beziehung

$$\begin{aligned} \tilde{w}_i &= \tilde{T}(u, \tilde{u}) - \tilde{v} \\ &= \frac{s_{i+1} - s}{h} \left(e_i + \tilde{R}_i(u, \tilde{u})\right) + \frac{s - s_i}{h} \left(e_{i+1} + \tilde{R}_i^*(u, \tilde{u})\right). \end{aligned} \tag{3.20}$$

Zur Angabe von Schranken für den Defekt $\mathfrak{w}$ werden die folgenden Konstanten eingeführt:

$$\left.\begin{aligned} &\max_{s \in I_i} \left| \frac{d^r}{ds^r} f(s, u(s), \tilde{u}(s)) \right| =: d_i^{(r)}, \qquad && i = 0(1)n-1, \\ &|f'(s_i, u_i, \tilde{u}_i)^+ - f'(s_i, u_i, \tilde{u}_i)^-| =: h\, c_i,^{1)} \qquad && i = 1(1)n-1, \\ &d_i := \begin{cases} \frac{1}{6h} d_0^{(1)}, & i = 0, \\ \frac{1}{6} c_i + \frac{1}{24}\left(d_{i-1}^{(2)} + d_i^{(2)}\right), & i = 1(1)n-1, \\ \frac{1}{6h} d_{n-1}^{(1)}, & i = n, \end{cases} \\ &\tilde{d}_i := \frac{1}{6} d_i^{(1)}, \quad i = 0(1)n-1. \end{aligned}\right\} \tag{3.21}$$

Damit gilt wegen (3.10), (3.13)

$$|R_k(u, \tilde{u})| \leqq h^2 d_k, \quad |\tilde{R}_k(u, \tilde{u})| \leqq h^2 \tilde{d}_k, \quad |\tilde{R}_k^*(u, \tilde{u})| \leqq h^2 \tilde{d}_k,$$

so daß aus den Gleichungen (3.19) und (3.20) ($w(s)$ und $\tilde{w}(s) := \tilde{w}_i(s)$ für $s \in I_i$ sind stückweise lineare Funktionen) die Abschätzung

$$\|\mathfrak{w}\| \leqq \left(h^2 \cdot \max_{i=0(1)n} \sum_{k=0}^{n} h\,|G(s_i, t_k)|\,d_k,\ \max_{i=0(1)n-1} \left(\max(|e_i|; |e_{i+1}|) + h^2 \tilde{d}_i\right)\right) \tag{3.22}$$

angegeben werden kann.[2])

---

[1]) Ist $f(s, y, \tilde{y})$ im Intervall $[\alpha, \beta]$ stetig nach den Argumenten $s, y, \tilde{y}$ differenzierbar, so gilt

$$f'(s_i, u_i, \tilde{u}_i)^+ - f(s_i, u_i, \tilde{u}_i)^- = h\left(f_u(s_i, u_i, \tilde{u}_i)\, D^2 u_i + f_{\tilde{u}}(s_i, u_i, \tilde{u}_i)\, D^2 \tilde{u}_i\right).$$

[2]) Es sind d_0 und d_n von der Ordnung $O\left(\frac{1}{h}\right)$, d_i $(i = 1(1)n-1)$ von der Ordnung $O(1)$; wegen

$$\sum_{k=0}^{n} h|G(s_i, t_k)|d_k = |G(s_i, t_0)| \cdot h d_0 + |G(s_i, t_n)| \cdot h\, d_n + \sum_{k=1}^{n-1} h|G(s_i, t_k)|d_k$$

und $n h = 1$ ist also insgesamt die erste Komponente der Schranke von $\mathfrak{w}$ von der Ordnung $O(h^2)$. Über die Summanden mit d_0 und d_n werden in (3.22) die bei der Approxi-

Die im Vergleichssatz außerdem benötigte Größe $\| \mathfrak{u} - \mathfrak{v} \|$ ergibt sich wegen (3.18) und $\int_{s_i}^{s_{i+1}} | G_i(s, t) | \, dt \leqq \frac{h^2}{8}$ zu

$$\| \mathfrak{u} - \mathfrak{v} \| \leqq \Big(\max_{i=0(1)n-1} \Big\{ \max \big[| u_{i+1} - v_{i+1} |; | u_i - v_i | \big] + \frac{h^2}{8} d_i^{(0)} \Big\}, \max_{i=0(1)n-1} \Big\{ \max \big[| \tilde{u}_{i+1} - \tilde{v}_{i+1} |; | \tilde{u}_i - \tilde{v}_i | \big] + \frac{h^2}{8} d_i^{(1)} \Big\} \Big). \tag{3.23}$$

Durch (3.22) wird der charakteristische Fehler des Differenzenverfahrens erfaßt; die Größen e_i rühren von der iterativen Lösung des nichtlinearen Gleichungssystems (3.1) her. In (3.23) geht der eigentliche durch das Iterationsverfahren hervorgerufene Fehler sowie der beim Übergang zur stetigen Näherung $\mathfrak{v}$ auftretende Interpolationsfehler ein. Über (2.4) ist damit die endgültige Abschätzung $\| \mathfrak{x} - \mathfrak{v} \| \leqq \mathfrak{b}$ gegeben. Durch die Festlegung (3.18) wird also erreicht, daß der Interpolationsfehler nicht wie in den früheren Arbeiten in den Defekt $\mathfrak{w}$, sondern in den Anteil $\mathfrak{u} - \mathfrak{v}$ eingeht. Da dieser auf die Fehlerschranke $\mathfrak{b} = (\mathfrak{J} - \mathfrak{P})^{-1} (\| \mathfrak{w} \| + \mathfrak{P} \| \mathfrak{u} - \mathfrak{v} \|)$ wegen der im Vergleichssatz geforderten Eigenschaften von $\mathfrak{P}$ schwächeren Einfluß als der Defekt hat, können sich hier Verbesserungen der Fehlerschranken gegenüber [7—12] ergeben.

Erwähnt werden soll, daß mit (3.18) die Funktion $\mathfrak{v}$ prinzipiell angegeben werden kann, daß aber insbesondere für die Lösungen $v_i = v(s_i)$, $\tilde{v}_i = \tilde{v}(s_i)$ des Differenzengleichungssystems (3.1) die Abschätzung

$$(| x_i - v_i |, | \tilde{x}_i - \tilde{v}_i |) \leqq \| \mathfrak{x} - \mathfrak{v} \| \leqq (b, \tilde{b})$$

gilt. Anstelle von (3.18) kann auch die hieraus folgende numerisch einfachere stückweise kubische Interpolation verwendet werden (vgl. auch (4.4)):

$$v^{(1)}(s) = v_i(s) - \frac{(s_{i+1} - s)(s - s_i)}{6h} \{ (s_{i+1} + h - s) f_i + (s + h - s_i) f_{i+1} \}; \tag{3.24}$$

hierbei gilt für $s \in I_i$

$$| v(s) - v^{(1)}(s) | \leqq \frac{5h^4}{384} \max d_i^{(2)}.$$

Analog kann $\tilde{v}^{(1)}(s)$ erklärt werden. Dann folgt unmittelbar

$$\| \mathfrak{x} - \mathfrak{v}^{(1)} \| \leqq \Big(b + \frac{5h^4}{384} \max_{i=0(1)n} d_i^{(2)}, \tilde{b} + \frac{5h^4}{384} \max_{i=0(1)n} d_i^{(3)} \Big). \tag{3.25}$$

---

mation der Randbedingungen auftretenden Fehler berücksichtigt, die restlichen Summanden erfassen die Fehler bei der Approximation der Differentialgleichung. Die zweite Komponente der Schranke von $\mathfrak{w}$ ist abgesehen von dem aus der iterativen Lösung des Differenzengleichungssystems herrührenden Anteil ebenfalls von der Ordnung $O(h^2)$.

Auch in [7] wurde durch kubische Interpolation der Differenzennäherungen der Einfluß des Interpolationsfehlers gegenüber dem Fehler des Differenzenverfahrens herabgedrückt. Dort mußte aber die gesamte Fehlerabschätzung, d. h. insbesondere die Berechnung der auftretenden Schranken, mit dieser kubischen Interpolationsfunktion durchgeführt werden. Hier gehen in die Berechnung der Konstanten aus (3.21), die innerhalb der beschriebenen Abschätzung den größten Arbeitsaufwand erfordert, nach wie vor die stückweise linearen Interpolationsfunktionen $u, \tilde{u}$ ein.

Zusammenfassung: Auf die folgenden Schritte, die zur Aufstellung der Fehlerschranken zum gewöhnlichen Differenzenverfahren führten, soll zum Schluß noch einmal hingewiesen werden:

— Fixpunktdarstellung der Randwertaufgabe mit Hilfe der zugehörigen Greenschen Funktion; daraus folgen der Operator $\mathfrak{T}$ und eine Majorante $\mathfrak{P}$ zu $\mathfrak{T}$.

— Zur Anwendung des Vergleichssatzes ist eine Abschätzung des Defektes $\mathfrak{T}\,\mathfrak{u} - \mathfrak{v}$ notwendig. Hierzu wird die äquivalente Darstellung (3.16), (3.17) von $\mathfrak{T}$ verwendet, die unmittelbar aus dem Differenzenverfahren abgeleitet wurde.

— Dabei ist $\mathfrak{u}$ die bequem zu handhabende stückweise lineare Interpolationsfunktion der $u_i, \tilde{u}_i$; $\mathfrak{v}$ ist so definiert, daß die Defektabschätzung möglichst einfach wird.

Für die praktische Rechnung sind folgende Punkte zu beachten:

1. Lösen des Differenzengleichungssystems (3.1). Wird dieses nichtlineare System iterativ gelöst, bezeichnen $(u_i, \tilde{u}_i)$ und $(v_i, \tilde{v}_i)$ zwei aufeinanderfolgende Iterierte. Bei geschlossener Lösung ist im weiteren $u_i = v_i$, $\tilde{u}_i = \tilde{v}_i$ zu setzen.
2. Bestimmung von $\mathfrak{u}$ durch stückweise lineare Interpolation.
3. Festlegung einer geeigneten Teilmenge $\mathfrak{D}$ von $\mathfrak{E}$ mit Hilfe von $\mathfrak{u}$, Ermittlung von $\mathfrak{P}$.
4. Bestimmung der Konstanten $d_i^{(0)}$, $d_i^{(1)}$ und $d_i^{(2)}$ und damit der d_i, $\tilde{d}_i$ nach (3.21), Aufstellung der Schranken (3.22), (3.23) für $\mathfrak{T}\,\mathfrak{u} - \mathfrak{v}$ und $\mathfrak{u} - \mathfrak{v}$.
5. Überprüfung der Voraussetzungen des Vergleichssatzes (Kugelbedingung). Sind diese erfüllt, so existiert eine Lösung $\mathfrak{x}$ von (1.1), und es sind durch (3.22), (3.23) und (2.4) Fehlerschranken zum gewöhnlichen Differenzenverfahren gegeben.
6. Gegebenenfalls Diskussion der Funktion $\mathfrak{v}$, z. B. Bestimmung von $\mathfrak{v}^{(1)}$ nach (3.24), falls nicht nur Schranken für die eigentlichen Differenzennäherungen in den Stützstellen gewünscht sind.

4. Das Mehrstellenverfahren

Mit den Festlegungen

$$f_i := f(s_i, u_i, \tilde{u}_i),$$
$$f_i' := f_s(s_i, u_i, \tilde{u}_i) + f_u(s_i, u_i, \tilde{u}_i)\,\tilde{u}_i + f_{\tilde{u}}(s_i, u_i, \tilde{u}_i)\,f_i\,\text{[1]},$$

$$B f_i := \begin{cases} \frac{1}{12}(5 f_0 + f_1) + \frac{h}{12} f_0', & i = 0, \\ \frac{1}{12}(f_{i-1} + 10 f_i + f_{i+1}), & i = 1\,(1)\,n-1, \\ \frac{1}{12}(f_{n-1} + 5 f_n) - \frac{h}{12} f_n', & i = n, \end{cases}$$

sind die Formeln des Mehrstellenverfahrens für die Aufgabe (1.1) gegeben:

$$\left.\begin{array}{l} D^2 u_i = B f_i, \quad i = 1\,(1)\,n-1, \\ U_1\,[u, \tilde{u}] = A_1, \quad U_2\,[u, \tilde{u}] = A_2,\text{[2]} \end{array}\right\} \tag{4.1}$$

$$\tilde{u}_i = \frac{u_{i+1} - u_i}{h} - \frac{h}{12}(5 f_i + f_{i+1}) - \frac{h^2}{12} f_i', \quad i = 0(1)\,n-1, \tag{4.2a}$$

$$\tilde{u}_i = \frac{u_i - u_{i-1}}{h} + \frac{h}{12}(f_{i-1} + 5 f_i) - \frac{h^2}{12} f_i', \quad i = 1(1)\,n.\text{[3]} \tag{4.2b}$$

Die Gleichungen (4.2a) und (4.2b) stimmen in den gemeinsamen Indexbereichen unter Beachtung von (4.1) untereinander wie auch mit den in [7] angegebenen Näherungen für die Ableitungen überein. Für $i = 1(1)\,n - 1$ folgt durch Mittelbildung von (4.2a) und (4.2b) die ebenfalls bereits in [7] angegebene symmetrische Mehrstellenformel für die erste Ableitung

$$\tilde{u}_i = \frac{u_{i+1} - u_{i-1}}{2h} - \frac{h^2}{12}\left(\frac{f_{i+1} - f_{i-1}}{2h} + f_i'\right). \tag{4.2c}$$

Auf Grund des Hilfssatzes aus Abschnitt 2 kann anstelle des Gleichungssystems (4.1) auch

$$u_i = g_i + \sum_{k=0}^{n} h\,G(s_i, t_k)\,B f_k, \quad i = 0(1)\,n, \tag{4.3}$$

geschrieben werden.

---

[1]) Diese Festlegung ist durch die Eigenschaften $u'(s_i) = \tilde{u}_i$, $\tilde{u}'(s_i) = f_i$ der später festzulegenden Funktionen u, $\tilde{u}$ begründet.

[2]) Im Gegensatz zum vorigen Abschnitt wird also hier auf die iterative Lösung des nichtlinearen Systems verzichtet, um die weitere Darstellung nicht unnötig zu komplizieren. Für die Randbedingungen ist wieder $u(\alpha) = u_0$, $u(\beta) = u_n$, $\tilde{u}(\alpha) = \tilde{u}_0$, $\tilde{u}(\beta) = \tilde{u}_n$ zu setzen.

[3]) Diese speziellen Differenzennäherungen für die Ableitungen werden im weiteren hergeleitet (vgl. (4.14)).

Um die Gedanken des vorigen Abschnittes auf das Mehrstellenverfahren übertragen zu können, muß anstelle der linearen Interpolation eine geeignete kubische Interpolationsformel treten. Hierzu bietet sich zunächst eine hermitesche Interpolationsformel an, welche bei s_i und s_{i+1} die Funktionswerte und — im Gegensatz zu [7] — nicht die ersten, sondern die zweiten Ableitungen interpoliert, da letztere für Lösungen von (1.1) durch f ersetzt werden können. Für viermal stetig differenzierbare Funktionen in I_i lautet diese

$$y(s) = y_{1i}(s) + \int_{s_i}^{s_{i+1}} K_i(s,t)\, y^{(4)}(t)\, dt \tag{4.4}$$

mit

$$y_{1i}(s) := y_i(s) - \frac{(s_{i+1}-s)(s-s_i)}{6h} \times \{(s_{i+1}+h-s)\, y_i'' + (s+h-s_i)\, y_{i+1}''\}. \tag{4.5}$$

$y_i(s)$ ist wie in (3.5) als lineares Interpolationspolynom der Funktionswerte bestimmt, $K_i(s,t)$ ist die zu $x^{(4)}$, $x(s_i)$, $x(s_{i+1})$, $x''(s_i)$, $x''(s_{i+1})$ gehörende Greensche Funktion:

$$K_i(s,t) = \begin{cases} \dfrac{(t-s_i)(s_{i+1}-s)}{6h}\left(2h(s-s_i)-(s-s_i)^2-(t-s_i)^2\right), & t \leqq s, \\[2ex] \dfrac{(s-s_i)(s_{i+1}-t)}{6h}\left(2h(t-s_i)-(t-s_i)^2-(s-s_i)^2\right), & t \geqq s. \end{cases} \tag{4.6}$$

Die Interpolationsformel (4.4) liefert nun aber auf dem im vorigen Abschnitt verfolgten Weg nicht das übliche Mehrstellenverfahren der Ordnung $O(h^4)$, sondern die Mehrstellenformel

$$D^2 y_i = \frac{1}{6}\left(y_{i-1}'' + 4\, y_i'' + y_{i+1}''\right) + O(h^2).^{1)}$$

Daher ist anstelle von (4.5) eine Interpolationsfunktion $y_{2i}(s)$ gesucht, deren Ableitung für $s = s_i$ bzw. $s = s_{i+1}$ auf die Differenzenformeln führt, welche den Gleichungen (4.2) entsprechen (in (4.2b) ist der Index i durch $i+1$ zu ersetzen), aus denen dann die (4.1) zugrunde liegende Mehrstellenformel folgt. Setzt man $y_{2i}(s)$ in der Gestalt $y_{1i}(s) + \frac{h^2}{12}\varphi_i(s)$ an, so muß damit

$$\varphi_i(s_i) = \varphi_i(s_{i+1}) = 0, \quad \varphi_i'(s_i) = \frac{y_{i+1}''-y_i''}{h} - y_i''',$$

$$\varphi_i'(s_{i+1}) = \frac{y_{i+1}''-y_i''}{h} - y_{i+1}'''$$

---

[1]) Diese Differenzengleichungen sind eine asymptotische optimale Methode zur Lösung von (1.1), vgl. [1]. Eine Übertragung der Fehlerabschätzung des Abschnitts 3 kann ohne Schwierigkeiten vorgenommen werden.

gelten. Hieraus ergibt sich φ_i z. B. als Polynom dritten Grades

$$\varphi_i(s) = \frac{(s_{i+1}-s)(s-s_i)}{h^2}\left\{(s_{i+1}-s)\left(\frac{y''_{i+1}-y''_i}{h}-y'''_i\right) - (s-s_i)\left(\frac{y''_{i+1}-y''_i}{h}-y'''_{i+1}\right)\right\}, \tag{4.7}$$

wobei wegen (3.6), wenn dort y durch y'' ersetzt wird, auch

$$\varphi_i(s) = \frac{(s_{i+1}-s)(s-s_i)}{h^2}\left\{-(s_{i+1}-s)\int_{s_i}^{s_{i+1}} G'_i(s_i, t)\, y^{(4)}(t)\, dt + (s-s_i)\int_{s_i}^{s_{i+1}} G'_i(s_{i+1}, t)\, y^{(4)}(t)\, dt\right\} \tag{4.8}$$

geschrieben werden kann. Damit ergibt (4.4), wenn $\varphi_i(s)$ in der Gestalt (4.7) zu $y_{1i}(s)$ addiert und in der Form (4.8) von dem Integralterm abgezogen wird:

$$y(s) = y_{2i}(s) + \int_{s_i}^{s_{i+1}} H_i(s, t)\, y^{(4)}(t)\, dt \tag{4.9}$$

mit

$$\begin{aligned} y_{2i}(s) &= y_{1i}(s) + \frac{h^2}{12}\varphi_i(s) \\ &= y_i(s) - \frac{(s_{i+1}-s)(s-s_i)}{12\,h}\{(h + 4(s_{i+1}-s))\, y''_i + (h + 4(s-s_i))\, y''_{i+1} \\ &\quad + h(s_{i+1}-s)\, y'''_i - h(s-s_i)\, y'''_{i+1}\}, \end{aligned} \tag{4.10}$$

$$H_i(s, t) := K_i(s, t) - \psi_i(s, t) := K_i(s, t) - \frac{(s_{i+1}-s)(s-s_i)}{12\,h} \times \{(s_{i+1}-s)(s_{i+1}-t) + (s-s_i)(t-s_i)\}. \tag{4.11}$$

Bei der Abschätzung des Interpolationsfehlers von (4.9) ist zu beachten, daß $H_i(s, t)$ nicht mehr wie $K_i(s, t)$ einheitliches Vorzeichen in I_i besitzt. Eine grobe Abschätzung[1]) ist wegen $\psi_i(s, t) \geqq 0$ für $s \in I_i$ in der Form

$$\int_{s_i}^{s_{i+1}} |H_i(s, t)|\, dt \leqq \int_{s_i}^{s_{i+1}} (K_i(s, t) + \psi_i(s, t))\, dt \leqq \frac{3}{128} h^4$$

möglich, d. h.

$$\max_{s\in I_i} |y(s) - y_{2i}(s)| \leqq \frac{3}{128} h^4 \max_{t\in I_i} |y^{(4)}(t)|. \tag{4.12}$$

---

[1]) Eine Berechnung von $\int_{s_i}^{s_{i+1}} |H_i(s, t)|\, dt$ ist nicht gelungen, da die Nullstellen des Integranden nicht explizit angegeben werden konnten.

Eine genauere Abschätzung kann z. B. unter Einbeziehung von $y^{(5)}$ angegeben werden:

$$\int\limits_{s_i}^{s_{i+1}} H_i(s,t)\, y^{(4)}(t)\, dt$$

$$= y^{(4)}(\xi_1) \int\limits_{s_i}^{s_{i+1}} K_i(s,t)\, dt - y^{(4)}(\xi_2) \int\limits_{s_i}^{s_{i+1}} \psi_i(s,t)\, dt$$

$$= y^{(4)}(\xi_1) \left[\int\limits_{s_i}^{s_{i+1}} K_i(s,t)\, dt - \int\limits_{s_i}^{s_{i+1}} \psi_i(s,t)\, dt \right]$$

$$- \left(y^{(4)}(\xi_2) - y^{(4)}(\xi_1)\right) \int\limits_{s_i}^{s_{i+1}} \psi_i(s,t)\, dt$$

$$= y^{(4)}(\xi_1) \frac{(s-s_i)^2 (s_{i+1}-s)^2}{24} - y^{(5)}(\xi_3) \frac{h^2}{24} (s-s_i)(s_{i+1}-s)(\xi_2-\xi_1)$$

$$(\xi_1, \xi_2, \xi_3 \in I_i);$$

daraus erhält man

$$\max_{s \in I_i} | y(s) - y_{2i}(s) | \leqq \frac{h^4}{384} \max_{t \in I_i} | y^{(4)}(t) | + \frac{h^5}{96} \max_{t \in I_i} | y^{(5)}(t) |. \tag{4.13}$$

Aus (4.9) folgen nun nach Differentiation unmittelbar die Mehrstellenformeln (4.2) mit den zugehörigen Restgliedern $(H_i'(s,t) := \partial H_i(s,t)/\partial s)$:

$$y'(s_i) = \frac{y_{i+1} - y_i}{h} - \frac{h}{12}(5 y_i'' + y_{i+1}'' + h\, y_i''') + \int\limits_{s_i}^{s_{i+1}} H_i'(s_i, t)\, y^{(4)}(t)\, dt, \tag{4.14a}$$

$$y'(s_{i+1}) = \frac{y_{i+1} - y_i}{h} + \frac{h}{12}(y_i'' + 5 y_{i+1}'' - h\, y_{i+1}''') + \int\limits_{s_i}^{s_{i+1}} H_i'(s_{i+1}, t)\, y^{(4)}(t)\, dt \tag{4.14b}$$

Hieraus ergibt sich, wenn in Gleichung (4.14b) i durch $i-1$ ersetzt und wieder Stetigkeit von y' für $s = s_i$ gefordert wird, die Mehrstellenformel (4.1) mit Restglied:

$$D^2 y_i = B y_i'' + \frac{1}{h} \left(\int\limits_{s_{i-1}}^{s_i} H_{i-1}'(s_i, t)\, y^{(4)}(t)\, dt - \int\limits_{s_i}^{s_{i+1}} H_i'(s_i, t)\, y^{(4)}(t)\, dt \right). \tag{4.15}$$

Bezeichnen wie im vorigen Abschnitt $x(s)$, $\tilde{x}(s)$ die Lösung von (1.1), so genügen also $x(s_i) = x_i$ und $\tilde{x}(s_i) = \tilde{x}_i$ $(i = 0\,(1)\,n)$ den Differenzengleichungen

$$\left.\begin{aligned} &D^2 x_i = B f(s_i, x_i, \tilde{x}_i) + R_i(x, \tilde{x}), \quad i = 1\,(1)\,n-1, \\ &U_1[x, \tilde{x}] = A_1, \quad U_2[x, \tilde{x}] = A_2, \end{aligned}\right\} \tag{4.16}$$

$$\left.\begin{aligned} \tilde{x}_i &= \frac{x_{i+1}-x_i}{h} - \frac{h}{12}\{5f(s_i, x_i, \tilde{x}_i) + f(s_{i+1}, x_{i+1}, \tilde{x}_{i+1}) \\ &\quad + h f'(s_i, x_i, \tilde{x}_i)\} + \tilde{R}_i(x, \tilde{x})^{1)}, \quad i = 0\,(1)\,n-1, \\ \tilde{x}_i &= \frac{x_i - x_{i-1}}{h} + \frac{h}{12}\{f(s_{i-1}, x_{i-1}, \tilde{x}_{i-1}) + 5f(s_i, x_i, \tilde{x}_i) \\ &\quad - h f'(s_i, x_i, \tilde{x}_i)\} + \tilde{R}^*_{i-1}(x, x), \quad i = 1\,(1)\,n. \end{aligned}\right\} \tag{4.17}$$

Dabei bedeuten

$$\left.\begin{aligned} R_i(y, \tilde{y}) &:= \frac{1}{h}\left\{\int_{s_{i-1}}^{s_i} H'_{i-1}(s_i, t)\, f''(t, y(t), \tilde{y}(t))\, dt \right. \\ &\qquad \left. - \int_{s_i}^{s_{i+1}} H'_i(s_i, t)\, f''(t, y(t), \tilde{y}(t))\, dt\right\}, \\ \tilde{R}_i(y, \tilde{y}) &:= \int_{s_i}^{s_{i+1}} H'_i(s_i, t)\, f''(t, y(t), \tilde{y}(t))\, dt, \\ \tilde{R}^*_i(y, \tilde{y}) &:= \int_{s_i}^{s_{i+1}} H'_i(s_{i+1}, t)\, f''(t, y(t), \tilde{y}(t))\, dt, \end{aligned}\right\} \tag{4.18}$$

und nach elementarer Rechnung bestätigt man die Abschätzungen

$$\left.\begin{aligned} |R_i(y, \tilde{y})| &\leqq \frac{h^3}{180}\,|f'''(s_i, y_i, \tilde{y}_i)^+ - f'''(s_i, y_i, \tilde{y}_i)^-| \\ &\quad + \frac{29 - 16\sqrt{2}}{2\,880}\, h^4 \Big(\max_{s \in I_{i-1}} |f^{(4)}(s, y, \tilde{y})| \\ &\qquad + \max_{s \in I_i} |f^{(4)}(s, y, \tilde{y})| \Big), \\ |\tilde{R}_i(y, \tilde{y})| &\leqq \frac{11 - 4\sqrt{2}}{720}\, h^4 \max_{s \in I_i} |f'''(s, y, \tilde{y})|, \\ |\tilde{R}^*_i(y, \tilde{y})| &\leqq \frac{11 - 4\sqrt{2}}{720}\, h^4 \max_{s \in I_i} |f'''(s, y, \tilde{y})|. \end{aligned}\right\} \tag{4.19}$$

Nach Anwendung des Hilfssatzes aus Abschnitt 2 auf (4.16) und linearer Interpolation der x_i (analog zu Formel (3.15)) ergibt sich bei Beachtung von (4.10) für $x(s)$ die Darstellung

$$\begin{aligned} x(s) &= g(s) + \sum_{k=0}^{n} h\, G(s, t_k)\,(B f(s_k, x_k, \tilde{x}_k) + R_k(x, \tilde{x})) \\ &\quad - \chi_i(x, \tilde{x}) + \int_{s_i}^{s_{i+1}} H_i(s, t)\, f''(t, x, \tilde{x})\, dt \end{aligned} \tag{4.20}$$

---

[1]) Es bedeutet wieder $f^{(r)}(s, y(s), \tilde{y}(s)) := \frac{d^r}{ds^r} f(s, y(s), \tilde{y}(s))$.

mit

$$\chi_i(y,\tilde{y}) := \frac{(s_{i+1}-s)(s-s_i)}{12\,h}\{(h+4(s_{i+1}-s))\,f(s_i,y_i,\tilde{y}_i)$$
$$+(h+4(s-s_i))\,f(s_{i+1},y_{i+1},\tilde{y}_{i+1})+h(s_{i+1}-s)\,f'(s_i,y_i,\tilde{y}_i)$$
$$-h(s-s_i)\,f'(s_{i+1},y_{i+1},\tilde{y}_{i+1})\}.$$

Um das Auftreten der ersten Ableitung von f in der Interpolationsformel für die Ableitung $\tilde{x}$ zu vermeiden, wird $\tilde{x}$ zweckmäßig durch die übliche hermitesche Interpolation von Funktions- und ersten Ableitungswerten bei s_i, s_{i+1} beschrieben (vgl. etwa [7]; $\tilde{x}^{(4)}(t)=f'''(t,x(t),\tilde{x}(t))$):

$$\tilde{x}(s) = A_i(s)\,\tilde{x}_i + A_i^*(s)\,\tilde{x}_{i+1} + B_i(s)\,f(s_i,x_i,\tilde{x}_i)$$
$$+ B_i^*(s)\,f(s_{i+1},x_{i+1},\tilde{x}_{i+1}) + \int_{s_i}^{s_{i+1}} \tilde{K}_i(s,t)\,f'''(t,x,\tilde{x})\,dt. \tag{4.21}$$

Dabei bedeuten

$$A_i(s) := \left\{1+\frac{2(s-s_i)}{h}\right\}\frac{(s_{i+1}-s)^2}{h^2},\quad A_i^*(s) := \left\{1+\frac{2(s_{i+1}-s)}{h}\right\}\frac{(s-s_i)^2}{h^2},$$
$$B_i(s) := \frac{(s-s_i)(s_{i+1}-s)^2}{h^2},\quad B_i^*(s) := -\frac{(s_{i+1}-s)(s-s_i)^2}{h^2}.$$

$\tilde{K}_i(s,t)$ ist die Greensche Funktion zu $x^{(4)}$, $x(s_i)$, $x(s_{i+1})$, $x'(s_i)$, $x'(s_{i+1})$. Es gilt

$$\int_{s_i}^{s_{i+1}} |\tilde{K}_i(s,t)|\,dt = \frac{1}{24}(s-s_i)^2(s_{i+1}-s)^2 \leqq \frac{h^4}{384}.$$

Nunmehr sind durch die rechten Seiten von (4.20) und (4.21) die Komponenten T, $\tilde{T}$ von $\mathfrak{T}$ im Intervall I_i in einer für das Mehrstellenverfahren geeigneten Weise dargestellt. Die stetigen Funktionen u, $\tilde{u}$, v, $\tilde{v}$ werden wie folgt durch Interpolation der u_i, $\tilde{u}_i$ im Intervall I_i eingeführt:

$$\left.\begin{aligned}
u(s) &= u_i(s) - \chi_i(u,\tilde{u}),\\
\tilde{u}(s) &= A_i(s)\,\tilde{u}_i + A_i^*(s)\,\tilde{u}_{i+1} + B_i(s)\,f_i + B_i^*(s)\,f_{i+1},\\
v(s) &= u(s) + \int_{s_i}^{s_{i+1}} H_i(s,t)\,f''(t,u,\tilde{u})\,dt,\\
\tilde{v}(s) &= A_i(s)\,\tilde{v}_i + A_i^*(s)\,\tilde{v}_{i+1} + B_i(s)\,f_i + B_i^*(s)\,f_{i+1}\\
&\quad + \int_{s_i}^{s_{i+1}} \tilde{K}_i(s,t)\,f'''(t,u,\tilde{u})\,dt.
\end{aligned}\right\} \tag{4.22}$$

Dabei gilt insbesondere $u'(s_i)=\tilde{u}_i$, $\tilde{u}'(s_i)=f_i$ (vgl. die Fußnote 1 auf S. 146).

Es folgt, wenn noch $u_i(s) = g(s) + \sum_{k=0}^{n} h\,G(s,t_k)\,B\,f_k$ beachtet wird,

$$\left.\begin{aligned}
T(u,\tilde{u}) - v &= \sum_{k=0}^{n} h\,G(s,t_k)\,R_k(u,\tilde{u}),\\
\tilde{T}(u,\tilde{u}) - \tilde{v} &= A_i(s)\,\tilde{R}_i(u,\tilde{u}) + A_i^*(s)\,\tilde{R}_i^*(u,\tilde{u}).
\end{aligned}\right\} \tag{4.23}$$

Mit den analog zu (3.21) erklärten Größen $d_i^{(r)}$ werden folgende Konstanten zur Abschätzung des Defektes $\mathfrak{w}$ eingeführt:

$$\left.\begin{aligned}
&| f'''(s_i, u_i, \tilde{u}_i)^+ - f'''(s_i, u_i, \tilde{u}_i)^- | =: h c_i{}^{1)}, \quad && i = 1\,(1)\,n-1,\\
&d_i := \begin{cases} \dfrac{11 - 4\sqrt{2}}{720\,h}\, d_0^{(3)}, & i = 0,\\[2mm] \dfrac{1}{180}\, c_i + \dfrac{29 - 16\sqrt{2}}{2880}\,(d_{i-1}^{(4)} + d_i^{(4)}), & i = 1\,(1)\,n-1,\\[2mm] \dfrac{11 - 4\sqrt{2}}{720\,h}\, d_{n-1}^{(3)}, & i = n,\end{cases}\\
&\tilde{d}_i := \frac{11 - 4\sqrt{2}}{720\,h}\, d_i^{(3)}, && i = 0\,(1)\,n-1.
\end{aligned}\right\} \tag{4.24}$$

Dann gilt wegen (4.18)

$$\| \mathfrak{w} \| \leqq \left(h^4 \max_{i=0(1)n} \sum_{k=0}^{n} h\, | G(s_i, t_k) |\, d_k,\; h^4 \max_{i=0(1)n-1} \tilde{d}_i \right). \tag{4.25}$$

Außerdem erhält man:

$$\| \mathfrak{u} - \mathfrak{v} \| \leqq \left(\max_{i=0(1)n-1} \left\{ \frac{h^4}{384}\, d_i^{(2)} + \frac{h^5}{96}\, d_i^{(3)} \right\},\; \frac{h^4}{384} \max_{i=0(1)n-1} d_i^{(3)} \right). \tag{4.26}$$

Damit stehen wiederum alle für den Vergleichssatz benötigten Größen zur Verfügung, und die aus dem Mehrstellenverfahren (4.1) gewonnenen Näherungen können gegen die Lösung von (1.1) durch (2.4) abgeschätzt werden. Eine zu (3.24) analoge Funktion $\mathfrak{v}^{(1)}$ kann man auch hier durch Approximation der Integralterme in (4.22) erhalten, dies soll aber im einzelnen nicht mehr angegeben werden.

Die Zusammenfassung des vorigen Abschnitts kann sinngemäß übernommen werden.

5. Beispiele

Es soll lediglich auf zwei Beispiele eingegangen werden, die schon in [7] bzw. [9] angeführt sind, um die Ergebnisse der hier beschriebenen Abschätzung mit den früheren Varianten vergleichen zu können. Das erste Beispiel ist dabei so gewählt, daß die Lösung der Randwertaufgabe bekannt ist, um die Schranken außerdem mit den tatsächlichen Fehlern vergleichen zu können.

---

1) Es gelten zu Fußnote 1 auf S. 143 analoge Aussagen.

5.1. Die Randwertaufgabe (vgl. [7])

$$x'' = -x + (1-s)\,s, \quad x(0) = x(1) = 0$$

besitzt die Lösung

$$x(s) = -1.092604 \sin s - 2\cos s + (1-s)\,s + 2.$$

Das gewöhnliche Differenzenverfahren (3.1) ergibt bei der Schrittweite $h = 1/8$ die in Tabelle 1 angegebenen Näherungen $u_i = v_i$, $\tilde{u}_i = \tilde{v}_i$. Nach geringerem Rechenaufwand als in [7] erhält man hier die Fehlerschranke

$$(|x_i - u_i|, |x_i' - \tilde{u}_i|) \leqq (0.000532, 0.003392).$$

Tabelle 1

i	$u_i = u_{8-i}$	$\tilde{u}_i = -\tilde{u}_{8-i}$
0	0	− 0.091314
1	− 0.011414	− 0.083765
2	− 0.020941	− 0.063188
3	− 0.027211	− 0.033811
4	− 0.029394	0

Mit $u^{(1)}(s) = v^{(1)}(s)$ ergibt (3.25)

$$\|\mathfrak{x} - \mathfrak{u}^{(1)}\| \leqq (0.000539, 0.003392).$$

Der tatsächliche Fehler beträgt

$$\|\mathfrak{x} - \mathfrak{u}\| = \|\mathfrak{x} - \mathfrak{u}^{(1)}\| = (|x(0.5) - u_4|, |x'(0) - \tilde{u}_0|)$$
$$= (0.000406, 0.001291).$$

Als günstigste Schranke ist in [7] bei kubischer Interpolation der u_i, $\tilde{u}_i$ der Wert (0.000996, 0.003355) angegeben.

Das Mehrstellenverfahren (4.1) führt bei $h = 1/3$ auf die in Tabelle 2 angegebenen Näherungen. Die Abschätzung nach Abschnitt 4 ergibt die Schranke

$$(|x_i - u_i|, |x_i' - \tilde{u}_i|) \leqq \|\mathfrak{x} - \mathfrak{u}\| \leqq (0.0000151, 0.0000623)$$

Tabelle 2

i	$u_i = u_{3-i}$	$\tilde{u}_i = \tilde{u}_{3-i}$
0	0	− 0.092591
1	− 0.025200	− 0.044738

für den tatsächlichen Fehler

$$(\max_{i=0(1)n} |x_i - u_i|, \max_{i=0(1)n} |x_i' - \tilde{u}_i|) = (0.0000142, 0.0000145).$$

In [7] wurde nach aufwendigerer Rechnung für die durch kubische Interpolation der Funktions- und Ableitungswerte erklärte Funktion $\mathfrak{u}$ die Schranke

$\|\mathfrak{x} - \mathfrak{u}\| \leqq (0.0001062, 0.0001114)$ erhalten, die für die erste Komponente das 1.8-fache, für die zweite Komponente das 3.4-fache des tatsächlichen Fehlers angibt.

5.2. In [8] sind für die Randwertaufgabe

$$x'' = 2\,x^2, \quad x(0) = 0, \quad x(1) = 1$$

Tabelle 3

	Lineare Majorante	Quadratische Majorante
$\mid x(s) - v^{(1)}(s) \mid \leqq$	0.0160	0.0072
$\mid x_i - u_i \mid \leqq$	0.0158	0.0071
$\mid x(s) - u(s) \mid$ (nach [9]) $\leqq$	0.0207	0.0134

die nach dem gewöhnlichen Differenzenverfahren für die Schrittweite $h = 1/5$ erhaltenen Näherungen angegeben. Die Ergebnisse der Fehlerabschätzung nach Abschnitt 3 sind in Tabelle 3 zusammengefaßt. Als lineare Majorante wurde mit $\mathfrak{D} = \{\mathfrak{y} \in C : \|\mathfrak{y}\| \leqq 1{,}02\}$ die Zahl $\mathfrak{P} = P = 0.51$ bestimmt. Die quadratische Majorante wurde aus [7] bzw. [9] übernommen. Zum Vergleich sind die besten in [9] erhaltenen Ergebnisse ebenfalls in Tabelle 3 angegeben, u ist dabei die stückweise lineare Interpolationsfunktion.

Das Mehrstellenverfahren (4.1) führt auf die in Tabelle 4 gegebenen Differenzennäherungen u_i, $\tilde{u}_i$. Da in die nunmehr zu verwendende kubische

Tabelle 4

i	u_i	$\tilde{u}_i$
0	0	0.864347
1	0.173069	0.868334
2	0.348947	0.896512
3	0.535051	0.975335
4	0.744750	1.139165
5	1	1.442176

Interpolation die Größen f_i' und damit die $\tilde{u}_i$ eingehen, kann hier also nicht wie bei dem gewöhnlichen Differenzenverfahren auf die Berechnung der $\tilde{u}_i$ verzichtet werden. Die Fehlerabschätzung nach Abschnitt 4 ergibt mit dem in [7] verwendeten Operator $\mathfrak{P}$ die Schranke

$$(\mid x_i - u_i \mid, \; \mid x_i' - \tilde{u}_i \mid \leqq \|\mathfrak{x} - \mathfrak{o}\| \leqq (0.000354, 0.000641).$$

Die hier erklärte Funktion $\mathfrak{V}$ stimmt mit $\mathfrak{v}$ aus [7] nur — abgesehen von einem geringfügigen Unterschied durch die iterative Lösung des Differenzengleichungssystems in [7] — in den Stützstellen überein. Daher ist ein echter Vergleich mit der in [7] gegebenen Schranke $\|\mathfrak{x} - \mathfrak{v}\| \leqq (0.0002728, 0.0009857)$, die für die erste Komponente günstiger ist, nicht möglich.

Literatur

[1] Babuška, I., M. Prager and E. Vitásek, Numerical processes in differential equations. Publishers of Technical Literature, Prague 1966.

[2] Березин, И. С., и Н. П. Жидков, Метод вычислений II. Физматгиз, Москва 1962.

[3] Приказчиков, В. Г., Однородные разностные схемы высокого порядка точности для задачи Штурма-Лиувилля. Ж. вычисл. мат. мат. физ. 9 (1966), 315–336.

[4] Rose, M. E., Finite difference schemes for differential equations. Math. of Comput. 18 (1964), 179–195.

[5] Самарский, А. А., Лекции по теории разности схем. Наука, Москва 1969.

[6] Schmidt, J. W., Fehlerabschätzungen und Konvergenzbetrachtungen zum gewöhnlichen Differenzenverfahren und zum Mehrstellenverfahren. Habilitationsschrift, TU Dresden 1963.

[7] Schmidt, J. W., Defektabschätzungen bei Differenzenverfahren. ZAMM 46 (1966), 17–30.

[8] Schmidt, J. W., und H. Schönheinz, Fehlerschranken zum Differenzenverfahren unter ausschließlicher Benutzung verfügbarer Größen. Arch. Rat. Mech. Anal. 10 (1962), 311–322.

[9] Schmidt, J. W., und H. Schönheinz, Fehlerschranken für die genäherte Lösung von Rand- und Eigenwertaufgaben bei gewöhnlichen Differentialgleichungen durch Differenzenverfahren. ISNM 9 (1968), 125–140.

[10] Schönheinz, H., Differenzenverfahren und Fehlerabschätzungen bei gewöhnlichen Differentialgleichungen 2. Ordnung. Dissertation Dresden 1966.

[11] Schönheinz, H., Eigenwerteinschließung bei gewöhnlichen Differentialgleichungen über ein Differenzenverfahren. ZAMM 49 (1969), 141–150.

[12] Schröder, J., Über das Differenzenverfahren bei nichtlinearen Randwertaufgaben. ZAMM 36 (1956), 319–331, 443–455.

[13] Тихонов А. Н., и А. А. Самарский, Об однородных разностных схемах. Ж. вычисл. мат. мат. физ. 1 (1961), 5–63.

Manuskripteingang: 15. 6. 1971

Verfasser:
Dr. rer. nat. Hartmut Schönheinz, Sektion Mathematik der Technischen Universität Dresden

Beiträge zur Numerischen Mathematik
1 (1974), 157–165

Ein neues Differenzenschemaverfahren zur Lösung von Anfangswertaufgaben gewöhnlicher Differentialgleichungen

KARL STREHMEL

Einleitung

Für die numerische Berechnung von Anfangswertaufgaben gewöhnlicher Differentialgleichungen sind die Verfahren von RUNGE-KUTTA und ADAMS die bekanntesten. Ehe jedoch der erste Schritt nach dem Adamsschen Extrapolationsverfahren gerechnet werden kann, müssen die Werte der Lösungsfunktion in $p + 1$ ($p \geqq 1$) zusätzlichen Punkten ermittelt worden sein, da das Verfahren auf diese Werte aufbaut. Es liefert bekanntlich die exakte Lösung der gewöhnlichen expliziten Differentialgleichung erster Ordnung $y' = f(x, y)$, wenn $f(x, y)$ die Gestalt

$$f(x, y) = \sum_{\nu=0}^{p} d_\nu (x - x_\nu)^\nu$$

hat, mit beliebigen reellen Koeffizienten d_ν.

Das in der vorliegenden Arbeit betrachtete Extrapolationsverfahren für eine gewöhnliche Differentialgleichung erster Ordnung liefert wesentlich mehr, denn es gibt sogar noch die exakte Lösung an, wenn

$$f(x, y) = ay + \sum_{\nu=0}^{p} d_\nu (x - x_p)^\nu$$

gilt, mit beliebigen Koeffizienten a und d_ν. Dabei muß allerdings vorausgesetzt werden, daß für jeden Integrationsschritt neben $f(x, y)$ auch $\frac{\partial f(x, y)}{\partial y}$ numerisch berechenbar ist, was im allgemeinen in allen Anwendungsfällen gewährleistet ist. Die Genauigkeitsordnung ist die gleiche wie beim Adams-Verfahren. Beispiele zeigen im allgemeinen jedoch eine größere Genauigkeit bei größerer Schrittweite. Dieser Vorteil wird allerdings durch einen höheren Rechenaufwand erkauft.

Das Verfahren läßt sich sowohl auf Anfangswertprobleme gewöhnlicher Differentialgleichungen höherer Ordnung als auch auf Systeme erster Ordnung übertragen. Dies soll jedoch in einer anderen Arbeit dargestellt werden.

1. Beschreibung des Verfahrens

Für die gewöhnliche Differentialgleichung erster Ordnung

$$y' = f(x, y) \tag{1.1}$$

seien außer der Anfangsbedingung

$$y(x_0) = y_0 \tag{1.2}$$

in den äquidistanten Punkten $x_1, x_2, \ldots, x_p$ mit der Schrittweite $h = x_{i+1} - x_i$ die Werte $y_1, y_2, \ldots, y_p$ (Anfangsstück) nach irgendeinem numerischen Verfahren (z. B. mittels des Runge-Kutta-Verfahrens) berechnet.

Für die Bestimmung des Näherungswertes y_{p+1} in dem folgenden Punkt x_{p+1} wird die Funktion $f(x, y)$ durch

$$f(x, y) = a_p\, y + P(x) \tag{1.3}$$

approximiert, wobei die Konstante a_p durch die Beziehung

$$a_p = \frac{\partial f(x_p, y_p)}{\partial y} \tag{1.4}$$

definiert und $P(x)$ das Newtonsche Interpolationspolynom ist, das in den Punkten x_i $(i = 0, 1, \ldots, p)$ die Werte

$$\bar{f}(x_i, y_i) = f(x_i, y_i) - a_p\, y_i \tag{1.5}$$

annimmt. Dieses Polynom hat in „rückwärts genommenen Differenzen“ geschrieben, bekanntlich die Form

$$P(t) = \bar{f}_p + t \nabla \bar{f}_p + \frac{t(t+1)}{2} \nabla^2 \bar{f}_p + \cdots + \frac{t(t+1)\cdots(t+p-1)}{p!} \nabla^p \bar{f}_p, \tag{1.6}$$

wobei

$$\nabla \bar{f}_p = \bar{f}_p - \bar{f}_{p-1}, \quad \nabla^k \bar{f}_p = \nabla^{k-1} \bar{f}_p - \nabla^{k-1} \bar{f}_{p-1} \quad (k = 2, 3, \ldots, p),$$

$$t = \frac{1}{h}(x - x_p)$$

ist. Damit folgt aus (1.1) auf Grund von (1.3), (1.5) und (1.6) die Näherungsbeziehung

$$\frac{dy}{dt} = a_p h y + h P(t). \tag{1.7}$$

Die Lösung dieser linearen Differentialgleichung durch den Punkt $x = x_p$ $(t = 0)$ ist durch

$$y(t) = \exp(a_p h t) \left[y_p + h \int_0^t P(t) \exp(-a_p h t)\, dt \right] \tag{1.8}$$

gegeben. Schreibt man das Newtonsche Interpolationspolynom (1.6) nun in der Form

$$P(t) = \bar{f}_p + \sum_{\nu=1}^{p} b_\nu t^\nu, \tag{1.9}$$

wobei die Koeffizienten b_ν durch

$$b_\nu = \sum_{j=\nu}^{p} \frac{1}{j!} \nabla^j \bar{f}_p z_{\nu j} \tag{1.10}$$

mit

und

$$\left.\begin{aligned} z_{\nu j} &= z_{\nu-1 j-1} + (j-1) z_{\nu j-1} \\ z_{\nu j} &= \begin{cases} 1 & \text{für} \quad \nu = j = 0, \\ 0 & \text{für} \quad \nu = 0, \; j > 0 \\ 0 & \text{für} \quad j < \nu \end{cases} \end{aligned}\right\} \tag{1.11}$$

bestimmt sind, so erhält man aus (1.8) für die Näherungslösung der Differentialgleichung (1.1) im Punkt x_{p+1}

$$y_{p+1} = y_p \exp(a_p h) + h \left[\bar{f}_p e_1(a_p h) + \sum_{\nu=1}^{p} b_\nu e_{\nu+1}(a_p h) \right]. \tag{1.12}$$

Dabei ist

$$e_1(a_p h) = [\exp(a_p h) - 1]/(a_p h),$$

und die Funktionen $e_\nu(a_p h)$ für $\nu > 1$ ergeben sich aus der Rekursionsformel

$$e_{\nu+1}(a_p h) = [\nu e_\nu(a_p h) - 1]/(a_p h) \tag{1.13}$$

(vgl. [1]). Damit ist die Berechnung der Funktionen $e_\nu(a_p h)$ durch Prozeduren leicht möglich. Im Fall $|a_p h| \to 0$ empfiehlt es sich allerdings, um einen Genauigkeitsverlust bei der Division durch $a_p h$ in (1.13) zu vermeiden, die Berechnung der Funktion $e_{p+1}(a_p h)$ mittels der beständig konvergenten Potenzreihe

$$e_{p+1}(a_p h) = p! \sum_{\nu=0}^{\infty} \frac{(a_p h)^\nu}{(\nu + p + 1)!} \tag{1.14}$$

durchzuführen. Die Funktionen $e_\nu(a_p h)$ $(\nu = 1, 2, \ldots, p)$ ergeben sich dann aus der Rekursionsformel (1.13) (vgl. Abschnitt 3).

Aus (1.12) ergibt sich speziell für $p = 3$ die Rechenvorschrift

$$\begin{aligned} J_{p+1} = J_p \exp(a_p h) + h \Big[\bar{f}_p e_1(a_p h) &+ \left(\nabla \bar{f}_p + \frac{1}{2} \nabla^2 \bar{f}_p + \frac{1}{3} \nabla^3 \bar{f}_p \right) e_2(a_p h) \\ &+ \frac{1}{2} (\nabla^2 \bar{f}_p + \nabla^3 \bar{f}_p) e_3(a_p h) + \frac{1}{6} \nabla^3 \bar{f}_p e_4(a_p h) \Big], \end{aligned} \tag{1.15}$$

die für $a_p = 0$ in das bekannte Adamssche Extrapolationsverfahren übergeht (vgl. [2, 3]).

2. Rekursive Fehlerabschätzung

Zur Fehlerabschätzung der Näherungslösung (1.12) wird vorausgesetzt, daß im Integrationsbereich die Funktion $f(x, y)$ stetig ist, und außerdem gelte

$$\left.\begin{aligned} &\left|\frac{\partial f(x,y)}{\partial y}\right| \leqq K, \qquad |f(x,y) - f_y(x,y)\,y| \leqq L, \\ &\left|\frac{d^i f(x,y)}{dx^i}\right| \leqq N_i \quad \text{für} \quad i = 1, 2, \ldots, p+1, \end{aligned}\right\} \tag{2.1}$$

wobei K, L und N_i Konstanten sind.

Die exakte Lösung von (1.1) im Punkt x_{p+1} läßt sich dann mit

$$\begin{aligned} P_{\text{ex}} &= \tilde{f}(x_p, y(x_p)) + t \nabla \tilde{f}(x_p, y(x_p)) + \cdots \\ &\quad + \frac{t(t+1)\cdots(t+p-1)}{p!} \nabla^p \tilde{f}(x_p, y(x_p)) + R_p, \end{aligned} \tag{2.2}$$

wobei das Restglied R_p die Ungleichung

$$|R_p| \leqq \frac{t(t+1)\cdots(t+p)}{(p+1)} h^{p+1} \sup_{x \in [x_0, x_p]} |\tilde{f}^{p+1}(x, y(x))| \tag{2.3}$$

erfüllt, in der Form

$$\begin{aligned} y(x_{p+1}) &= \exp(\bar{a}_p h) \left[y(x_p) + h \int_0^1 (P_{\text{ex}}(t) - R_p) \exp(-\bar{a}_p h t)\, dt \right] + R_p^*, \\ \bar{a}_p &= \frac{\partial f(x_p, y(x_p))}{\partial y}, \end{aligned} \tag{2.4}$$

darstellen. Dabei ist

$$R_p^* = \exp(\bar{a}_p h)\, h \int_0^1 R_p \exp(-\bar{a}_p h t)\, dt. \tag{2.5}$$

Mit (2.1) und (2.3) ergibt sich für R_p^* die Abschätzung

$$|R_p^*| \leqq \exp(\bar{a}_p h)\, h^{p+2} \alpha_p [N_{p+1} + K N_p], \tag{2.6}$$

wobei zur Abkürzung

$$\alpha_p = \int_0^1 \frac{t(t+1)(t+2)\cdots(t+p)}{(p+1)!} \exp(-\bar{a}_p h t)\, dt$$

gesetzt wurde. Wendet man den zweiten Mittelwertsatz der Integralrechnung an, so folgt

$$|R_p^*| \leqq \exp(Kh) \cdot h^{p+2} [N_{p+1} + K N_p] \int_0^1 \frac{t(t+1)\cdots(t+p)}{(p+1)!}\, dt. \tag{2.7}$$

Für den Fehler

$$\varepsilon_p = y(x_p) - y_p \tag{2.8}$$

ergibt sich mit (1.12) und (2.4), wenn man das Polynom P_{ex} in der Gestalt

$$P_{\text{ex}} = \bar{f}(x_p, y(x_p)) + \sum_{\nu=1}^{p} \bar{b}_\nu t^\nu + R_p \tag{2.9}$$

schreibt, die Beziehung

$$\varepsilon_{p+1} = \varepsilon_p + h[f(x_p, y(x_p))\, e_1(\bar{a}_p h) - f(x_p, y_p)\, e_1(a_p h)] + h\, l + R_p^*, \tag{2.10}$$

wobei zur Abkürzung

$$l = \sum_{\nu=1}^{p} \bar{b}_\nu\, e_{\nu+1}(\bar{a}_p h) - b_\nu\, e_{\nu+1}(a_p h) \tag{2.11}$$

gesetzt wurde. Ordnet man die Koeffizienten b_ν bzw. $\bar{b}_\nu$ nach den Funktionswerten $\bar{f}(x_i, y_i)$ bzw. $\bar{f}(x_i, y(x_i))$,

$$b_\nu = \sum_{i=0}^{p} c_{\nu i}^p \bar{f}(x_i, y_i), \quad \bar{b}_\nu = \sum_{i=0}^{p} c_{\nu i}^p \bar{f}(x_i, y(x_i)), \tag{2.12}$$

so folgt

$$\begin{aligned} l = \sum_{\nu=1}^{p} \sum_{i=0}^{p} c_{\nu i}^p \{ & e_{\nu+1}(\bar{a}_p h)\, [f(x_i, y(x_i)) - f(x_i, y_i) - \bar{a}_p (y(x_i) - y_i)] \\ & + [f(x_i, y_i) - \bar{a}_p y_i]\, e_{\nu+1}(\bar{a}_p h) \\ & - [f(x_i, y_i) - a_p y_i]\, e_{\nu+1}(a_p h)\}, \end{aligned} \tag{2.13}$$

und daraus ergibt sich mit (2.1) für l die Abschätzung

$$|l| \leqq 2 \sum_{\nu=1}^{p} \sum_{i=0}^{p} |c_{\nu i}^p|\, e_{\nu+1}(Kh)\, [K|\varepsilon_i| + L]. \tag{2.14}$$

Nach (2.10) erhält man wegen $|f(x, y)| \leqq M$ und mit (2.1) und (2.13) die folgende rekursive Fehlerabschätzung:

$$|\varepsilon_{p+1}| \leqq |\varepsilon_p|\, [1 + hKe_1(Kh)] + 2\,h \cdot Me_1(Kh) + hC + |R_p^*|,$$

wobei die Konstante C gleich der rechten Seite der Ungleichung (2.14) ist.

Ist speziell

$$\varepsilon_0 = \varepsilon_1 = \cdots = \varepsilon_p = 0,$$

d. h., sind die vorangehenden Punkte fehlerfrei, so folgt aus (2.10) mit (2.13)

$$\varepsilon_{p+1} = R_p^*.$$

Die Fehlerschranke für den Näherungswert y_{p+1} hat nach (2.7) demzufolge die Größenordnung h^{p+2}.

3. ALGOL-Programm

Das folgende ALGOL-Programm gibt eine Möglichkeit zur Realisierung des beschriebenen neuen Verfahrens an. Sein Name NEV soll an „Neues Extrapolationsverfahren" erinnern.

```
procedure NEV(x, y, f, fi, xe, ye, fe, FK, FKy);
        array x, y, f;
        Boolean fi;
        real procedure FK, FKy;
        real xe, ye, fe;
        comment NEV fuehrt einen Integrationsschritt mit den Anfangs-
werten x[i], y[i] und f[i] (i = 0, 1, 2, 3) aus, das die Ergebnisparameter
xe = x[3] + H, ye, fe liefert. Wird der logischen Variablen fi beim Eintritt
in das Programm der Wert false zugewiesen, so liegen an den aequidistanten
Stuetzstellen x[i] die Funktionswerte f[i] vor, im anderen Fall werden sie im
Programm berechnet. Wenn die Funktion y(x) an mehreren Punkten verfuegbar
sein soll, beginnt der wiederholte Prozeduraufruf stets mit fi = true. Die
Zahlenwerte zur Berechnung der Funktionen e0, e1, e2, e3 und e4 sind für
eine neunziffrige Zahlenlaenge bestimmt;
begin
        real H, m, e0, e1, e2, e3, e4, ap;
        integer i;
        array v[0: 3];
        if fi then
        begin
                for i := 0 step 1 until 3 do
                  f[i] := FK (x[i], y[i]);
        end
        H := x[1] − x[0]; ap := FKy(x[3], y[3]);
        for i := 0 step 1 until 2 do
        v[i] := f[i + 1] − ap × y[i + 1] − f[i] + ap × y[i];
        v[3] := f[3] − ap × y[3];
        v[0] := v[1] − v[0];
        v[1] := v[2] − v[1];
        v[0] := v[1] − v[0]; m := ap × H;
        if abs(m) < .5 then
        begin
                e4 := .25 + m × (.05 + m × (.05/6 + m × (25₁₀ − 3/21
                      + m × (25₁₀ − 3/168 + m × (25₁₀ − 3
                      + m × 25₁₀ − 4)/1512))));
                e3 := 1/3 × (e4 × m + 1); e2 := .5 × (e3 × m + 1);
```

```
        e1:= e2 × m + 1; e0:= e1 × m + 1
    end else
    begin
        e0 := exp(m); e1 := (e0 − 1)/m; e2:= (e1 − 1)/m;
        e3:= (2 × e2 − 1)/m; e4 := (3 × e3 − 1)/m
    end;
    xe:= x[3] + H;
    ye:= y[3] × e0 + H × (v[3] × e1 + (v[2] + 1/2 × v[1]
        + 1/3 × v[0]) × e2 + 1/2 × (v[1] + v[0]) × e3
        + 1/6 × v[0] × e4);
    fe:= FK(xe, ye)
    end NEV
```

4. Numerische Ergebnisse

Es werden einige Beispiele mit explizit bekannter Lösung betrachtet, die alle nach dem gleichen Schema aufgebaut sind. Eine Testdifferentialgleichung $y' = f(x, y)$ wird vom Anfangspunkt $x_0 = 0$, $y_0 = 0$ unter Zugrundelegung verschiedener Anfangsstücke x_i, y_i $(i = 1, 2, 3)$ mit Hilfe der im Abschnitt 3 angegebenen Prozedur bis zu einem Endwert xE integriert. Die Ergebnisse werden mit denen des Adamsschen Extrapolationsverfahrens (AEV) verglichen.

Beispiel 1. $y' = y + \dfrac{1}{\exp(10) - 1}$

Exakte Lösung: $y = \dfrac{\exp(x) - 1}{\exp(10) - 1}$; $xE = 10$, $y(xE) = 1$

h	NEV	AEV
.100000000	$.100000000_{10} + 1$	.999710286
$.100000000_{10} + 1$	$.100000004_{10} + 1$	.629926683
$.200000000_{10} + 1$	.999999997	.425817646

Beispiel 2. $y' = y + \dfrac{x}{\exp(10) - 11}$

Exakte Lösung: $y = \dfrac{\exp(x) - (x + 1)}{\exp(10) - 11}$; $xE = 10$, $y(xE) = 1$

h	NEV	AEV
.100000000	$.100000000_{10} + 1$	.999710155
$.100000000_{10} + 1$	.999999997	.629758559
$.200000000_{10} + 1$	.999999997	.423891341

Beispiel 3. $y' = -0.5y + 1 - 7x + 0.818311457\,x^2$

Exakte Lösung: $y = e_1(-0.5\,x) - 7e_2\,(-0.5\,x)\cdot x^2 + 0.818311457\,e_3\,(-\,0.5\,x)\cdot x^3;$

$xE = 10, \quad y(xE) = 1$

h	NEV	AEV
.100000000	.999999953	.999996634
$.000000000_{10}+1$	.999999917	.442287518
$.200000000_{10}+1$	.999999919	$.330603423_{10}+1$

Beispiel 4. $y' = 0.5\,y + 1 - 0.5\,x + 10^{-4}\,x^2 - 0.879312187\cdot 10^{-3}\,x^3$

Exakte Lösung: $y = e_1(0.5\,x)\,x - 0.5\,e_2\,(0.5\,x)\,x^2 + 10^{-4}\,e_3\,(0.5\,x)\,x^3 - 0.879312187\cdot 10^{-3}\,e_4(0.5\,x)\,x^4$

$xE = 10, \quad y(xE) = 1$

h	NEV	AEV
.100000000	.999999740	$.100011996_{10}+1$
$.100000000_{10}+1$	.999999824	$.141474613_{10}+1$
$.200000000_{10}+1$	.999999943	$.240967540_{10}+1$

Diese vier Beispiele werden, wie zu erwarten war, von dem neuen Extrapolationsverfahren exakt integriert. Die Abweichungen in den letzten Ziffern sind auf Rundungsfehler zurückzuführen.

Beispiel 5. $y' = \cos^2 y$

Exakte Lösung: $y = \arctan x$; $xE = 10$, $y(xE) = 1.47112767$

h	NEV	AEV
.100000000	$.147112891_{10}+1$	$.147112900_{10}+1$
$.100000000_{10}+1$	$.147221278_{10}+1$	$.151189234_{10}+1$
$.200000000_{10}+1$	$.133056854_{10}+1$	$.192277510_{10}+1$

Von beiden Verfahren wird diese Differentialgleichung nicht mehr exakt integriert. Für die Schrittweite $h = 0.1$ liefern NEV und AEV annähernd die gleichen Näherungswerte. Dagegen beträgt für die Schrittweite $h = 1$ der Fehler des Näherungswertes $y(10)$ beim NEV 0.07% und beim AEV 2.77%. Für die Schrittweite $h = 2$ ergibt sich beim NEV für den Näherungswert $y(10)$ ein Fehler von 9.6% und beim AEV ein Fehler von 30.7%.

Beispiel 6. Das Fehlerintegral

$$\Phi(x) = \frac{2}{\sqrt{2\pi}} \int_0^x \exp(-\,t^2/2)\,dt.$$

Setzt man

$$y(x) = \frac{\sqrt{2\pi}}{2} \exp(x^2/2)\,\Phi(x) = \exp(x^2/2) \int_0^x \exp(-\,t^2/2)\,dt \qquad (4.1)$$

(vgl. [4]), so genügt $y(x)$ der Differentialgleichung

$$y' = xy + 1.$$

An der Stelle $xE = 3$ ergibt sich nach (4.1)

$$y(xE) = .112515152 \cdot 10^3.$$

Das NEV und das AEV liefern folgende Näherungswerte:

h	NEV	AEV
$.100000000_{10} - 1$	$.112515102_{10} + 3$	$.112515007_{10} + 3$
$.150000000_{10} - 1$	$.112514903_{10} + 3$	$.112514434_{10} + 3$
$.100000000$	$.112222134_{10} + 3$	$.111646658_{10} + 3$

Die exakte Lösung läßt sich nicht mehr durch elementare Funktionen explizit darstellen. Für die Schrittweite $h = 0.1$ erhält man mit dem NEV bereits drei gültige Ziffern.

Weitere Beispiele mit explizit bekannter Lösung zeigten, daß das Neue Extrapolationsverfahren wesentlich vorteilhafter ist als das Adamssche, wenn die Funktion $f(x, y)$ von (1.1) fast linear ist.

Literatur

[1] Nickel, K., und P. Rieder, Ein neues Runge-Kutta-ähnliches Verfahren. Internationale Schriftenreihe zur Numerischen Mathematik 9 (1968), 83–96.

[2] Collatz, L., Numerische Behandlung von Differentialgleichungen. Springer-Verlag, Berlin-Göttingen-Heidelberg 1955.

[3] Poloshi, G. N., Mathematisches Praktikum, B. G. Teubner Verlagsgesellschaft, Leipzig 1963 (Übersetzung aus dem Russischen).

[4] Wanner, G., Integration gewöhnlicher Differentialgleichungen, Bibliographisches Institut Mannheim-Zürich 1969.

Manuskripteingang: 25. 5. 1971

Verfasser:
Dozent Dr. rer. nat. Karl Strehmel, Sektion Mathematik der Martin-Luther-Universität Halle-Wittenberg

Beiträge zur Numerischen Mathematik
1 (1974), 167–179

Einschließungsbereiche von Sattelpunktstrennkurven

JOHANNES THOMAS†

1. Einleitung. Allgemeine Theorie

Betrachtet wird das autonome Differentialgleichungssystem

$$\frac{dx}{dt} = \sum_{\nu=0}^{p} f_\nu(x)\, y^\nu, \quad \frac{dy}{dt} = \sum_{\nu=0}^{q} g_\nu(x)\, y^\nu, \tag{1.1}$$

wobei die Funktionen $f_\nu(x)$, $g_\nu(x)$ in einer Umgebung von $x = 0$, etwa für $|x| \leqq X$ in absolut konvergente Reihen nach Potenzen von x mit reellwertigen Entwicklungskoeffizienten entwickelbar sind:

$$f_\nu(x) = \sum_{n=0}^{\infty} f_{n\nu}\, x^n, \quad g_\nu(x) = \sum_{n=0}^{\infty} g_{n\nu}\, x^n; \quad f_{n\nu}, g_{n\nu} \text{ reell}, \quad |x| \leqq X. \tag{1.2}$$

Es sei

$$f_{00} = g_{00} = 0$$

und außerdem

$$f_{01}\, g_{10} > f_{10}\, g_{01} \text{ sowie } (f_{10} - g_{01})^2 > -4 f_{01}\, g_{10}.$$

Unter diesen Voraussetzungen ist der Ursprung der kartesischen x, y-Ebene für die Phasenkurven von (1.1) bekanntlich ein *Sattelpunkt* in dem Sinne, daß durch ihn zwei Phasenkurven mit jeweils bestimmter Tangentenrichtung hindurchgehen und alle übrigen Phasenkurven an ihm vorbeigehen. Die durch den Sattelpunkt gehenden zwei Phasenkurven, die *Sattelpunktstrennkurven* genannt werden, haben im Ursprung der x, y-Ebene Steigungen m, welche die Wurzeln der Gleichung

$$f_{01}\, m^2 + (f_{10} - g_{01})\, m - g_{10} = 0 \tag{1.3}$$

sind.

Das Vorhaben der vorliegenden Arbeit ist es, für eine durch den Ursprung des x, y-Systems gehende Sattelpunktstrennkurve einen Bereich der in Abb. 1 schraffiert gekennzeichneten Form derart anzugeben, daß die Sattelpunktstrennkurve in diesem *Einschließungsbereich* durch den Koordinatenursprung hindurchgeht. Ein Einschließungsbereich wird durch die Gleichung seiner

Begrenzungskurven gekennzeichnet werden. Dabei werden die Fälle behandelt werden, bei denen diese Gleichung durch Lösung einer algebraischen Gleichung bis zum vierten Grad erhalten wird und somit nur elementare Funktionen enthält.

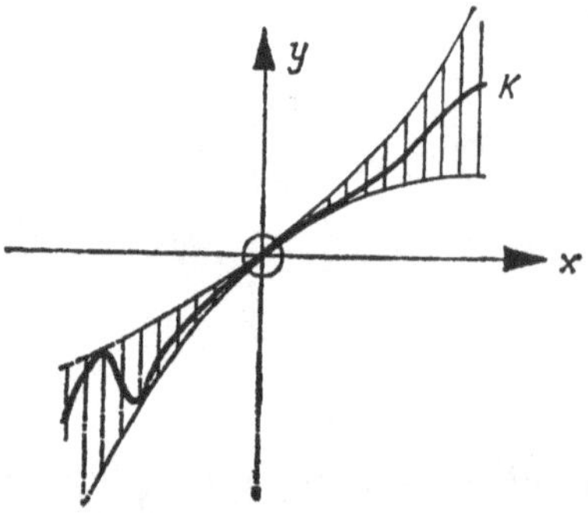

Abb. 1

Es ist offensichtlich, daß die Bestimmung der genannten Einschließungsbereiche eine große praktische Bedeutung hat. Es hat nämlich dann, wenn im Phasenraum die Bewegung längs einer Sattelpunktstrennkurve vermieden werden muß, ein Einzugsbereich dieser Kurve den Charakter eines „Gefahrenbereiches".

Im folgenden ist m eine der beiden Wurzeln von (1.3). Nachstehend wird angenommen, daß m eine positive Zahl ist oder verschwindet. Wenn die fixierte Wurzel von (1.3) negativ ist, so setze man

$$\text{entweder} \quad x = -\xi \quad \text{oder} \quad y = -\eta;$$

das System (1.1) wird durch diese Substitutionen in ein ebensolches System übergeführt, und die Steigung der betrachteten Sattelpunktstrennkurve hat im Ursprung des ξ, y-Systems bzw. des x, η-Systems einen positiven Wert. Wenn die fixierte Wurzel von (1.3) von unendlichem Betrag ist und außerdem die Funktionen $f_\nu(x)$, $g_\nu(x)$ Polynome sind, so wird, wenn man

$$x = \eta, \quad y = \xi$$

setzt, das System (1.1) in ein ebensolches System übergeführt, und die Steigung der betrachteten Sattelpunktstrennkurve hat dann im Ursprung des ξ, η-Systems den Wert Null.

Da die betrachete Sattelpunktstrennkurve im x, y-System bei $x = 0$ die Steigung m hat, ist es naheliegend

$$y = m\,x + x\,z \tag{1.4}$$

zu setzen. Die Einsetzung von (1.4) in die aus (1.1) hervorgehende Differentialgleichung

$$\frac{dy}{dx} = \frac{\sum\limits_{\nu=0}^{q} g_\nu(x)\, y^\nu}{\sum\limits_{\nu=0}^{p} f_\nu(x)\, y^\nu} \tag{1.5}$$

führt (1.5) in eine Differentialgleichung für z als Funktion von x über, wobei ein Potenzreihenansatz

$$z = z(x) \equiv \sum_{\nu=0}^{\infty} c_\nu x^{\nu+1} \tag{1.6}$$

möglich ist. Wird

$$Z(x) \equiv \sum_{\nu=0}^{\infty} C_\nu x^{\nu+1} \tag{1.7}$$

mit

$$C_\nu \geqq |c_\nu| \quad (\nu = 0, 1, 2, \ldots)$$

gesetzt, so ist für den x-Bereich, auf dem die Reihe (1.7) konvergiert, durch die Gleichungen

$$y = Y(x) \equiv x\,(m \pm Z(|x|)) \tag{1.9}$$

ein Einschließungsbereich der Sattelpunktstrennkurve gekennzeichnet.

Die Ermittlung von $Z(x)$ für $x > 0$ geschieht nachstehend nach einer Methode, die in [1], S. 64, empfohlen wird.[1]) Die Substitution von (1.4) in (1.5) ergibt die Differentialgleichung

$$x\frac{dz}{dx} + z = \frac{\sum\limits_{\nu=0}^{Q} (g_\nu(x) - m f_\nu(x))\, x^\nu (m+z)^\nu}{\sum\limits_{\nu=0}^{p} f_\nu(x)\, x^\nu (m+z)^\nu} \quad (Q = \max(p, q)); \tag{1.10}$$

berücksichtigt man (1.2), so erhält man

$$x\frac{dz}{dx} + z = \frac{\sum\limits_{\substack{n=0,\ldots,\infty \\ \nu=0,\ldots,Q}} (g_{n\nu} - m f_{n\nu})\, x^{n+\nu} (m+z)^\nu}{\sum\limits_{\substack{n=0,\ldots,\infty \\ \nu=0,\ldots,p}} f_{n\nu}\, x^{n+\nu} (m+z)^\nu}$$

$$= \frac{(g_{10} - (f_{10} - g_{01})\, m - f_{01} m^2)\, x + (g_{01} - m f_{01})\, x z + \cdots}{x\,(f_{10} + m f_{01} + f_{01} z + \cdots)}.$$

Die Punkte am Schluß des Nenners und des Zählers des letztgenannten Bruches kennzeichnen Summanden, die x mindestens in erster bzw. zweiter Potenz als Faktor enthalten. Es ist

$$(f_{10} + m f_{01})(g_{01} - m f_{01}) = -(f_{01} m^2 + (f_{10} - g_{01})\, m - g_{10})\, f_{01}$$
$$+ (f_{10} g_{01} - f_{01} g_{10}) = 0 + (f_{10} g_{01} - f_{01} g_{10}) > 0.$$

Aus diesem Grunde sind $f_{10} + m f_{01}$ und $g_{01} - m f_{01}$ von Null verschiedene Zahlen ungleichen Vorzeichens. Mit Berücksichtigung von (1.3) kann man

$$x\frac{dz}{dx} + z = \frac{(g_{01} - m f_{01})\, z + \cdots}{f_{10} + m f_{01} + f_{01} z + \cdots} \tag{1.11}$$

[1]) Gemäß (1.9) wird $Z(x)$ allein für positive Werte der unabhängigen Veränderlichen x benötigt.

schreiben, wobei die drei Punkte Summanden andeuten, die x mindestens in erster Potenz als Faktor enthalten. Mit

$$\lambda = -\frac{g_{01} - m f_{01}}{f_{10} + m f_{01}} > 0$$

ergibt sich aus (1.10)

$$\frac{dz}{dx} + (1 + \lambda)\frac{z}{x} = R(x, z) \equiv \frac{\sum_{\nu=0}^{Q} (g_\nu(x) + (\lambda z - m) f_\nu(x)) x^\nu (m + z)^\nu}{\sum_{\nu=0}^{P} f_\nu(x) x^{\nu+1} (m + z)^\nu}. \tag{1.12}$$

Man hat (1.11) zufolge

$$R(x, z) = \frac{1}{x} \frac{\frac{m f_{01} - g_{01}}{m f_{01} + f_{10}} f_{01} z^2 + \cdots}{f_{10} + m f_{01} + f_{01} z + \cdots},$$

wobei die drei Punkte wieder Summanden andeuten, die x mindestens in erster Potenz als Faktor enthalten. Substituiert man in (1.12) die Reihe (1.6), so ergibt sich

$$\sum_{\nu=0}^{\infty} (2 + \nu + \lambda) c_\nu x^\nu = R\left(x, \sum_{\nu=0}^{\infty} c_\nu x^{\nu+1}\right)$$

und daraus durch Vergleich der Koeffizienten von x^ν eine Rekursionsformel für die c_ν.

Es gelte

$$|f_{n\nu}| \leqq F_{n\nu}, \quad |g_{n\nu} - m f_{n\nu}| \leqq G_{n\nu}, \quad F_{00} = G_{00} = 0,$$

und es seien die Reihen

$$F_\nu(x) = \sum_{n=0}^{\infty} F_{n\nu} x^n, \quad G_\nu(x) = \sum_{n=0}^{\infty} G_{n\nu} x^n$$

für $|x| \leqq X_1$ $(X_1 \leqq X)$ absolut konvergent; außerdem sei

$$S(x, z) = \frac{\sum_{\nu=0}^{Q} (G_\nu(x) + \lambda z F_\nu(x)) x^\nu (m + z)^\nu - (G_{10} + m G_{01}) x - (G_{01} + \lambda m F_{01} + \lambda F_{10}) x z}{|f_{10} + m f_{01}| x^2 - \sum_{\nu=0}^{P} F_\nu(x) x^{\nu+1} (m + z)^\nu + (F_{10} + m F_{01}) x^2}.$$

Man erhält dann aus der Gleichung

$$(2 + \lambda) \sum_{\nu=0}^{\infty} C_\nu x^\nu = S\left(x, \sum_{\nu=0}^{\infty} C_\nu x^{\nu+1}\right)$$

durch Vergleich der Koeffizienten von x^ν eine Rekursionsformel für die C_ν derart, daß für die daraus berechneten Werte C_ν die Ungleichungen (1.8) bestehen. Dabei gilt in (1.8) für $\nu = 1, 2, \ldots$ das Gleichheitszeichen gewiß dann nicht, wenn C_ν positiv ist.[1]) Die mit den berechneten C_ν gemäß (1.7) gebildete Funktion $Z = Z(x)$ ist die bei $x = 0$ verschwindende Wurzel der Gleichung

$$(2 + \lambda) Z = x S(x, Z), \tag{1.13}$$

welche auf die in Z algebraische Gleichung

$$\sum_{\nu=0}^{Q}{}' G_\nu(x)\, x^\nu (m + Z)^\nu - (G_{10} x + m G_{01} x + G_{01} x Z)$$
$$+ 2(1 + \lambda)\left[\sum_{\nu=0}^{p}{}' F_\nu(x)\, x^\nu Z (m + Z)^\nu - (F_{10} x + m F_{01}) x Z\right]$$
$$- (2 + \lambda) | f_{10} + m f_{01} | x Z = 0 \tag{1.14}$$

führt.[2]) Der Grad von (1.14) bezüglich Z ist $\max(p + 1, q)$.

Der Fall eines Systems (1.1) mit $q < p$ kann auf den Fall $q = p$ zurückgeführt werden, indem $G_\nu(x) = m F_\nu(x)$ für $\nu = q + 1, \ldots, p$ gesetzt wird. Desgleichen kann der Fall eines Systems (1.1) mit $p < q - 2$ auf den Fall $p = q - 2$ zurückgeführt werden, indem $F_\nu(x) \equiv 0$ für $\nu = p + 1, \ldots, q - 2$ gesetzt wird.[3]) Somit genügt es, allein die Fälle $p = q - 2,\ q - 1,\ q$ zu betrachten.

2. Die Fälle mit max $(p + 1, q) \leqq 4$

Im folgenden werden die Fälle mit $\max(p + 1, q) \leqq 4$ weiterverfolgt, da für sie die Gleichungen (1.14) bezüglich Z von höchstens viertem Grad sind und folglich die Reihen (1.7) elementare Funktionen darstellen.[4]) Zu betrachten sind dann die zehn Fälle

p	0	1	1	0	2	2	1	3	3	2
q	1	1	2	2	2	3	3	3	4	4.

[1]) Aus diesem Sachverhalt ergibt sich offensichtlich folgendes: Die Sattelpunktstrennkurve trifft für $x \lesseqgtr 0$ den durch (1.9) gekennzeichneten Rand ihres Einschließungsbereiches dann nicht, wenn dieser Rand nicht zufällig aus Bögen von Kegelschnittparabeln besteht.

[2]) Die Gleichung (1.13) hat genau eine bei $x = 0$ verschwindende Wurzel Z. Denn offenbar ist $x = 0$, $Z = 0$ ein (1.13) genügendes Wertepaar, und es ist

$$\frac{\partial}{\partial Z}[(2 + \lambda) Z - x S(x, Z)]\Big|_{\substack{x=0\\ Z=0}} = 2 + \lambda - 0 \cdot S_Z(0, 0) = 2 + \lambda > 2.$$

[3]) Dies schließt allerdings nicht aus, die $F_\nu(x)$ $(\nu = p + 1, \ldots, q - 2)$ trotzdem als nichtnegative reelle Funktionen anzunehmen.

[4]) Die Theorie der algebraischen Gleichungen vom dritten und vierten Grad findet man ausführlich dargestellt z. B. in [2], §§ 1–26, oder [3], §§ 20–25.

2.1. *Der Fall* $p = 0$, $q = 1$

Für $p = 0$, $q = 1$ wird (1.14) eine lineare Gleichung mit der Lösung

$$Z(x) = \frac{G_0(x) - G_{10}x + (G_1(x) - G_{01})\,mx}{(2+\lambda)\,|f_{10}|\,x - [2\,(1+\lambda)(F_0(x) - F_{10}(x)) + (G_1(x) - G_{01})\,x]}. \tag{2.1.1}$$

Die Entwicklung (1.7) von $Z(x)$ hat einen Konvergenzradius, der, falls er nicht den Wert X_1 hat, mindestens ebenso groß ist wie der Betrag der in der komplexen x-Ebene dem Nullpunkt nächstgelegenen reellen oder komplexen Nullstelle des Nenners in (2.1.1).

2.2. *Die Fälle mit* $\max(p + 1, q) = 2$

In den drei Fällen

$$p = 1, \quad q = 1;$$
$$p = 1, \quad q = 2;$$
$$p = 0, \quad q = 2$$

wird (1.14) jeweils eine quadratische Gleichung, die in der vorgegebenen Reihenfolge wie folgt lautet:

$$\begin{aligned}
&2\,(1+\lambda)\,x\,F_1(x)\,Z^2\\
&-[(2+\lambda)\,|f_{10} + mf_{01}|\,x - 2\,(1+\lambda)\,(F_0(x) - F_{10}x\\
&+ mx\,(F_1(x) - F_{01})) - x\,(G_1(x) - G_{01})]\,Z\\
&+ G_0(x) - G_{10}(x) + mx\,(G_1(x) - G_{01}) = 0;\\
&[2\,(1+\lambda)\,x\,F_1(x) + x^2 G_2(x)]\,Z^2\\
&-[(2+\lambda)\,|f_{10} + mf_{01}|\,x - 2\,(1+\lambda)\,(F_0(x) - F_{10}x\\
&+ mx\,(F_1(x) - F_{01})) - x\,(G_1(x) - G_{01}) - 2\,mx^2 G_2(x)]\,Z\\
&+ G_0(x) - G_{10}x + mx\,(G_1(x) - G_{01}) + m^2x^2 G_2(x) = 0;\\
&x^2 G_2(x)\,Z^2\\
&-[(2+\lambda)\,|f_{10} + mf_{01}|\,x - 2\,(1+\lambda)\,(F_0(x) - F_{10}x)\\
&- x\,(G_1(x) - G_{01}) - 2\,mx^2 G_2(x)]\,Z\\
&+ G_0(x) - G_{10}x + mx\,(G_1(x) - G_{01}) + m^2x^2 G_2(x) = 0.
\end{aligned}$$

Jede der drei Gleichungen hat die Form

$$A(x)\,Z^2 - B(x)\,Z + C(x) = 0, \tag{2.2.1}$$

wobei $A(x)$, $B(x)$, $C(x)$ Reihen nach positiven ganzzahligen Potenzen von x sind. Die Grade der niedrigsten x-Potenzen bei $A(x)$, $B(x)$, $C(x)$ sind entsprechend $\geqq 1$, $= 1$, $\geqq 2$; die Koeffizienten der niedrigsten x-Potenzen sind sämtlich positive Zahlen. Die in Frage kommende Wurzel $Z = Z(x)$ von (2.2.1) ist diejenige, welche für gegen Null gehendes x gegen Null strebt. Dies ist die Wurzel

$$Z(x) = \frac{1}{2\,A\,(x)}\,\left(B(x) - \sqrt{B(x)^2 - 4\,A(x)\,C(x)}\right) \quad (x > 0),$$

wobei der Radikand der Quadratwurzel für hinreichend nahe bei Null liegende positive Werte x positiv ist.[1]) Die Entwicklung (1.7) von $Z(x)$ hat einen Konvergenzradius, der, falls er nicht den Wert X_1 hat, mindestens ebenso groß ist wie der Betrag der in der komplexen x-Ebene dem Nullpunkt nächstgelegenen reellen oder komplexen Nullstelle der Funktion

$$A(x)\,(B(x)^2 - 4\,A(x)\,C(x))$$

([4], §§ 13, 14).

2.3. *Die Fälle mit* $\max(p + 1, q) = 3$

In den drei Fällen

$$p = 2,\ q = 2;$$
$$p = 2,\ q = 3;$$
$$p = 1,\ q = 3$$

wird (1.14) jeweils eine kubische Gleichung, und zwar entsprechend der vorgegebenen Reihenfolge die Gleichung

$$\begin{aligned}
&2(1 + \lambda)\,x^2\,F_2(x)\,Z^3 + [2(1 + \lambda)\,(x\,F_1(x) + 2\,mx^2\,F_2(x) + x^2 G_2(x)]\,Z^2 \\
&- [(2 + \lambda)\,|f_{10} + mf_{01}|\,x - 2(1 + \lambda)\,(F_0(x) - F_{10}\,x \\
&+ mx(F_1(x) - F_{01}) + m^2 x^2 F_2(x)) - x\,(G_1(x) - G_{01}) - 2\,mx^2 G_2(x)]\,Z \\
&+ G_0(x) - G_{10}\,x + mx\,(G_1(x) - G_{01}) + m^2\,x^2\,G_2(x) = 0; \\
&[2(1 + \lambda)\,x^2\,F_2(x) + x^3\,G_3(x)]\,Z^3 \\
&+ [2(1 + \lambda)\,(x\,F_1(x) + 2\,mx^2\,F_2(x)) + x^2\,G_2(x) + 3\,mx^2\,G_3(x)]\,Z^2 \\
&- [(2 + \lambda)\,|f_{10} + mf_{01}|\,x - 2(1 + \lambda)\,(F_0(x) - F_{10}\,x \\
&+ mx\,(F_1(x) - F_{01}) + m^2 x^2\,F_2(x)) \\
&- x\,(G_1(x) - G_{01}) - 2\,mx^2\,G_2(x) - 3\,m^2\,x^3\,G_3(x)]\,Z \\
&+ G_0(x) - G_{10}\,x + mx\,(G_1(x) - G_{01}) + m^2\,x^2\,G_2(x) + m^3 x^3\,G_3(x) = 0;
\end{aligned}$$

[1]) Durchweg wird als Wert einer Quadratwurzel mit positivem Radikanden der positive Wurzelwert und als Wert einer Kubikwurzel mit reellem Radikanden der reelle Wurzelwert genommen.

$$x^3 G_3(x) Z^3 + [2(1+\lambda) x F_1(x) + x^2 G_2(x) + 3\, m x^3 G_3(x)] Z^2$$
$$-[(2+\lambda)|f_{10} + m f_{01}| x - 2(1+\lambda)\,(F_0(x) - F_{10} x$$
$$+ m x (F_1(x) - F_{01}))$$
$$- x\,(G_1(x) - G_{01}) - 2\, m x^2 G_2(x) - 3\, m^2 x^3 G_3(x)]\, Z$$
$$+ G_0(x) - G_{10} x + m x\,(G_1(x) - G_{01}) + m^2 x^2 G_2(x) + m^3 x^3 G_3(x) = 0.$$

Jede der drei Gleichungen hat die Form

$$A(x) Z^3 + B(x) Z^2 - C(x) Z + D(x) = 0, \qquad (2.3.1)$$

wobei $A(x)$, $B(x)$, $C(x)$, $D(x)$ Reihen nach positiven ganzzahligen Potenzen von x sind. Die Grade der niedrigsten x-Potenzen bei $A(x)$, $B(x)$, $C(x)$, $D(x)$ sind entsprechend $\geqq 2$, $\geqq 1$, $= 1$, $\geqq 2$; die Koeffizienten der niedrigsten x-Potenzen sind sämtlich positive Zahlen. Die Diskriminante von (2.3.1) ist

$$\Theta(x) = 3\, A(x)\,(C(x)^3 - 9\, A(x)\, D(x)^2) + A(x)\, C(x)\,(C(x)^2$$
$$- 18\, B(x)\, D(x)) + B(x)^2\,(C(x)^2 - 4\, B(x)\, D(x)).$$

Es sei x eine hinreichend nahe bei Null liegende positive Zahl. Dann ist $\Theta(x)$ positiv, was bedeutet, daß (2.3.1) drei verschiedene reelle Wurzeln hat. Aus dem Sachverhalt, daß die Summe der drei Produkte je zweier Wurzeln gleich dem negativen Ausdruck $-\dfrac{C(x)}{A(x)}$ sowie das Produkt der drei Wurzeln gleich dem negativen Ausdruck $-\dfrac{D(x)}{A(x)}$ ist, folgt weiterhin, daß von den drei verschiedenen reellen Wurzeln zwei positiv sind und eine negativ ist. Die Wurzeln sind gemäß den Formeln für den Casus irreducibilis

$$Z = \frac{1}{3\, A(x)} \Bigg[2\sqrt{B(x)^2 + 3\, A(x)\, C(x)}$$
$$\times \cos\left(\frac{1}{3} \arccos \frac{-9\, A(x)\, B(x)\, C(x) - 27\, A(x)^2 D(x) - 2\, B(x)^3}{2\,(B(x)^2 + 3\, A(x)\, C(x)) \sqrt{B(x)^2 + 3\, A(x)\, C(x)}} + \frac{2}{3} k \pi\right) - B(x)\Bigg]$$
$$(k = -1, 0, 1) \qquad (2.3.2)$$

Die in Frage kommende Wurzel $Z = Z(x)$ ist, weil sie die Wurzel ist, welche für gegen Null gehendes x gegen Null strebt, die mittlere der drei Wurzeln (2.3.2). Als diese mittlere Wurzel erweist sich die zu $k = -1$ gehörige. Auf diese Weise ergibt sich schließlich

$$Z(x) = \frac{1}{3\, A(x)} \Bigg[2\sqrt{B(x)^2 + 3\, A(x)\, C(x)}$$
$$\times \sin\left(\frac{1}{3} \arcsin \frac{9\, A(x)\, B(x)\, C(x) + 27\, A(x)^2 D(x) + 2\, B(x)^3}{2\,(B(x)^2 + 3\, A(x)\, C(x)) \sqrt{B(x)^2 + 3\, A(x)\, C(x)}}\right) - B(x)\Bigg] \quad (x > 0).$$

Die Entwicklung (1.7) von $Z(x)$ hat einen Konvergenzradius, der, falls er nicht den Wert X_1 hat, mindestens ebenso groß ist wie der Betrag der in der komplexen x-Ebene dem Nullpunkt nächstgelegenen reellen oder komplexen Nullstelle der Funktion $A(x)\, \Theta(x)$ ([4], §§ 13, 14).

2.4. *Die Fälle mit* $\max(p + 1, q) = 4$

In den drei Fällen

$$p = 3,\ q = 3;$$
$$p = 3,\ q = 4;$$
$$p = 2,\ q = 4$$

wird (1.14) jeweils eine biquadratische Gleichung. Entsprechend obiger Reihenfolge lauten diese Gleichungen

$$\left.\begin{aligned}
&2(1+\lambda)\,x^3F_3(x)\,Z^4 + [2(1+\lambda)\,(x^2F_2(x) + 3\,mx^3\,F_3(x))\\
&+ x^3G_3(x)]\,Z^3 + [2(1+\lambda)\,(xF_1(x) + 2\,mx^2\,F_2(x) + 3\,m^2\,x^3\,F_3(x))\\
&+ x^2\,G_2(x) + 3\,mx^3\,G_3(x)]\,Z^2\\
&-[(2+\lambda)\,|f_{10} + mf_{01}|\,x\\
&-2(1+\lambda)\,(F_0 - F_{10}x + m\,x\,(F_1(x) - F_{01}) + m^2x^2F_2(x) + m^3x^3F_3(x))\\
&-x(G_1(x) - G_{01}) - 2\,mx^2\,G_2(x) - 3\,m^2\,x^2\,G_3(x)]\,Z\\
&+G_0(x) - G_{10}\,x + mx\,(G_1(x) - G_{01}) + m^2x^2G_2(x) + m^3\,x^3G_3(x) = 0;\\
&[2(1+\lambda)\,x^3F_3(x) + x^4\,G_4(x)]\,Z^4\\
&+[2(1+\lambda)\,(x^2\,F_2(x) + 3\,mx^3F_3(x)) + x^3\,G_3(x) + 4\,mx^4\,G_4(x)]\,Z^3\\
&+[2(1+\lambda)\,(xF_1(x) + 2\,mx^2F_2(x) + 3\,m^2x^3F_3(x))\\
&+x^2\,G_2(x) + 3\,mx^3\,G_3(x) + 6\,m^2\,x^4\,G_4(x)]\,Z^2\\
&-[(2+\lambda)\,|f_{10} + m\,f_{01}|\,x\\
&-2(1+\lambda)\,(F_0(x) - F_{10}\,x + mx\,(F_1(x) - F_{01}) + m^2x^2\,F_2(x)\\
&+m^3\,x^3\,F_3(x))\\
&-x(G_1(x) - G_{01}) - 2\,mx^2\,G_2(x) - 3\,m^2x^3\,G_3(x) - 4\,m^3x^4\,G_4(x)]\,Z\\
&+G_0(x) - G_{10}\,x + mx\,(G_1(x) - G_{01}) + m^2\,x^2\,G_2(x)\\
&+m^3\,x^3\,G_3(x) + m^4\,x^4\,G_4(x) = 0;\\
&x^4\,G_4(x)\,Z^4 + [2(1+\lambda)\,x^2\,F_2(x) + x^3\,G_3(x) + 4\,mx^4\,G_4(x)]\,Z^3\\
&+2[(1+\lambda)\,(x\,F_1(x) + 2\,mx^2\,F_2(x)) + x^2\,G_2(x) + 3\,mx^3\,G_3(x)\\
&+6\,m^2\,x^4\,G_4(x)]\,Z^2\\
&-[(2+\lambda)\,|f_{10} + m\,f_{01}|\,x - 2(1+\lambda)\,(F_0(x) - F_{10}\,x + m\,x(F_1(x)\\
&-F_{01}) + m^2\,x^2\,F_2(x))\\
&-x(G_1(x) - G_{01}) - 2\,mx^2\,G_2(x) - 3\,m^2x^3\,G_3(x) - 4\,m^3x^4\,G_4(x)]\,Z\\
&+G_0(x) - G_{10}\,x + mx\,(G_1(x) - G_{01}) + m^2x^2\,G_2(x)\\
&+m^3x^3\,G_3(x) + m^4x^4\,G_4(x) = 0.
\end{aligned}\right\} \tag{2.4.1}$$

Jede der drei Gleichungen hat die Form

$$A(x)\,Z^4 + B(x)\,Z^3 + C(x)\,Z^2 + D(x)\,Z + E(x) = 0, \tag{2.4.2}$$

wobei $A(x), \dots, E(x)$ Reihen nach positiven ganzzahligen Potenzen von x sind. Die Grade der niedrigsten x-Potenzen bei $A(x), \dots, E(x)$ sind jeweils $\geqq 3$, $\geqq 2$, $\geqq 1$, $= 1$, $\geqq 2$; die Koeffizienten der niedrigsten x-Potenzen sind sämtlich positive Zahlen. Die Diskriminante von (2.4.2) ist

$$\begin{aligned}\Theta(x) = {} & 256\, A(x)^3 E(x)^3 + 192\, A(x)^2 B(x) D(x) E(x)^2 \\ & - 128\, A(x)^2 C(x)^2 E(x)^2 + 144\, A(x)^2 C(x) D(x)^2 E(x) \\ & - 27\, A(x)^2 D(x)^4 + 144\, A(x) B(x)^2 C(x) E(x)^2 \\ & - 6\, A(x) B(x)^2 D(x)^2 E(x) + 80\, A(x) B(x) C(x)^2 D(x) E(x) \\ & - 18\, A(x) B(x) C(x) D(x)^3 + 16\, A(x) C(x)^4 E(x) \\ & - 4\, A(x) C(x)^3 D(x)^2 - 27\, B(x)^4 E(x)^2 \\ & - 18\, B(x)^3 C(x) D(x) E(x) + 4\, B(x)^3 D(x)^3 \\ & - 4\, B(x)^2 C(x)^3 E(x) + B(x)^2 C(x)^2 D(x)^2.\end{aligned}$$

Die kubische Resolventengleichung von (2.4.2) lautet

$$W^3 - 2P(x)\, W^2 + (P(x)^2 + 4\, R(x))\, W - Q(x) = 0 \qquad (2.4.3)$$

mit

$$\begin{aligned} P(x) &= 2\,(3\, B(x)^2 - 8\, A(x) C(x)), \\ Q(x) &= 8\,(4\, A(x) B(x) C(x) + 8\, A(x)^2 D(x) - B(x)^3) \\ &= 2\,(32\, A(x)^2 D(x) - 2\, B(x)^3 - B(x) P(x)), \\ R(x) &= 3\, B(x)^4 - 16\, A(x) B(x)^2 C(x) - 64\, A(x)^2 B(x) D(x) \\ &\quad - 256\, A(x)^3 E(x) \\ &= B(x)^2 (P(x) - 3\, B(x)^2) - 64\, A(x)^2 B(x) D(x) - 256\, A(x)^3 E(x) \end{aligned}$$

([3], § 23).

Im folgenden sei x eine hinreichend nahe bei Null gelegene positive Zahl. Nach der Vorzeichenregel von DESCARTES ([3], § 32) hat dann (2.4.2), da ja das Vorhandensein einer positivwertigen Wurzel schon feststeht, genau zwei positivwertige Wurzeln. Die beiden anderen Wurzeln sind dann negativ oder konjugiert komplex mit negativem Realteil, wobei die Negativität dieses Realteils sich daraus ergibt, daß die Summe aller vier Wurzeln gleich dem negativen Ausdruck $-\dfrac{B(x)}{A(x)}$ ist. Die in Frage kommende Wurzel von (2.4.2) ist, weil sie die Wurzel ist, welche für gegen Null gehendes x gegen Null strebt, die kleinere der beiden positiven Wurzeln.

Liegen bei (2.4.2) zwei positivwertige und zwei negativwertige Wurzeln vor, so ist, weil für $x \to +0$ von den Wurzeln eine gegen $+\infty$ und eine gegen $-\infty$ strebt, der Fall einer Doppelwurzel auszuschließen und somit $\Theta(x)$ positiv. Liegen andererseits bei (2.4.2) zwei positive und zwei konjugiert komplexe Wurzeln vor, so ist $\Theta(x)$ negativ. Es ist somit $\Theta(x)$ entweder positiv oder negativ, d. h., $\Theta(x)$ verschwindet nicht identisch und hat als reguläre Funktion von x nur isolierte Nullstellen. Bei allen drei Gleichungen (2.4.1) kann $\Theta(x)$ tatsächlich sowohl positiv als auch negativ sein. Es ist $\Theta(x)$ positiv, wenn bei den Gleichungen (2.4.1) die Grade der niedrigsten x-Potenzen bei $A(x)$, $B(x)$, $C(x)$ entsprechend 4, 2, 1 sind. Eine hinreichende Bedingung andererseits dafür, daß $\Theta(x)$ einen negativen Wert hat, ist nach einem Satz von EULER ([3], § 38) die Negativität von $P(x)$. Bei den drei Gleichungen (2.4.1) gilt jeweils

$$P(x) = \begin{cases} 8(1+\lambda)^2 x^4 (3 F_2(x)^2 - 8 F_1(x) F_3(x)) + \cdots, \\ 8(1+\lambda)^2 x^4 (3 F_2(x)^2 - 8 F_1(x) F_3(x)) + \cdots, \\ 24(1+\lambda)^2 x^4 F_2(x)^2 + 8(1+\lambda) x^5 (3 F_2(x) G_3(x) \\ - 4 F_1(x) G_4(x)) + \cdots, \end{cases}$$

wobei durch die drei Punkte Summanden angedeutet werden, die x mindestens in fünfter bzw. sechster Potenz als Faktor enthalten. Es ist $P(x)$ negativ bei der ersten und zweiten Gleichung (2.4.1), wenn

$$F_{01} > 0, \quad F_{02} = 0, \quad F_{03} > 0$$

gilt, und bei der dritten Gleichung (2.4.1), wenn

$$F_{01} > 0, \; F_{02} = 0, \; G_{04} > 0$$

gilt.

Es sei $\Theta(x)$ positiv. Dann hat (2.4.2) zwei positive und zwei negative Wurzeln. Die in Frage kommende Wurzel $Z = Z(x)$ ist als die kleinere der beiden positiven Wurzeln bei Anordnung der vier Wurzeln nach steigender Größe die dritte der Wurzeln. Die Gleichung (2.4.3) hat drei voneinander verschiedene nichtnegative reelle Wurzeln W, welche mit

$$W_2(x),\; W_1(x),\; W(x) \quad (0 \leqq W_2(x) < W_1(x) < W(x))$$

bezeichnet seien. Setzt man

$$w(x) = \frac{1}{2}\sqrt{W(x)}, \quad w_1(x) = \frac{1}{2}\sqrt{W_1(x)}, \quad w_2(x) = \frac{1}{2}\sqrt{W_2(x)}$$
$$(0 \leqq w_2(x) < w_1(x) < w(x))$$

und ferner

$$\left.\begin{aligned} \zeta_1 &= -w(x) - w_1(x) + \operatorname{sgn} Q(x)\, w_2(x), \\ \zeta_2 &= -w(x) + w_1(x) - \operatorname{sgn} Q(x)\, w_2(x), \\ \zeta_3 &= w(x) - w_1(x) - \operatorname{sgn} Q(x)\, w_2(x), \\ \zeta_4 &= w(x) + w_1(x) + \operatorname{sgn} Q(x)\, w_2(x), \end{aligned}\right\} \qquad (2.4.4)$$

wofür man auch

$$\left.\begin{aligned}
\zeta_1(x) &= \frac{1}{2}\left(-\sqrt{W(x)} - \sqrt{2\,P(x) - W(x) - \frac{2\,Q(x)}{\sqrt{W(x)}}}\right),\\
\zeta_2(x) &= \frac{1}{2}\left(-\sqrt{W(x)} + \sqrt{2\,P(x) - W(x) - \frac{2\,Q(x)}{\sqrt{W(x)}}}\right),\\
\zeta_3(x) &= \frac{1}{2}\left(\sqrt{W(x)} - \sqrt{2\,P(x) - W(x) + \frac{2\,Q(x)}{\sqrt{W(x)}}}\right),\\
\zeta_4(x) &= \frac{1}{2}\left(\sqrt{W(x)} + \sqrt{2\,P(x) - W(x) + \frac{2\,Q(x)}{\sqrt{W(x)}}}\right)
\end{aligned}\right\} \tag{2.4.5}$$

schreiben kann, so sind die Wurzeln von (2.4.2) durch die Ausdrücke

$$\frac{\zeta_j(x) - B(x)}{4\,A(x)} \quad (j = 1, \ldots, 4) \tag{2.4.6}$$

gegeben. Weil aus (2.4.4) die Ungleichungen

$$\zeta_1(x) < \zeta_2(x) < \zeta_3(x) < \zeta_4(x)$$

folgen und die Reihenfolge der Ausdrücke (2.4.6) auf der reellen Achse der Reihenfolge der $\eta_j(x)$ gleicht, ist die gesuchte Wurzel $Z(x)$ von (2.4.2) durch

$$Z(x) = \frac{\zeta_3(x) - B(x)}{4\,A(x)}$$

gegeben. Endgültig ergibt sich

$$Z(x) = \frac{1}{8\,A(x)}\left(\sqrt{W(x)} - \sqrt{2\,P(x) - W(x) - \frac{2\,Q(x)}{\sqrt{W(x)}}} - 2\,B(x)\right) \quad (x > 0), \tag{2.4.7}$$

wobei, wie aus den Formeln für den Casus irreducibilis folgt,

$$W(x) = \frac{2}{3}\left[P(x) + \sqrt{P(x)^2 - 12\,R(x)}\right.$$
$$\left.\times \cos\left(\frac{1}{3}\arccos\frac{27\,Q(x)^2 - 2\,P(x)^3 - 72\,P(x)\,R(x)}{2\,(P(x)^2 - 12\,R(x))\sqrt{P(x)^2 - 12\,R(x)}}\right)\right]$$

ist.

Es sei $\Theta(x)$ negativ. Dann hat (2.4.2) zwei positive und zwei konjugiert komplexe Wurzeln mit negativem Realteil. Die in Frage kommende Wurzel $Z = Z(x)$ ist die kleinere der beiden positiven Wurzeln; die ihr gemäß (2.4.6) entsprechende Größe $\zeta_j(x)$ ist, wie ein Blick auf (2.4.5) zeigt, die zu $j = 3$ gehörige, falls $W = W(x)$ eine Wurzel von (2.4.3) ist, für die

$$W(x) > 0 \tag{2.4.8}$$

gilt. Die Gleichung (2.4.3) hat genau eine reelle Wurzel $W = W(x)$, und diese Wurzel ist nichtnegativ. Es erfüllt $W(x)$ tatsächlich (2.4.8). Denn verschwände

$W(x)$, so folgte aus (2.4.3) das Verschwinden von $Q(x)$. Gemäß dem Sachverhalt, daß die $\zeta = \zeta_j(x)$ in (2.4.4), (2.4.5) die Wurzeln der Gleichung

$$\zeta^4 = P(x)\,\zeta^2 + Q(x)\,\zeta + R(x),$$

d. h. bei verschwindendem $Q(x)$ der Gleichung

$$\zeta^4 = P(x)\,\zeta^2 + R(x),$$

sind, ergäbe sich dann, daß die beiden reellen $\zeta_j(x)$ die Gestalt $\pm\,\alpha(x)$ hätten und somit gemäß (2.4.6) dem wahren Tatbestand widersprechend dann nur eine Wurzel von (2.4.2) positiv wäre.

Endgültig ergibt sich (2.4.7), wobei nach der cardanischen Formel

$$W(x) = \frac{1}{3}\Big[2\,P(x)$$
$$+ \sqrt[3]{\frac{1}{2}\left(27\,Q(x)^2 - 2\,P(x)^3 - 72\,P(x)\,R(x) + 12288\,A(x)^3\sqrt{-3\,\Theta(x)}\right)}$$
$$+ \sqrt[3]{\frac{1}{2}\left(27\,Q(x)^2 - 2\,P(x)^3 - 72\,P(x)\,R(x) - 12288\,A(x)^3\sqrt{-3\,\Theta(x)}\right)}\Big]$$

ist.

Die Entwicklung (1.7) von $Z(x)$ hat einen Konvergenzradius, der, falls er nicht den Wert X_1 hat, mindestens ebenso groß ist wie der Betrag der in der komplexen x-Ebene dem Nullpunkt nächstgelegenen reellen oder komplexen Nullstelle der Funktion $A(x)\,\Theta(x)$ ([4], §§ 13, 14).

Literatur

[1] BIEBERBACH, L., Theorie der gewöhnlichen Differentialgleichungen, auf funktionentheoretischer Grundlage dargestellt; 2. Aufl., Springer-Verlag, Berlin-Göttingen-New York 1965.

[2] DÖRRIE, H., Kubische und biquadratische Gleichungen, Leibniz-Verlag, München 1948.

[3] DÖRRIE, H., Praktische Algebra, Oldenbourg-Verlag, München 1955.

[4] VAN DER WAERDEN, B. L., Einführung in die algebraische Geometrie, Springer-Verlag, Berlin 1939.

Manuskripteingang: 11. 11. 1970

Verfasser:
Prof. Dr. JOHANNES THOMAS †, ehem. Institutskomplex Mathematik der Deutschen Akademie der Wissenschaften zu Berlin

Beiträge zur Numerischen Mathematik
1 (1974), 181–193

Ein Verfahren zur automatischen Berechnung von Polynomnullstellen

WALTER WALLISCH und ROLF-DIETER RECKNAGEL

1. Grundlagen des Verfahrens

Eine der Schwierigkeiten bei der Bestimmung der Nullstellen eines Polynoms liegt wie bei den meisten Problemen der nichtlinearen Algebra in der Beschaffung eines ersten Näherungswertes für den Start eines Verfahrens der sukzessiven Approximation. Als derartige Approximationsverfahren mit hinreichend hohem Konvergenzgrad stehen zahlreiche auf Polynomgleichungen spezialisierte Varianten des Newtonschen Korrekturverfahrens zur Verfügung, die sich ausgezeichnet zur automatischen Durchführung eignen. Dagegen steht die Frage der automatischen Berechnung eines Startwertes mit Hilfe eines gleichermaßen geeigneten Verfahrens noch immer auf der Tagesordnung der Numerik-Forschung. Dieses Problem wurde auch noch in jüngster Zeit wiederholt in Angriff genommen, wobei im wesentlichen zwei verschiedene Richtungen eingeschlagen worden sind.

Die eine Richtung geht aus von der Idee der Wurzelquadrierung und führt auf Methoden vom Typ des Bernoulli- und Graeffe-Verfahrens. Die für das automatische Rechnen am besten geeignete Variante scheint die von E. H. BAREISS [1] zu sein. Hier sind die für das Graeffe-Verfahren typischen Schwierigkeiten bei Nullstellen mit gleichen oder nahezu gleichen Beträgen und insbesondere bei Auftreten von cyclotomischen Faktoren weitgehend beseitigt. Das Auseinanderfließen der Zahlbereiche, sowie die hohe Zahl von Fallunterscheidungen wird dagegen in Kauf genommen.

Die Idee der zweiten Richtung besteht in der systematischen Verminderung des Polynombetrags (siehe z. B. [2]). Hieran knüpfen wir an, um den Grundgedanken unseres Verfahrens zu schildern.

Gegeben sei ein Polynom n-ten Grades $P(z)$ der komplexen Variablen $z = x + i y$

$$P(z) = a_0 z^n + a_1 z^{n-1} + \cdots + a_{n-1} z + a_n$$

mit reellen Koeffizienten a_k, $k = 0(1)\,n$, $a_0 \neq 0$.

Gilt

$$P(\zeta) = 0, \tag{1}$$

dann ist ζ Nullstelle des Polynoms. Dies ist gleichbedeutend mit

$$|P(\zeta)| = 0, \tag{2}$$

und der für die numerische Behandlung notwendige Übergang zu reellen Größen ist in einfachster Weise geleistet. Durch (2) ist ζ als Berührungspunkt der Betragsfläche des Polynoms mit der z-Ebene definiert. Diese Definition hat jedoch in numerischer Hinsicht den entscheidenden Nachteil, daß die Umgebung der gesuchten Stelle nicht durch Vorzeichenwechsel der betrachteten Größe erkennbar ist. Anders ist die Situation, wenn man anstelle von (1) die äquivalenten Gleichungen

$$\operatorname{Re} P(\zeta) = 0, \quad \operatorname{Im} P(\zeta) = 0 \tag{3}$$

zugrunde legt; $\operatorname{Re} P(z)$ bzw. $\operatorname{Im} P(z)$ Real- bzw. Imaginärteil von $P(z)$. Durch (3) ist ζ als Element des Durchschnitts der Punktmengen $\{z; \operatorname{Re} P(z) = 0\}$ und $\{z; \operatorname{Im} P(z) = 0\}$ numerisch besser bestimmt, weil sich diese Punktmengen durch Vorzeichenwechsel in ihrer Umgebung charakterisieren lassen.

Zur näheren Diskussion setzen wir

$$\operatorname{Re} P(z) = U(x, y), \quad \operatorname{Im} P(z) = V(x, y), \quad W = U + i\,V.$$

$W = P(z)$ ist dann eine in der endlichen z-Ebene reguläre komplexe Funktion, die die z-Ebene umkehrbar eindeutig auf eine n-blättrige Riemannsche Fläche F über der komplexen W-Ebene abbildet.

Die Aufgabe, die Nullstellen des Polynoms $P(z)$ zu bestimmen, kann nunmehr abbildungstheoretisch so formuliert werden: Gesucht sind die (mit Vielfachheit gezählten) n Originale $z_1, z_2, \ldots, z_n$ der n über dem Spurpunkt $W = 0$ auf der Riemannschen Fläche F liegenden Punkte $P_1, P_2, \ldots, P_n$. Wesentlich für unser Vorgehen ist, daß diese Punkte als Schnittpunkte der über den Achsen $U = 0$, $V = 0$ in den einzelnen Blättern von F verlaufenden n Geradenpaare aufgefaßt werden. Diese Geradenpaare sind die Bilder von n Kurvenpaaren in der z-Ebene, die wir weiterhin kurz U- und V-Nullkurven nennen. Jede dieser Nullkurven ist eine in sich geschlossene doppelpunktfreie algebraische Kurve, die durch den unendlich fernen Punkt der z-Ebene geht. Je eine U- und V-Nullkurve schneiden sich in einem Punkt z_i, und zwar wegen der Konformität der Abbildung senkrecht, falls nicht gerade die Ableitung $P'(z_i)$ in diesem Punkt verschwindet.

Abb. 1 zeigt einen möglichen Verlauf der U-Nullkurven (ausgezogen) und der V-Nullkurven (gestrichelt) für ein Polynom vierten Grades. Die Kurvenpaare sind durch Numerierung kenntlich gemacht. Der Verlauf der Nullkurven im Großen ist leicht zu übersehen, da sich jedes Polynom n-ten Grades für große z-Werte verhält wie $a_0 z^n$. Aber auch im Kleinen ist der Verlauf der Nullkurven klar. Insbesondere interessiert das Verhalten in der Umgebung eines Schnittpunktes z_i. Man hat hier zwei Fälle zu unterscheiden:

1. $P'(z_i) \neq 0$; einfache Nullstelle. $P(z)$ verhält sich bis auf eine Drehstreckung wie $z - z_i$; siehe Abb. 2a.

2. $P'(z_i) = P''(z_i) = \cdots = P^{(k-1)}(z_i) = 0, \quad P^{(k)}(z_i) \neq 0$; k-fache Nullstelle. $P(z)$ verhält sich bis auf eine Drehstreckung wie $(z - z_i)^k$; für $k = 2$ siehe Abb. 2b.

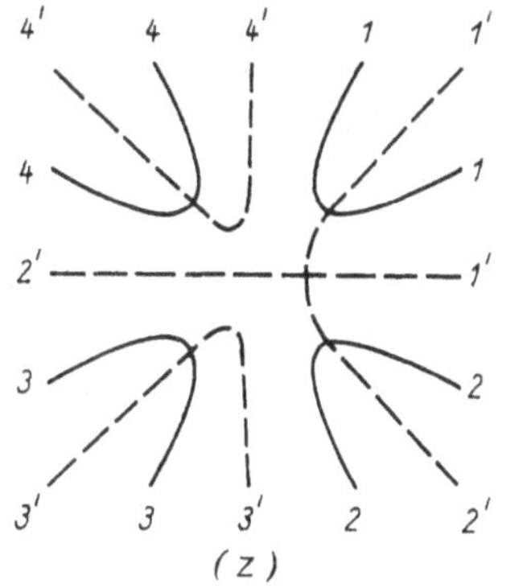

Abb. 1
Nullkurven eines Polynoms vierten Grades

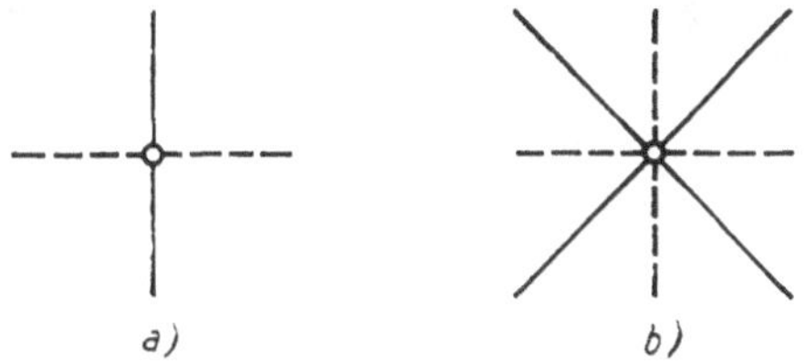

Abb. 2
a) einfache Nullstelle;
b) doppelte Nullstelle

Man erkennt, daß bei einer k-fachen Nullstelle die Schnittwinkel infolge Störung der Winkeltreue auf das $(1/k)$-fache verkleinert werden.

In [3] wurde über die Durchführung eines Gitterpunktverfahrens zur näherungsweisen Berechnung der Nullkurven auf dem Rechenautomaten SER 2c berichtet. Hierbei werden die Mittelpunkte je zweier benachbarter Gitterpunkte mit entgegengesetzten Vorzeichen des Real- bzw. Imaginärteils von $P(z)$ als approximative Nullkurvenpunkte angesehen und unter Ausnutzung der Möglichkeit des Tabellendrucks in der Zeichenebene markiert. Als Beispiel ist in Abb. 3 der unter Verwendung von 66 Gitterpunkten berechnete näherungsweise Verlauf der Nullkurven des Polynoms

$$P(z) = z^{10} + z + 1$$

in der oberen z-Halbebene wiedergegeben.

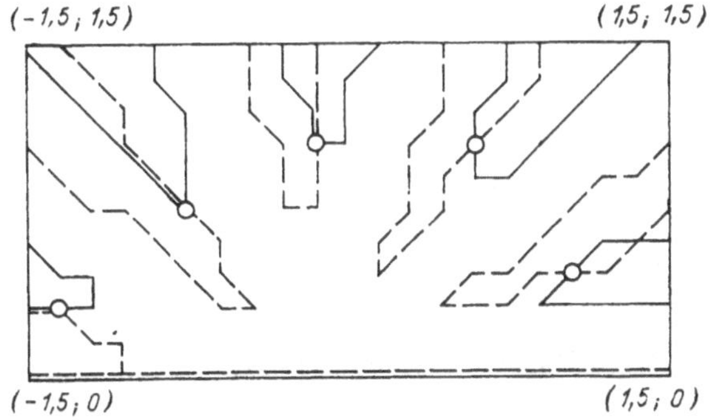

Abb. 3
Nullkurven des Polynoms $z^{10} + z + 1$

Das Verfahren hat den Vorzug großer Anschaulichkeit. Durch den Verlauf der Nullkurven im Großen tritt insbesondere die Kondition des Polynoms in bezug auf Zusammenballung von Nullstellen zu Tage. Wenn es jedoch nicht nur auf einen Überblick über die Lage der Nullstellen, sondern auch auf deren genauere zahlenmäßige Berechnung ankommt, erweist sich das Verfahren zwar als in sich ausbaufähig, aber letzten Endes ohne Hinzunahme eines konvergenzbeschleunigenden Faktors doch als zu umständlich.

Es liegt vielmehr nahe, das Gitterpunktverfahren mit einem Korrekturverfahren vom Newtonschen Typ zu kombinieren, um auf diese Weise die Nachteile des einen durch die Vorteile des anderen Verfahrens auszugleichen. So steht der Schwerfälligkeit des Gitterpunktverfahrens die algorithmische Eleganz und hohe Konvergenzgeschwindigkeit der Newtonverfahren bei guten Anfangswerten gegenüber, während deren fragliche Konvergenz im Großen durch die Bereitstellung genügend guter Startwerte durch das Gitterpunktverfahren beseitigt werden kann. Der Ablauf des Programms sieht dann im Prinzip so aus:

1. Ermittlung von Näherungswerten für eine Nullstelle bzw. ein Nullstellenpaar durch das Gitterpunktverfahren,
2. Newton-Korrektur und Reduktion des Polynoms durch Abspaltung eines linearen bzw. quadratischen Faktors,
3. Sprung nach 1.

Zur Berechnung *komplexer* Nullstellen bietet sich als Newtonverfahren die Variante von BAIRSTOW-HITCHCOCK an (weiterhin kurz Bairstow-Verfahren genannt; vgl. etwa [4], § 2). Dieses Verfahren ist aber auch ganz hervorragend zur Berechnung *reeller* Nullstellenpaare geeignet und wird daher von uns generell angewandt. Seiner Einfachheit und Schnelligkeit stehen lediglich seine fragliche Konvergenz im Großen und die numerische Unsicherheit bei mehrfachen Nullstellen gegenüber.

Der erste Mangel wird durch das Gitterpunktverfahren behoben. Gleichzeitig kann man mit diesem Hilfsmittel auch die Reihenfolge der abzuspaltenden Nullstellenpaare steuern.

Der zweite Mangel könnte durch zusätzliche, auf mehrfache Nullstellen zugeschnittene Maßnahmen beseitigt werden. Derartige Maßnahmen sind in das hier besprochene Programm *nicht* aufgenommen worden. Trotzdem hat sich dieses Programm bei der Erprobung als besonders geeignet für die Berechnung mehrfacher bzw. eng benachbarter reeller Nullstellen erwiesen (siehe Abschnitt 5, Beispiel 2). Eine Analyse der Situation bei mehrfachen reellen oder komplexen Nullstellen findet sich im nächsten Abschnitt.

2. Das Bairstow-Verfahren

Dieses Verfahren geht bekanntlich von der Tatsache aus, daß zu jedem Zahlenpaar p, q eine Zerlegung des Polynoms $P(z)$ existiert von der Gestalt

$$P(z) = Q(z)\, R(z) + B\, z + A$$

mit

$$\begin{aligned} Q(z) &= Q(z; p, q) = z^2 - p\, z - q, \\ R(z) &= R(z; p, q) \quad \text{Polynom } (n-2)\text{-ten Grades in } z, \\ A &= A(p, q), \quad B = B(p, q). \end{aligned}$$

Für numerische Zwecke ist allein der Fall interessant, daß p und q reell sind. Legt man (etwa) die Normierung $\operatorname{Im}\,(p^2/4 + q)^{1/2} \geqq 0$ zugrunde, so ist durch die Transformationsformeln

$$p = z_1 + z_2, \quad q = -z_1 z_2, \tag{4}$$

$$z_1 = p/2 + (p^2/4 + q)^{1/2} \quad z_2 = p/2 - (p^2/4 + q)^{1/2} \tag{5}$$

jedem reellen Zahlenpaar p, q umkehrbar eindeutig ein Paar reeller oder konjugiert komplexer Zahlen z_1, z_2 zugeordnet.

Es ist $Q(z_i) = 0$ und daher

$$P(z_i) = B(p, q)\, z_i + A(p, q), \quad i = 1, 2.$$

z_1, z_2 sind genau dann ein Nullstellenpaar von $P(z)$, wenn $Q(z)$ ein abspaltbarer Quadratfaktor von $P(z)$ ist, d. h., wenn

$$A(p, q) = 0, \; B(p, q) = 0 \tag{6}$$

gilt. Das Bairstow-Verfahren faßt (6) als System von Bestimmungsgleichungen für die Koeffizienten p, q abspaltbarer Quadratfaktoren auf und wendet ausgehend von einem Paar von Näherungswerten p_0, q_0 auf (6) das gewöhnliche Newtonverfahren für zwei Veränderliche an. Die Korrekturen Δp, Δq bestimmen sich dann aus dem Gleichungssystem

$$\begin{aligned} A_p \Delta p + A_q \Delta q &= -A, \\ B_p \Delta p + B_q \Delta q &= -B, \end{aligned} \tag{7}$$

wobei alle von p, q abhängigen Größen an der Stelle $p = p_0$, $q = q_0$ zu nehmen sind.

Um die numerische Kondition des Gleichungssystems (7) beurteilen zu können, berechnen wir die Koeffizientendeterminante

$$D(p, q) = A_p B_q - A_q B_p.$$

Hierbei benutzen wir die Tatsache, daß die Zerlegung von $R(z)$ nach $Q(z)$ die Gestalt $R(z) = Q(z)\, S(z) + B_q z + A_q$ besitzt, und daher gilt

$$R(z_i) = B_q z_i + A_q, \quad i = 1, 2.$$

Ferner entnehmen wir den in [4] angegebenen Formeln die Relationen

$$A_p = q\,B_q, \quad B_p = p\,B_q + A_q$$

und erhalten

$$\begin{aligned} A_q\,B_p - A_p\,B_q &= A_q^2 + p\,A_q\,B_q - q\,B_q^2 \\ &= A_q^2 + (z_1 + z_2)\,A_q\,B_q + z_1\,z_2\,B_q^2 \\ &= (A_q + z_1\,B_q)\,(A_q + z_2\,B_q) = R(z_1)\,R(z_2), \end{aligned}$$

also

$$D(p, q) = -\,R(z_1)\,R(z_2). \tag{8}$$

Es ist demnach zu erwarten, daß das Bairstow-Verfahren numerisch unsicher wird, sobald die zu p_0, q_0 gehörigen Polynome $Q_0(z) = (z - z_1)\,(z - z_2)$ und $R_0(z)$ eine der beiden Nullstellen z_1, z_2 gemeinsam besitzen bzw. auch schon dann, wenn eine der beiden Nullstellen einer Nullstelle von $R_0(z)$ eng benachbart ist. Dies ist aber – bis auf eine Ausnahme – stets der Fall, wenn z_1 oder z_2 in der Nähe einer *mehrfachen* Nullstelle von $P(z)$ liegt.

Die Ausnahme ergibt sich, wenn sowohl z_1 als auch z_2 bei einer *isolierten* reellen Doppelnullstelle liegen, weil für eine solche $R(z)$ *nicht* verschwindet.

In diesem Fall ergeben sich aber andere numerische Schwierigkeiten, die davon herrühren, daß für nahezu gleiche Werte von z_1 und z_2 die Transformationsformeln (5) numerisch instabil werden: Kleine Fehler in p und q führen zu großen Änderungen in z_1 und z_2, denn es ist

$$dz_i = (z_i\,dp + dq)/(z_i - z_j), \quad i, j = 1, 2, \quad i \neq j\,.$$

3. Das Gittertestverfahren

Die Anwendung des Bairstow-Verfahrens fordert natürlich dazu heraus, das in Abschnitt 1 erwähnte Gitterpunktverfahren in die p, q-Ebene zu übertragen. An die Stelle des Real- und Imaginärteils $U(x, y)$, $V(x, y)$ treten die Restgrößen $A(p, q)$, $B(p, q)$. Gesucht sind in der p, q-Ebene die Schnittpunkte der Nullkurven $A(p, q) = 0$ und $B(p, q) = 0$. Diese Nullkurven sind zwar wiederum algebraische Kurven, doch ist ihr Verlauf nicht so einfach zu übersehen wie derjenige der U-, V-Nullkurven in der x, y-Ebene. Insbesondere können ihre Schnittwinkel jetzt beliebige Werte zwischen 0° und 90° annehmen.

Um die Verhältnisse im Normalfall zu überblicken, nehmen wir an, daß $Q_0(z) = z^2 - p_0\,z - q_0$ ein *einfacher* Quadratfaktor von $P(z)$ sei, d. h., daß für $p = p_0$, $q = q_0$ gelte $A_q^2 + B_q^2 \neq 0$. Das Verhalten von $A(p, q)$ bzw. $B(p, q)$ in der Umgebung von p_0, q_0 ist dann bis auf Glieder höherer Ordnung gegeben durch die Tangentengleichungen

$$\left.\begin{aligned} A_p(p - p_0) + A_q(q - q_0) = 0, \\ B_p(p - p_0) + B_q(q - q_0) = 0. \end{aligned}\right\} \tag{9}$$

Daher erhalten wir für den Schnittwinkel φ_0 der Nullkurven an der Stelle p_0, q_0 unter Verwendung von (8)

$$|\varphi_0| = \arcsin\{|R(z_1)| \cdot |R(z_2)| / (A_p^2 + A_q^2)^{1/2} (B_p^2 + B_q^2)^{1/2}\}.$$

Die Nullkurven schneiden sich also unter sehr spitzem Winkel auch bei einem einfachen Quadratfaktor $Q_0(z)$, wenn das reduzierte Polynom $R_0(z)$ eine Nullstelle in der Nähe von z_1 oder z_2 besitzt.

Das zu besprechende Gittertestverfahren gründet sich auf die folgenden beiden Tatsachen:

a) Ist r eine obere Schranke der Nullstellenbeträge des Polynoms $P(z)$, so enthält das Rechteck in der p, q-Ebene mit den Eckpunkten $(-2r, -r^2)$, $(2r, -r^2)$, $(2r, r^2)$, $(-2r, r^2)$ sämtliche Schnittpunkte der A- und B-Nullkurven.

b) Hat $A(p, q)$ bzw. $B(p, q)$ in zwei verschiedenen Punkten der p, q-Ebene entgegengesetztes Vorzeichen, so liegt auf jeder Verbindungslinie der beiden Punkte mindestens ein Punkt einer A- bzw. B-Nullkurve.

Bei Einsatz eines Rechenautomaten ist es nach dem Prinzip des „direkten Angriffs" naheliegend, das unter a) genannte Rechteck mit einem Punktgitter zu überdecken und unter Bezugnahme auf b) nach Nullkurvenschnittpunkten abzutasten. Hierzu betrachten wir eine aus vier benachbarten Gitterpunkten P_0, P_1, P_2, P_3 gebildete Masche des Gitternetzes, die in ihrem Inneren einen Nullkurvenschnittpunkt p_0, q_0 enthält. Ferner nehmen wir an, daß der zu p_0, q_0 gehörige Quadratfaktor $Q_0(z)$ einfach und die Abstände der Punkte so klein seien, daß in der betrachteten Masche die Nullkurven gut genug durch die Tangenten (9) wiedergegeben werden (Abb. 4). Dann läßt sich durch eine einfache Falldiskussion zeigen, daß mindestens eine der fünf Verbindungs-

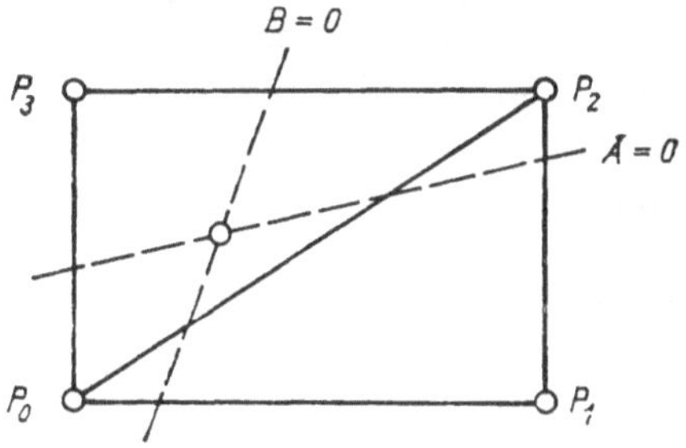

Abb. 4
Gitternetzmasche mit Nullkurvenschnittpunkt

strecken $P_0 P_1$, $P_0 P_2$, $P_0 P_3$, $P_1 P_2$, $P_2 P_3$ von *beiden* Nullkurventangenten geschnitten wird. Es ändert also für mindestens eines der fünf Punktepaare *sowohl A als auch B* sein Vorzeichen. Wie aus Abb. 4 unmittelbar hervorgeht, ist es hierbei ohne Belang, ob der Schnittwinkel eventuell sehr spitz ausfällt.

Beim Gittertestverfahren wird systematisch das Punktgitter nach benachbarten Punkten abgesucht, für die A und B gleichzeitig ihre Vorzeichen wechseln. Es ist selbstverständlich wichtig, daß man dabei mit einem Minimum an Entscheidungsoperationen und Speicherplätzen auskommt.

Bei dem von den Verfassern aufgestellten Programm verläuft der Testvorgang folgendermaßen:

Das unter a) genannte Rechteck wird durch ein quadratisches Punktgitter mit der Maschenweite $h = r/m$, m ganz, derart überdeckt, daß der obere rechte Eckpunkt $(2\,r, r^2)$ Gitterpunkt ist. Die Gitterzeilen denken wir uns von oben nach unten durchnumeriert. Jede Zeile wird von rechts nach links abgearbeitet. Nachdem die Werte von A und B für alle Punkte der ersten Zeile mit Hilfe des doppelzeiligen Hornerschemas berechnet worden sind, werden für die zwei ersten Punkte der zweiten Zeile die Größen A und B ermittelt und mit den Werten in den beiden darüberliegenden Punkten wie oben angegeben auf Vorzeichenwechsel getestet. Unter Bezugnahme auf Abb. 4 wird geprüft, ob eine der drei Aussagen

$$(\text{sign}\, A_0 = -\,\text{sign}\, A_i) \wedge (\text{sign}\, B_0 = -\,\text{sign}\, B_i), \quad i = 1, 2, 3$$

erfüllt ist; $A_k = A(P_k)$, $B_k = B(P_k)$, $k = 0, 1, 2, 3$.

Fällt der Test negativ aus, so wird unter Einbeziehung des nächsten Punktes der zweiten Zeile das nächste Punktquadrupel überprüft. Fällt dagegen der Test positiv aus, so wird der Punkt $p = p_0 + h/2$, $q = q_0 + h/2$ als Anfangspunkt für das Bairstow-Verfahren genommen. Falls dieses Verfahren konvergiert (siehe Abschnitt 4), wird der entsprechende Quadratfaktor vom Polynom

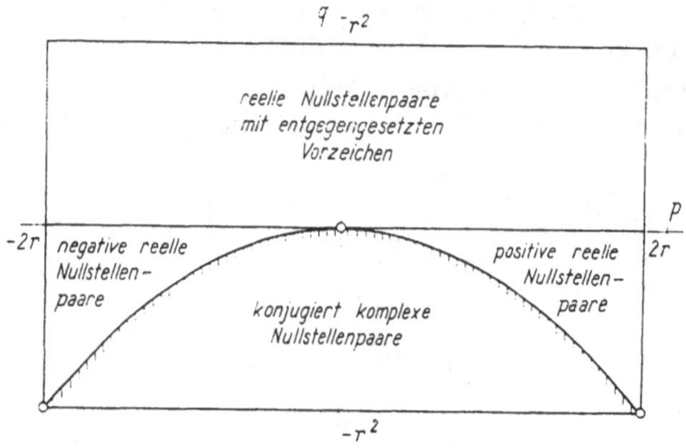

Abb. 5
Nullstellenverteilung in der p, q-Ebene

abgespalten. Die weiteren Rechnungen werden mit Rücksicht auf die Geschwindigkeit des Programms mit dem reduzierten Polynom ausgeführt.

Nach jeder Reduktion setzt das Gittertestverfahren wieder am Anfang derjenigen Zeile ein, in der es vor Absprung in das Bairstow-Verfahren geendet hat.

Die Reihenfolge der zum Vorzeichentest herangezogenen Maschen des Gitternetzes steuert die Reihenfolge der abzuspaltenden Polynomfaktoren. Hierüber gibt Abb. 5 Aufschluß. Die dort eingezeichnete Parabel ist durch $p^2/4 + q = 0$ definiert, und die angegebene Nullstellenverteilung folgt aus (4) bzw. (5).

Bei dem von uns gewählten Ablauf des Gittertestverfahrens werden zunächst die Paare reeller Nullstellen mit verschiedenen Vorzeichen abgespalten, und zwar nach fallenden Beträgen geordnet. Die Paare reeller Nullstellen mit gleichen Vorzeichen und die konjugiert komplexen Nullstellenpaare folgen nach wachsenden Beträgen geordnet. Legte man dagegen Wert darauf, die Nullstellenpaare prinzipiell nach *steigenden* Beträgen geordnet abzuspalten, um die Rundungsfehler bei den Reduktionen klein zu halten (siehe hierzu [5], Kap. 2), so könnte dies z. B. durch die Zeilenreihenfolge $q = 0, \pm h, \pm 2h, \ldots$ erreicht werden.

4. Aufbau des Gesamtprogramms

Wir geben in groben Zügen den Aufbau des Programms wieder, das in ALGOL für den Rechenautomaten NATIONAL-ELLIOTT-503 und in FORTRAN für den Automaten des Rechenzentrums beim VEB Carl Zeiss Jena vom Typ ICT-1900 aufgestellt und erprobt worden ist.

Einzugeben sind außer den Koeffizienten a_k, $k = 1\,(1)\,n$, des auf $a_0 = 1$ normierten Polynoms $P(z)$ noch geeignet festzulegende (positive) Werte für die folgenden 3 Parameter:

ε_1 „Automaten-Null“, ε_2 „relativer Fehler“

m Anzahl der Gitterpunkte pro p- bzw. q-Intervall der Länge r.

Das Programm setzt sich aus folgenden Teilen zusammen:

1. Mit Hilfe eines Halbierungsverfahrens wird r als positive Nullstelle des Polynoms $x^n - \sum_{k=1}^{n} |a_k|\, x^{n-k}$ berechnet. Dieses r ist die kleinste obere Schranke für die Nullstellenbeträge, auf die man allein aus der Kenntnis der Koeffizientenbeträge schließen kann. Somit kann man das Halbierungsverfahren insbesondere mit dem Intervall $[0, \max_k |a_k| + 1]$ beginnen.

Durch r werden das Rechteck, das die Nullkurven-Schnittpunkte enthält, und die Gitterkonstante $h = r/m$ festgelegt.

2. Das Gittertestverfahren setzt im Eckpunkt $(2\,r, r^2)$ beginnend ein.

3. Sobald einmal der Vorzeichentest positiv ausgefallen ist, wird das Bairstow-Verfahren aufgerufen. Die Abbruchbedingungen dieses Verfahrens lauten

$$|A(p_i, q_i)| + |B(p_i, q_i)| \cdot (|p_i| + |q_i| + 1) \leqq \varepsilon_1 \tag{10}$$

oder

$$(|p_{i+1} - p_i| \leqq \varepsilon_2 |p_i|) \wedge (|q_{i+1} - q_i| \leqq \varepsilon_2 |q_i|) \tag{11}$$

oder

$$i \geqq 50.$$

Die linke Seite von (10) ist wegen

$$\begin{aligned} |A_i| + |B_i| (|p_i| + |q_i| + 1) &\geqq |A_i| + |B_i| \cdot |z_k| \\ &\geqq |A_i + B_i z_k| \\ &= |P(z_k)|, \quad k = 1, 2 \end{aligned}$$

eine gemeinsame obere Schranke für die Beträge von $P(z)$ an den zu p_i, q_i gehörigen approximativen Nullstellen z_1, z_2.

4. Im Fall der „Konvergenz“ des Bairstow-Verfahrens, d. h., wenn einer der beiden Tests (10) und (11) positiv ausgefallen ist, wird das Reduktionsverfahren aufgerufen (doppelzeiliges Hornerschema). Der Grad des Polynoms wird um 2 erniedrigt.

5. Nach der Reduktion wird das Gittertestverfahren in der oben geschilderten Weise fortgesetzt.

6. Wurden nach vollständiger Durchmusterung aller Maschen des Gitternetzes nicht alle Nullstellen gefunden, so wird ausgehend vom Anfangswert $x_0 = r$ auf das Restpolynom das gewöhnliche Newtonverfahren für eine reelle Veränderliche angewandt. Diese Maßnahme hat sich als nützlich erwiesen vor allem in Hinblick auf Polynome ungeraden Grades, bei denen das Restpolynom ja stets einen reellen Linearfaktor enthält. Die Abbruchbedingungen lauten analog zu 3:

$$|P(x_i)| \leqq \varepsilon_1 \quad \text{oder} \quad |x_{i+1} - x_i| \leqq \varepsilon_2 |x_i| \quad \text{oder} \quad i \geqq 50.$$

7. Existiert nach Beendigung des Newtonverfahrens immer noch ein Restpolynom, so wird dieses als neues Ausgangspolynom betrachtet. Nach Halbierung der Gitterkonstanten h beginnt das Verfahren bei 1. Dies wird so lange wiederholt, bis entweder alle Nullstellen gefunden wurden oder die Zahl der Gitterpunkte pro Zeile größer als 500 geworden ist. Dann bricht das Verfahren ab, und das Restpolynom wird zusammen mit den gefundenen

Nullstellen und oberen Schranken für die Beträge des Polynoms an diesen Stellen ausgegeben.

Bemerkungen

a) Die Werte für die Parameter ε_1, ε_2, m müssen der Rechengenauigkeit des benutzten Automaten und der numerischen Bestimmtheit der Nullstellen angepaßt sein. Die sachgemäße Wahl dieser Werte erfordert daher eine gewisse Erfahrung in der Anwendung des Programms. Dies liegt aber in der Natur der Sache. Man sollte sich stets im klaren darüber sein, daß *jedes* Programm für ein numerisches Verfahren bei vorgegebenen Parameterwerten und vorgegebener Rechengenauigkeit durch speziell ausgewählte Beispiele zu Fall gebracht werden kann.

b) Um eine gleichmäßigere Verteilung der Nullkurvenschnittpunkte im einschließenden Rechteck zu erreichen und auch um die Anzahl der Gitterpunkte (näherungsweise $4\,m^2\,r$) klein zu halten, kann es ratsam sein, durch Transformationen von z der Gestalt

$$z^* = z + a_1/n,$$
$$z^{**} = c\,z^*$$

den Schwerpunkt der Nullstellen in den Koordinatenursprung zu legen und mit Hilfe des Skalierungsfaktors c die Größe von r^{**} geeignet festzulegen (z. B. durch $c = 1/r^*$ auf 1 zu normieren).

c) Zur Beurteilung der Genauigkeit der berechneten Näherungslösungen stehen lediglich die Schranken für die Betragswerte des Polynoms und die beiden Parameterwerte ε_1 und ε_2 zur Verfügung. Zur *vollständigen* Lösung der Aufgabe gehört jedoch die Verbesserung der Näherungswerte am ursprünglichen Polynom und die Berechnung von Fehlerschranken für die endgültige Lösung. Die Entwicklung eines derartigen Programms ist ebenfalls vorgesehen.

5. Zwei Beispiele

Um die Leistungsfähigkeit des Programms etwas zu illustrieren, geben wir zwei Beispiele (9stellige Rechnung, Ausgabe der Nullstellen auf sechs Stellen).

1. $z^{10} - 1 = 0$ Kreisteilungsgleichung als Beispiel für gut bestimmte reelle und komplexe Nullstellen

Unter Verwendung von $\varepsilon_1 = 10^{-6}$, $\varepsilon_2 = 10^{-5}$, $m = 20$ ergeben sich mit $z_{1,2} = \pm 1$ beginnend sämtliche Nullstellen mit sechs gültigen Ziffern.

2. Das folgende Beispiel stammt aus der Praxis. Es handelt sich um ein Polynom mit extrem schlecht bestimmten, eng benachbarten Nullstellen. Die Koeffizienten waren auf neun Stellen gegeben durch

$a_0 = 1{,}00000000$,	$a_1 = 1{,}64554499$,	$a_2 = -1{,}87148654$,
$a_3 = -3{,}90348203$,	$a_4 = -0{,}040171027$,	$a_1 = 2{,}25589570$,
$a_6 = 0{,}765045593$,	$a_7 = -0{,}295404783$,	$a_1 = -0{,}178750227$,
$a_9 = -0{,}009548410$,	$a_{10} = 0{,}007918161$,	$a_{11} = 0{,}001296047$,
$a_{12} = -0{,}000000940$,	$a_{13} = -0{,}000007321$.	

Hier kam es ganz besonders auf eine günstige Wahl der Parameter an. r war 2,83. Mit $\varepsilon_1 = 10^{-10}$, $\varepsilon_2 = 10^{-6}$, $m = 20$ gelang es, sämtliche Funktionswerte des Polynoms an den berechneten Näherungsstellen betragsmäßig unter 10^{-10} zu drücken. Die Nullstellen ergaben sich in folgender Reihenfolge:

$z_1 = 1{,}27118$,	$z_2 = -0{,}958707$,
$z_3 = 0{,}775433$,	$z_4 = -0{,}546625$,
$z_5 = 0{,}451372$,	$z_6 = -0{,}540104$,
$z_7 = 0{,}242654$,	$z_8 = -0{,}294372$,
$z_9 = 0{,}065529$,	$z_{10} = -0{,}162395$,
$z_{11} = -0{,}217952$,	$z_{12} = -0{,}234370$,
$z_{13} = -1{,}497192$.	

Man erkennt, daß die Nullstellen in der Tat so weit wie möglich zu Paaren mit entgegengesetzten Vorzeichen und nach abnehmenden q-Werten geordnet berechnet worden sind.

Die Rechenzeiten betrugen auf dem Rechenautomaten NE 503 beim ersten Beispiel rund 8 und beim zweiten Beispiel rund 5 Minuten. An der ICT-1900 waren die Zeiten im Schnitt 5- bis 10mal kleiner. Ein direkter Vergleich ist jedoch wegen gewisser Unterschiede in den Programmen nicht ohne weiteres möglich.

Literatur

[1] Bareiss, E. H., Resultant procedure and the mechanization of the Graeffe process. Journal ACM 7 (1960), 346–386.

[2] Ostrowski, A. M., A method for automatic solution of algebraic equations. Constructive Aspects fundam. Theor. Algebra, Proc. Sympos. Zürich-Rüschlikon 1967 (1969), p. 209–224.

[3] Wallisch, W., und G. Höfner, Ein Verfahren für digitale Rechenautomaten zur Bestimmung der Nullstellen von Polynomen. Wiss. Z. Univ. Jena, Math.-Naturwiss. Reihe, Heft 2 (1969), 335–338.
[4] Zurmühl, R., Praktische Mathematik. 5. Aufl., Springer-Verlag, Berlin-Heidelberg-New York 1965.
[5] Wilkinson, J. H., Rounding errors in algebraic processes. Her Majesty's Stationary Office, London 1963.

Manuskripteingang: 5. 11. 1970

Prof. Dr. Walter Wallisch, Sektion Mathematik der Friedrich-Schiller-Universität Jena;
Rolf-Dieter Recknagel, Sektion Mathematik der Friedrich-Schiller-Universität Jena

Beiträge zur Numerischen Mathematik
1 (1974), 195–236

Über apriore Fehlerabschätzungen der Eigenwertnäherungen beim Bazley-Fox-Verfahren

WILFRIED WEINELT

1. Einleitung

Eine Vielzahl von Problemen — etwa aus der klassischen Mechanik oder der Quantenmechanik — besteht darin, die Eigenwerte von gewissen selbstadjungierten halbbeschränkten Operatoren im Hilbert-Raum zu ermitteln. Im konkreten Fall wird es sich meist um Differentialoperatoren und Integrodifferentialoperatoren handeln.

Indem man gegebenenfalls statt des vorgelegten Operators A den Operator $(\pm A + k I)$ mit $k \geqq 0$ und I als identischen Operator betrachtet — wobei sich die Eigenunterräume nicht und die Eigenwerte in einfachster Weise ändern —, können die genannten Probleme allgemein wie folgt formuliert werden:

Gegeben sei ein positiv definiter selbstadjungierter unbeschränkter Operator A im Hilbert-Raum H mit reinem Punktspektrum

$$0 < \lambda_1 \leqq \lambda_2 \leqq \lambda_3 \leqq \cdots \leqq \lambda_n \leqq \cdots \quad (\lambda_n \to \infty \text{ für } n \to \infty). \tag{1}$$

Gestellt ist die Aufgabe, etwa die ersten n Eigenwerte $\lambda_1, \ldots, \lambda_n$ zu bestimmen, d. h. — falls keine exakte Lösung möglich bzw. zweckmäßig ist —, für jeden dieser Eigenwerte eine obere und eine untere Schranke anzugeben.

Obere Schranken erhält man bekanntlich durch einen n-gliedrigen Ritz-Ansatz [24, 25], d. h. durch Berechnung der von Null verschiedenen n Eigenwerte des Operators

$$Q_n A Q_n, \tag{2}$$

wobei Q_n den orthogonalen Projektor in H auf den von den Ritzschen Koordinatenelementen aufgespannten Unterraum bedeutet. Der Operator (2) ist von endlichem Rang und daher ist das Ritzsche Verfahren ein Näherungsverfahren von der Art

(A) Die näherungsweise Lösung des Problems besteht darin, ein endliches algebraisches System zu lösen, d. h., dieses System enthält nur endlich viele Gleichungen mit endlich vielen Unbekannten, die an nur endlich vielen Stellen auftreten.

Diese Eigenschaft (A) ist natürlich für die numerische Auswertung sehr wichtig und vorteilhaft, da hierfür eine Vielzahl von Lösungsmethoden bereitsteht [15].

Für die Entwicklung von Verfahren zur Gewinnung unterer Schranken für die Eigenwerte war die Idee von WEINSTEIN [28, 29] ausschlaggebend. Er zeigte, daß man bei einigen speziellen Differentialoperatoren solche Schranken angeben kann, indem man die Randbedingungen so abändert, daß dadurch „kleinere" Operatoren entstehen, für die das Eigenwertproblem lösbar ist.

Ein solcher verkleinerter Operator wird Grundoperator und das zugehörige Eigenwertproblem Grundproblem genannt. Ausgehend von diesem werden dann Zwischenprobleme konstruiert, deren entsprechende Zwischenoperatoren „der Größe nach" zwischen Grundoperator und gegebenem Operator liegen und somit verbesserte Schranken liefern.

Diese Eigenschaft der Zwischenprobleme werde bezeichnet mit

(B) Die zu den Zwischenproblemen gehörigen Zwischenoperatoren sind nicht größer als der gegebene Operator.

ARONSZAJN [1, 2] hat diesen Gedanken mit der Feststellung von WEYL [33] verbunden, daß man untere Schranken auch gewinnen kann, indem man den gegebenen Operator selbst verändert (durch Weglassen eines positiven Teils von ihm), und hat diese Methode für den Fall vollstetiger Operatoren abstrakt im Hilbert-Raum formuliert. Allerdings haben dabei die Zwischenprobleme noch nicht die Eigenschaft (A), sondern es sind die Nullstellen und die Pole einer Funktion zu finden, die in Form einer unendlichen Reihe gegeben ist.

N. W. BAZLEY und D. W. FOX [3—7] haben die Aronszajnsche Methode übertragen auf den Fall unbeschränkter (halbbeschränkter) selbstadjungierter Operatoren im Hilbert-Raum. Dabei sind (im wesentlichen zwei) neue Ideen hinzugetreten, die es gewährleisten, daß die numerisch auszuwertenden Aufgaben, die Zwischenprobleme, die Eigenschaft (A) besitzen und somit einen praktischen Aufwand erfordern, der zwar größer als beim Ritzschen Verfahren ist, jedoch in Grenzen liegt.

Die beiden Varianten, Zwischenprobleme mit der Eigenschaft (A) zu erzeugen bestehen in

(I) spezieller Wahl von Koordinatenelementen,

(II) Trunkation[1]) des Grundoperators.

Die Verfahren dieser Art werden nach F. KUHNERT [19, 20] Bazley-Fox-Verfahren genannt.

---

[1]) Dieser Terminus wurde aus dem Englischen übernommen; vgl. die grundlegende Arbeit [3]. Um welche Reduktion des Operators es sich dabei handelt, ist in 2.22. angeführt.

Unabhängig von BAZLEY und FOX hat bereits SWIRSKIJ [27] dieses Verfahren skizziert, und zwar unter Benutzung von (II). Obwohl sein Vorgehen im wesentlichen identisch ist mit demjenigen von BAZLEY und FOX, gibt er darüber hinaus keine allgemeinen Hinweise bezüglich Anwendungsbereich und Konvergenz des Verfahrens.

Zu erwähnen sind hier noch Arbeiten von FICHERA [16, 17], in denen gezeigt wird, wie man bei vollstetigen Operatoren das Aufsuchen eines lösbaren Grundproblems umgehen kann. Auch ist im zweiten Teil des genannten Swirskijschen Aufsatzes eine Prozedur angegeben, die von einem Grundproblem keinen Gebrauch macht; jedoch sind dabei bereits bekannte Ritzsche Näherungen der Ausgangspunkt der Betrachtungen.

BAZLEY und FOX haben in der Arbeit [3] hinreichende Bedingungen für die Konvergenz des Bazley-Fox-Verfahrens angegeben. In weiteren Aufsätzen [4—11] — vgl. auch [14, 26, 30, 31] — ist anhand von Beispielen die Güte des Verfahrens angedeutet worden, indem entweder exakte Lösungen oder Ritzsche obere Schranken für die Eigenwerte zum Vergleich herangezogen wurden

Eine apriore Abschätzung des Fehlers der Eigenwerte beim Bazley-Fox-Verfahren ist bisher nur für die Variante [I] von KUHNERT in [19, 20] angegeben worden.[1]) Die bei dieser Variante notwendige spezielle Wahl der Koordinatenelemente ist aber nicht immer möglich und oft auch nicht empfehlenswert. Die Variante (II) dagegen ist stets durchführbar, denn bei dieser können die Koordinatenfunktionen immer in naheliegender und zweckmäßiger Weise (vgl. (45)) gewählt werden.

Ziel der vorliegenden Arbeit ist es nun, Fehlerabschätzungen zum Bazley-Fox-Verfahren dieser Form (II) anzugeben.

In Kapitel 2 wird das Verfahren erläutert, um später nicht immer auf Literaturstellen verweisen zu müssen. In Kapitel 3 wird aus dem Courantschen Maximum-Minimum-Prinzip ein Konvergenzprinzip für die Eigenwerte der Zwischenprobleme abgeleitet.

Die Kapitel 4 und 5 enthalten dann die gewünschten Abschätzungen.

2. Beschreibung des Bazley-Fox-Verfahrens

2.1. *Problemstellung*

Gegeben sei ein selbstadjungierter positiv definiter unbeschränkter Operator A im Hilbert-Raum H. Weiter sei von ihm bekannt, daß er ein rein diskretes Spektrum besitzt. Die Eigenwerte λ eines solchen Operators denke man sich

[1]) Eine Abschätzung der Konvergenzgeschwindigkeit von Eigenwertnäherungen ist in der Arbeit [35] von POSNJAK gegeben worden.

stets in einer wachsenden Folge

$$0 < \lambda_1 \leqq \lambda_2 \leqq \cdots \leqq \lambda_\nu \leqq \cdots \quad (\lambda_\nu \to \infty \text{ für } \nu \to \infty) \tag{3}$$

angeordnet. Dabei möge jeder Eigenwert so oft in dieser Folge stehen, wie seine Vielfachheit angibt, so daß zu jedem genau eine Eigenfunktion

$$u_1, u_2, \ldots, u_\nu, \ldots \tag{4}$$

gehört. Die Eigenfunktionen seien stets als orthonormiert vorausgesetzt.

Der Operator A besitze außerdem die Darstellung

$$A = A_0 + A' \tag{5}$$

mit A_0 als positiv definitem selbstadjungiertem unbeschränktem Operator in H mit rein diskretem Spektrum

$$0 < \lambda_1^0 \leqq \lambda_2^0 \leqq \cdots \leqq \lambda_\nu^0 \leqq \cdots \quad (\lambda_\nu^0 \to \infty \text{ für } \nu \to \infty), \tag{3_0}$$

$$u_1^0, \quad u_2^0, \ldots, \quad u_\nu^0, \ldots \tag{4_0}$$

mit A' als positiv definitem symmetrischem Operator und den Definitionsbereichen (die jeweils dicht in H seien)

$$D(A) = D(A_0) \cap D(A') = D(A_0), \quad \text{d. h.} \quad D(A_0) \subset D(A'). \tag{6}$$

Bemerkung 1. Die beiden positiv definiten selbstadjungierten Operatoren A und A_0 mit übereinstimmenden Definitionsbereichen (6) heißen ähnlich (nach MICHLIN [22], S. 22—23), und es gibt zwei positive Konstanten $c_1 < 1$ und c_2, so daß für alle $u \in D(A)$

$$c_1 (A u, u) \leqq (A_0 u, u) \leqq c_2 (A u, u) \tag{7}$$

gilt. Wegen der positiven Definitheit von A und A_0,

$$(A u, u) \geqq \lambda_1 \| u \|^2, \qquad (A_0 u, u) \geqq \lambda_1^0 \| u \|^2 \qquad (u \in D(A)), \tag{8}$$

stellen die Ausdrücke

$$\| u \|_A^2 = (A u, u), \quad \| u \|_{A_0}^2 = (A_0 u, u) \tag{9}$$

Normen über den linearen Mannigfaltigkeiten $D(A) = D(A_0)$ dar, und zwar wegen (7) äquivalente Normen. Durch Abschließung von $D(A) = D(A_0)$ in den Normen (9) entstehen zwei Hilbert-Räume H_A und H_{A_0}. Es gelten die Beziehungen (vgl. [21])

$$u \in H_A \Leftrightarrow u \in H_{A_0} \Rightarrow u \in H,$$

was in der Form

$$H_A = H_{A_0} \subset H \tag{10}$$

ausgedrückt sei.

Ferner sei der Operator A' positiv definit (im weiteren Sinne), wenn

$$(A' u, u) \geqq 0, \quad u \in D(A'); \quad (A' u, u) = 0 \quad \text{nur für } u = 0; \tag{11}$$

er heiße positiv definit (im engeren Sinne), wenn eine positive Konstante γ existiert, so daß

$$(A' u, u) \geqq \gamma \| u \|^2 \quad (u \in D(A')) \tag{12}$$

ist. Wenn im folgenden schlechthin von positiver Definitheit des Operators A' gesprochen wird, so darf A' ein Operator sein, der lediglich (11) erfüllt.

Das Eigenwertproblem für den Operator A_0 sei exakt lösbar, d. h., die Größen (3_0), (4_0) seien bekannt.

Gesucht sind für die ν ersten Eigenwerte (3) des Operators A ($\nu = 1, 2, \ldots$) untere Schranken vorgegebener Güte.

Bemerkung 2. Die Eigenwerte (3_0) des Operators A_0 sind untere Schranken für die Eigenwerte (3) des Operators A. Das Eigenwertproblem für A_0 ist also ein Grundproblem (im Sinne der Weinsteinschen Terminologie, vgl. [1]) für das Eigenwertproblem des Operators A.

Beweis. Aus dem Courantschen Prinzip [23, 13] — vgl. auch [21, 12, 32] — folgt, da A' positiv definit ist, sofort die Ungleichung

$$\begin{aligned} \lambda_\nu^0 &= (A_0 u_\nu^0, u_\nu^0) \\ &= \min_{M_\nu \subset H_A} \max_{\substack{\|u\|=1 \\ u \in M_\nu}} (A_0 u, u) < \min_{M_\nu \subset H_A} \max_{\substack{\|u\|=1 \\ u \in M_\nu}} ((A_0 u, u) + (A' u, u)) \\ &= \min_{M_\nu \subset H_A} \max_{\substack{\|u\|=1 \\ u \in M_\nu}} (A u, u) = \lambda_\nu . \end{aligned} \tag{13}$$

Dabei bedeutet M_ν einen ν-dimensionalen Unterraum in H_A, das auftretende Minimum hinsichtlich M_ν wird angenommen für $M_\nu = E_\nu$, wobei E_ν der Eigenunterraum des betreffenden Operators ist, der zu den ersten ν Eigenwerten gehört. Das Maximum der Größe $(A u, u)$ liegt dann bei $u = u_\nu \in E_\nu(A)$.

Das Bazley-Fox-Verfahren, welches in 2.2. kurz dargestellt werden soll, besteht nun darin, ausgehend vom Grundproblem

$$A_0 u_\nu^0 = \lambda_\nu^0 u_\nu^0 \tag{14}$$

Zwischenprobleme mit den Eigenschaften (A) und (B) zu konstruieren, die ihrerseits verbesserte untere Schranken für die Eigenwerte (3) liefern (im Vergleich zu den groben unteren Schranken (3_0)). Die Güte der Schranken — auch die der groben (3_0) — hängt erwartungsgemäß wesentlich von weiteren Eigenschaften des Zusatzoperators A' ab. Daher sollen schon hier die Klassen von Zusatzoperatoren A' angegeben werden, für die dann in den Kapiteln 4 und 5 die Abweichungen der unteren Schranken von den genauen Eigenwerten untersucht werden.

I. Beschränkte, positiv definite Zusatzoperatoren

(a) $\exists a' > 0$, so daß $\| A' u \| \leqq a' \| u \| \; (u \in H)$.

Neben diesem allgemeinen Fall eines beschränkten Operators A' werden noch folgende speziellere Typen genauer betrachtet.

(b) $\exists a_0' > 0$, so daß $(A' u, u) \leqq a_0' (A_0^{-1} u, u) \; (u \in H)$:

A' ist vollstetig und relativ beschränkt zu A_0^{-1}.

Bemerkung 3. Da A_0 positiv definit ist und ein reines Punktspektrum besitzt, existiert der positive vollstetige Operator A_0^{-1}. Die Klasse (b) ist natürlich in (a) enthalten, etwa mit $a' = a_0'/\lambda_1^0$.

(c) Der Operator A' ist endlich dimensional.[1])

II. Unbeschränkte positiv definite Zusatzoperatoren
Von dieser Klasse werden solche Operatoren betrachtet, die im folgenden Sinne „relativ klein" gegenüber dem Grundoperator sind:

(d) $$\| A' u \| \leqq b' \| A_0^\beta u \| \left(u \in D(A_0),\ 0 < \beta \leqq \frac{1}{2}\right).$$

Bemerkung 4. Im allgemeinen Fall ist wegen (7) der Zusatzoperator A' relativ beschränkt zu A_0:

$$(A_0 u, u) \geqq c_1 (A u, u) = c_1 (A_0 u, u) + c_1 (A' u, u)$$
$$(u \in D(A_0),\ 0 < c_1 < 1),$$

d. h.

(e) $$(A' u, u) \leqq \alpha (A_0 u, u) \quad (u \in D(A_0),\ \alpha = (1 - c_1)/c_1).$$

Für einen zur speziellen Klasse (d) gehörenden Operator A' kann man wegen

$$\begin{aligned}(A' u, u) &\leqq \| u \| \, \| A' u \| \leqq b' \left[(u, u)\,(A_0^{2\beta} u, u)\right]^{\frac{1}{2}}\\ &= b' \left[(A_0^{-1} A_0^{\frac{1}{2}} u, A_0^{\frac{1}{2}} u)\,(A_0^{2\beta-1} A_0^{\frac{1}{2}} u, A_0^{\frac{1}{2}} u)\right]^{\frac{1}{2}}\\ &\leqq b' (\lambda_1^0)^{\beta-1} (A_0 u, u)\end{aligned}$$

auch

$$\alpha = b' (\lambda_1^0)^{\beta-1}$$

verwenden.

Bemerkung 5. Abschließend sei hier erwähnt, wie gut die groben Näherungen (3_0) unter den Bedingungen (a) bis (d) und (e) sind. Durch entsprechende Fortsetzung der Ungleichungskette (13) erhält man im Fall (a)

$$\lambda_\nu^0 \leqq \lambda_\nu \leqq \lambda_\nu^0 + a', \tag{15}$$

im Fall (b)

$$\lambda_\nu^0 \leqq \lambda_\nu \leqq \lambda_\nu^0 + a_0' (\lambda_\nu^0)^{-1}, \tag{16}$$

im Fall (d)

$$\lambda_\nu^0 \leqq \lambda_\nu \leqq \lambda_\nu^0 + b' (\lambda_\nu^0)^\beta \tag{17}$$

und im allgemeinen Fall (e)

$$\lambda_\nu^0 \leqq \lambda_\nu \leqq \lambda_\nu^0 (1 + \alpha). \tag{18}$$

---

[1]) Statt der positiven Definitheit von A' wird dabei nur seine Positivität verlangt: $(A' u, u) \geqq 0$ $(u \in H)$.

Unter Verwendung von (13) ergibt sich nämlich z. B. im Fall (d)

$$\lambda_\nu^0 \leqq \lambda_\nu = \min_{M_\nu \subset H_A} \max_{\substack{\|u\|=1 \\ u\in M_\nu}} ((A_0 u, u) + A' u, u))$$

$$\leqq \min \max ((A_0 u, u) + \| u \| b' (A_0^{2\beta} u, u)^{\frac{1}{2}}) = \lambda_\nu^0 + b' (\lambda_\nu^0)^\beta,$$

also (17).

Mit den rechten Seiten der Ungleichungen (15) bis (18) sind grobe obere Schranken gegeben, die mit λ_ν^+ bezeichnet werden sollen.

2.2. *Das Bazley-Fox-Verfahren*

Wie schon erwähnt, geben Bazley und Fox Konstruktionsvorschriften für Zwischenoperatoren an, deren entsprechende Zwischenprobleme die Eigenschaften (A) und (B) haben. Diese Konstruktion erfolgt in zwei Schritten.

2.2.1. Die Projektion des Zusatzoperators A' — Zwischenprobleme erster Art
Zunächst wird ein neuer Hilbert-Raum H' betrachtet, der durch Abschließung von $D(A')$ in der neuen Norm

$$|\!| u |\!|^2 = [u, u] = (A' u, u) \tag{19}$$

entsteht. Wegen (11) stellt nämlich

$$[u, v] = (A' u, u), \quad u, v \in D(A'), \tag{20}$$

ein Skalarprodukt dar, und die Bezeichnung von (19) als Norm ist gerechtfertigt. (20) ist zugleich das Skalarprodukt im neuen Hilbert-Raum H'.

In H' sei weiterhin ein vollständiges System von linear unabhängigen Elementen

$$p_1, p_2, \ldots, p_n, \ldots \in D(A') \tag{21}$$

gegeben, d. h., aus $[p_i, v] = 0$ $(i = 1, 2, \ldots)$ folge stets $v = 0$. Es sei P_n der orthogonale Projektor in H' auf den von den ersten n Elementen (21) — $p_1, \ldots, p_n$ — ausgespannten Unterraum M_n'. Dieser Projektor hat die Gestalt

$$P_n u = \sum_{i,j=1}^{n} [u, p_i] b_{ij} p_j, \quad u \in H', \tag{22}$$

mit $\{b_{ij}\}$ als der zur nichtsingulären symmetrischen Matrix $\{[p_i, p_j]\}$ inversen Matrix. Aus der Symmetrie $P_n^* = P_n$ in H'

$$\begin{aligned}(A' P_n u, v) &= [P_n u, v] = [u, P_n v] = (A' u, P_n v) \\ &= (u, A' P_n v) \quad (u, v \in H')\end{aligned} \tag{23}$$

ersieht man auch, daß der Operator

$$A'P_n u = \sum_{i,j=1}^{n} (A' u, p_i)\, b_{ij}\, A' p_j, \quad u \in H', \tag{24}$$

in H symmetrisch ist auf der in H dichten Menge H'. Da der Operator (24) für jedes n von endlichem Rang ist, folglich beschränkt ist, kann er stetig auf ganz H erweitert werden. Wegen der Symmetrie von A' kann diese Erweiterung auch sofort hingeschrieben werden:

$$A'P_n u = \sum_{i,j=1}^{n} (u, A' p_i)\, b_{ij}\, A'p_j, \quad u \in H. \tag{25}$$

Daher ist der Operator $A'\, P_n$ offenbar ein selbstadjungierter vollstetiger Operator in H. Er ist überdies positiv, da A' positiv ist:

$$\begin{aligned}(A'P_n u, u) &= [P_n u, u] = [P_n^2 u, u] = [P_n u, P_n u] \\ &= (A'\, P_n u, P_n u) \geqq 0, \quad u \in H.\end{aligned}$$

Weiter ist die Operatorenfolge $\{A'\, P_n\}$ eine monoton wachsende Folge. Es gilt nämlich

$$\begin{aligned}0 &\leqq (A'P_n u, u) = [P_n u, u] = [P_{n+1} u, u] - [(P_{n+1} - P_n) u, u] \\ &\leqq [P_{n+1} u, u] = (A'P_{n+1} u, u) = [P_{n+1} u, u] \\ &\leqq [u, u] = (A' u, u), \quad u \in H',\end{aligned}$$

also

$$0 \leqq (A'P_n u, u) \leqq (A'P_{n+1} u, u) \leqq (A' u, u),$$

kurz

$$0 \leqq A'P_n \leqq A'P_{n+1} \leqq A'.$$

Es werden nun die Zwischenoperatoren erster Art

$$A_n = A_0 + A'\, P_n,\ D(A_n) = D(A_0) \tag{27}$$

eingeführt, die wegen (26) die Eigenschaft (B) besitzen, nämlich

$$A_0 \leqq A_n \leqq A_{n+1} \leqq A. \tag{28}$$

Die Zwischenoperatoren A_n besitzen wie A_0 (und A) ein rein diskretes Spektrum, denn die vollstetigen Operatoren $A'\, P_n$ lassen die Diskretheit des Spektrums von A_0 invariant. Werden die Eigenwerte $\lambda_\nu^{(n)}$ von A_n $(\nu = 1, 2, \ldots)$, wie in (3) vereinbart, der Größe nach angeordnet, so folgen aus (28) analog zu (13) die Abschätzungen

$$\lambda_\nu^0 \leqq \lambda_\nu^{(n)} \leqq \lambda_\nu^{(n+1)} \leqq \lambda_\nu \quad (\nu = 1, 2, \ldots). \tag{29}$$

Die Berechnung der Eigenwerte $\lambda_\nu^{(n)}$ der Zwischenprobleme erster Art

$$(A_0 - \lambda I)\, u = -\, A'\, P_n u \tag{30}$$

wird folgendermaßen durchgeführt.

Es werde gesetzt

$$P_n u = \sum_{i,j=1}^{n} (u, A' p_i) b_{ij} p_j = \sum_{j=1}^{n} \alpha_j p_j, \tag{31}$$

also

$$\alpha_j = \sum_{i=1}^{n} (u, A' p_i) b_{ij} \quad (j = 1, \ldots, n). \tag{32}$$

Das System (32) werde mit der nichtsingulären Matrix

$$\{b_{jk}\}^{-1} = \{(A' p_j, p_k)\}$$

multipliziert; in dem dadurch aus (32) entstehenden System

$$\sum_{j=1}^{n} \alpha_j (A' p_j, p_k) = \sum_{i,j=1}^{n} (u, A' p_i) b_{ij} b_{jk}^{-1} = (u, A' p_k) \quad (k = 1, \ldots, n) \tag{33}$$

sind die α_i $(i = 1, \ldots, n)$ ebenfalls eindeutig durch u bestimmt. Nun mögen zunächst diejenigen Eigenwerte λ von (30) bestimmt werden, die nicht zum Spektrum von A_0 gehören. Für die zugehörigen Eigenvektoren u gilt wegen (30) die Identität

$$u = - R_\lambda A' P_n u \tag{34}$$

mit

$$R_\lambda w = \sum_{i=1}^{\infty} \frac{(w, u_i^0) u_i^0}{\lambda_i^0 - \lambda}, \quad w \in H, \tag{35}$$

als der Resolvente $R_\lambda = (A_0 - \lambda I)^{-1}$ des Operators A_0. Ferner haben diese Eigenvektoren die Eigenschaft

$$\sum_{j=1}^{n} |\alpha_j|^2 > 0,$$

da sonst $P_n u = 0$ gälte und λ wegen (30) zum Spektrum von A_0 gehören würde.

Daher ist es zur Auffindung der Eigenwerte $\lambda \neq \lambda_\nu^0$ des Operators A_n notwendig und hinreichend, die nichttriviale Lösbarkeit des Systems (33) mit u aus (34) zu untersuchen.

Das System

$$\sum_{j=1}^{n} \alpha_j (A' p_j, p_k) = - (R_\lambda A' P_n u, A' p_k) = - \sum_{j=1}^{n} \alpha_j (R_\lambda A' p_j, A' p_k)$$

oder

$$\sum_{j=1}^{n} \alpha_j [(p_j + R_\lambda A' p_j, A' p_k)] = 0, \quad k = 1, \ldots, n, \tag{36}$$

ist aber genau dann nichttrivial lösbar, wenn λ so gewählt wird, daß die Gleichung

$$\det \{(p_j + R_\lambda A' p_j, A' p_k)\} = 0 \tag{37}$$

erfüllt ist. Zu diesen Eigenwerten λ gehören dann die Eigenvektoren u, die man über (36) aus (34) erhält:

$$u = - R_\lambda A' P_n u = - R_\lambda A' \left(\sum_{j=1}^{n} \alpha_j p_j \right),$$
$$\| u \| = 1, \quad u \in D(A_n) = D(A_0). \tag{38}$$

Nun müssen noch diejenigen Eigenwerte von A_n bestimmt werden, die mit solchen von A_0 zusammenfallen, denn erst, wenn auch diese bekannt sind, können die Eigenwerte in richtiger Weise durchnumeriert und somit untere Schranken für die Eigenwerte des Operators A angegeben werden.

Sei also $\lambda = \lambda_\mu^0$ ein Eigenwert von (30), und λ_μ^0 sei ein Eigenwert der Vielfachheit s des Operators A_0, und die zugehörigen Eigenvektoren (von A_0) seien hier mit $v_1, v_2, \ldots, v_s$ (orthonormiert) bezeichnet: $v_l = u_{l\mu}^0$ $(l = 1, \ldots, s)$.

In diesem Fall hat (30) nur dann nichttriviale Lösungen u, wenn die rechte Seite $- A' P_n u$ orthogonal zu $v_1, \ldots, v_s$ ist:

$$\sum_{j=1}^{n} \alpha_j (A' p_j, v_l) = 0 \quad (l = 1, \ldots, s). \tag{39}$$

Bezeichnet $\mathcal{L}\{v_1, \ldots, v_s\}$ den von $v_1, \ldots, v_s$ in H aufgespannten Unterraum, so kann auf $H \ominus \mathcal{L}\{v_1, \ldots, v_s\}$ die Inverse des Operators $A_0 - \lambda I$ eingeführt werden:

$$R'_\lambda w = \sum_{i=1}^{\infty}{}' \frac{(w, u_i^0) u_i^0}{\lambda_i^0 - \lambda}, \qquad w \in H \ominus \mathcal{L}\{v_1, \ldots, v_s\}. \tag{40}$$

Der Strich an dem Summenzeichen soll dabei bedeuten, daß alle Indizes i ausgelassen werden, für die $\lambda_i^0 = \lambda_\mu^0$ gilt. R'_λ kann ohne weiteres auf ganz H ausgedehnt werden: Auf $\mathcal{L}\{v_1, \ldots v_s\}$ annulliert er. Eine Lösung von (30) hat dann stets die Form

$$u = - R'_\lambda A' P_n u + \sum_{l=1}^{s} \beta_l v_l \tag{41}$$

oder ausführlicher

$$u = - \sum_{j=1}^{n} \alpha_j R'_\lambda A' p_j + \sum_{l=1}^{s} \beta_l v_l, \quad \| u \| = 1, \quad u \in D(A_n) = D(A_0).$$

Dabei haben die α_j und β_l $(j = 1, \ldots, n;\ l = 1, \ldots, s)$ das Gleichungssystem (33) und (39) mit u aus (41) zu erfüllen:

$$\left.\begin{aligned} &\sum_{j=1}^{n} \alpha_j (p_j + R'_\lambda A' p_j, A' p_k) - \sum_{l=1}^{s} \beta_l (v_l, A' p_k) = 0 \ (k = 1, \ldots, n), \\ &\sum_{j=1}^{n} \alpha_j (A' p_j, v_l) = 0 \quad (l = 1, \ldots, s). \end{aligned}\right\} \tag{42}$$

(42) hat genau dann nichttriviale Lösungen, d. h.

$$\sum_{j=1}^{n} |\alpha_j|^2 + \sum_{l=1}^{s} |\beta_l|^2 > 0,$$

wenn die Koeffizientendeterminante von (42) verschwindet.

Daraus erhält man zunächst die restlichen Eigenwerte und sodann über die Lösungen von (42) die zugehörigen Eigenvektoren (41) des Zwischenproblems (30).

Praktisch hätte man etwa folgendermaßen zu verfahren. Man gibt sich ein $n > 0$ vor und sucht alle Eigenwerte des Zwischenproblems auf, die kleiner als λ_{n+1}^0 ausfallen. Insgesamt kann man dabei maximal n Eigenwerte $\lambda_\nu^{(n)} < \lambda_{n+1}^0$ $(\nu = 1, 2, \ldots, n' \leqq n)$ des Operators A_n erhalten, die die Eigenschaft (29) haben. Die zugehörigen Eigenvektoren haben die Gestalt (38) oder (41). Dabei sei im Hinblick auf die Ausführungen in den Kapiteln 4 und 5 bemerkt, daß der Zusatzterm

$$\sum_{l=1}^{s} \beta_l v_l \in E_n(A_0) \tag{43}$$

in (41) Element des Eigenunterraumes $E_n(A_0)$ ist, der von den zu den ersten n Eigenwerten gehörigen Eigenvektoren des Operators A_0 aufgespannt wird.

Selbstverständlich hängen die Ergebnisse wesentlich davon ab, wie die Koordinatenelemente (21) gewählt werden. Ohne weitere Angaben über diese ist es nicht möglich, eine Fehlerabschätzung für das Verfahren zu geben. Überdies haben im allgemeinen die Zwischenprobleme (30) nicht die Eigenschaft (A), denn die Gleichung (37) zu lösen bedeutet, die Nullstellen einer Funktion zu finden, die wegen (35) in Gestalt einer unendlichen Reihe vorliegt.

Die spezielle Wahl der Koordinatenelemente gemäß

$$A' p_i = u_i^0 \quad (i = 1, 2, \ldots) \tag{44}$$

bringt es zwar mit sich, daß die Zwischenprobleme (30) die Eigenschaft (A) besitzen (vgl. [3, 19]); sie ist aber oft mit beträchtlichen praktischen Schwierigkeiten verbunden (Invertierung von A' auf den u_i^0). Mit einer Fehlerabschätzung für die Eigenwerte in diesem Fall hat sich KUHNERT [19, 20] beschäftigt.

In der vorliegenden Arbeit soll die stets mögliche Auswahl

$$p_i = u_i^0 \quad (i = 1, 2, \ldots) \tag{45}$$

getroffen werden. Es gilt dabei ebenso wie bei (44):

(i) $p_i \in D(A_0) \subset D(A') \subset H'$,

(ii) $\{p_i\}_1^\infty$ ist vollständig in H'.

Denn aus $[p_i, v] = 0$ $(i = 1, 2, \ldots)$ folgt sofort

$$(A' u_i^0, v) = (u_i^0, A' v) = 0 \quad (i = 1, 2, \ldots),$$

d. h. wegen der Vollständigkeit von $\{u_i^0\}_1^\infty$ in H

$$A' v = 0,$$

was wegen der positiven Definitheit (11) von A' sofort

$$v = 0$$

nach sich zieht.

Bei der Wahl (45) haben die Zwischenprobleme erster Art (30) noch nicht die Eigenschaft (A). Daher werden nach BAZLEY [3], ausgehend von (30), Zwischenprobleme zweiter Art konstruiert, die (A) erfüllen.

2.2.2. Trunkation des Grundoperators A_0 – Zwischenprobleme zweiter Art

Es werde ein $m \geqq n$ gewählt und der Grundoperator

$$A_0 u = \sum_{i=1}^{\infty} \lambda_i^0 (u, u_i^0)\, u_i^0 \quad (u \in D(A_0)) \tag{46}$$

auf folgende Weise verändert und auf H fortgesetzt:

$$\begin{aligned} A_0^m u &= \sum_{i=1}^{m} \lambda_i^0 (u, u_i^0)\, u_i^0 + \lambda_{m+1}^0 \sum_{i=m+1}^{\infty} (u, u_i^0)\, u_i^0 \\ &= A_0 Q_m u + \lambda_{m+1}^0 (I - Q_m)\, u \quad (u \in H). \end{aligned} \tag{47}$$

Q_m bezeichnet dabei den Orthoprojektor in H auf $\mathscr{L}\{u_1^0, \ldots, u_m^0\}$. (47) wird nach BAZLEY [3] die Trunkation des Operators A_0 genannt.

Die Operatoren (47) sind für jedes m kleiner als der Grundoperator (46), denn es gilt

$$((A_0 - A_0^m)\, u, u) = \sum_{i=m+1}^{\infty} (\lambda_i^0 - \lambda_{m+1}^0) \,|(u, u_i^0)|^2 \geqq 0.$$

Ferner ist die Operatorenfolge $\{A_0^m\}$ mit m wachsend:

$$((A_0^{m+1} - A_0^m)\, u, u) = (\lambda_{m+2}^0 - \lambda_{m+1}^0) \sum_{i=m+2}^{\infty} |(u, u_i^0)|^2 \geqq 0.$$

Die zu den Zwischenoperatoren zweiter Art

$$A_n^m = A_0^m + A' P_n, \quad D(A_n^m) = H \tag{48}$$

gehörigen Eigenwertprobleme haben daher die Eigenschaft (B), denn es gelten die Ungleichungen

$$A_n^m \leqq A_n^{m+1} \leqq A_n \leqq A \tag{49}$$

und somit

$$\lambda_\nu^{(n,m)} \leqq \lambda_\nu^{(n,m+1)} \leqq \lambda_\nu^{(n)} \leqq \lambda_\nu \quad (\nu = 1, 2, \ldots) \tag{50}$$

für die Eigenwerte $\lambda_\nu^{(n,m)}$ von A_n^m. Für $\nu \leqq m$ ist außerdem

$$\lambda_\nu^0 = \lambda_\nu^{(0,m)} \leqq \lambda_\nu^{(n,m)}$$

wegen (47) und (26).

Das Spektrum der in H selbstadjungierten Operatoren (48) hat wegen (47) und P_n aus (22) mit (45) die Eigenschaft, daß λ_{m+1}^0 Eigenwert unendlicher Vielfachheit und jeder Vektor u aus dem orthogonalen Komplement in H des Unterraumes $\mathcal{L}\{u_1^0, \ldots, u_m^0, A' u_1^0, \ldots, A' u_n^0\}$ Eigenvektor zu λ_{m+1}^0 ist. Also ist $H \ominus \mathcal{L}\{u_1^0, \ldots, u_m^0, A' u_1^0, \ldots, A' u_n^0\}$ Eigenunterraum von A_n^m zum Eigenwert λ_{m+1}^0. Die restlichen Eigenwerte besitzen Eigenvektoren aus $\mathcal{L}\{u_1^0, \ldots, A' u_n^0\}$. Da die Dimension dieses Unterraumes höchstens gleich $m + n$ ist, gibt es für die Zwischenprobleme zweiter Art

$$A_n^m u = \lambda u \quad \text{bzw.} \quad (A_0^m - \lambda I) u = - A' P_n u$$

nicht mehr als $m + n$ Eigenwerte $\lambda < \lambda_{m+1}^0$. Von diesen sollen die kleinsten, genauer gesagt alle diejenigen $\lambda < \lambda_{n+1}^0$ bestimmt werden.[1]) Die Auswertung geschieht analog zu der in 2.2.1. für die Zwischenprobleme erster Art beschriebenen. Man hat lediglich statt der Resolventen von A_0 (man vergleiche mit den Formeln (35) und (40)) die Resolventen des Operators A_0^m

$$R_\lambda^m w = \sum_{i=1}^{m} \frac{(w, u_i^0)\, u_i^0}{\lambda_i^0 - \lambda} + \frac{1}{\lambda_{m+1}^0 - \lambda} \sum_{i=m+1}^{\infty} (w, u_i^0)\, u_i^0, \quad w \in H, \tag{51}$$

bzw.

$$R_\lambda'^m w = {\sum_{i=1}^{m}}' \frac{(w, u_i^0)\, u_i^0}{\lambda_i^0 - \lambda} + \frac{1}{\lambda_{m+1}^0 - \lambda} \sum_{i=m+1}^{\infty} (w, u_i^0)\, u_i^0, \quad w \in H, \tag{52}$$

in die Gleichungen (37) und (38) bzw. (41) und (42) einzusetzen.

Diejenigen Eigenwerte $\lambda < \lambda_{n+1}^0$, die nicht mit gewissen λ_i^0 zusammenfallen, bestimmen sich als die kleinsten Wurzeln von (analog zu (37))

$$\det \{(u_j^0 + R_\lambda^m A' u_j^0, A' u_k^0)\} = 0, \tag{53}$$

und die zugehörigen Eigenvektoren haben die Gestalt (analog (38))

$$u = - R_\lambda^m A' \left(\sum_{j=1}^{n} \alpha_j^m u_j^0 \right) = - R_\lambda^m A' P_n u, \quad \|u\| = 1, \quad u \in H, \tag{54}$$

wobei die α_j^m $(j = 1, \ldots n)$ entsprechende (nichttriviale) Lösungen von

$$\sum_{j=1}^{n} \alpha_j^m (u_j^0 + R_\lambda^m A' u_j^0, A' u_k^0) = 0 \quad (k = 1, \ldots, n) \tag{55}$$

sind (analog (36)).

Mit gewissen λ_i^0 übereinstimmende Eigenwerte $\lambda < \lambda_{n+1}^0$ sind solche λ, für die (analog (42))

$$\left.\begin{aligned} &\sum_{j=1}^{n} \alpha_j^m (u_j^0 + R_\lambda'^m A' u_j^0, A' u_k^0) = \sum_{l=1}^{s} \beta_l^m (v_l, A' u_k^0) = 0 \quad (k = 1, \ldots, n), \\ &\sum_{j=1}^{n} \alpha_j^m (A' u_j^0, v_l) = 0 \quad (l = 1, \ldots, s) \end{aligned}\right\} \tag{56}$$

nichttriviale Lösungen besitzt.

[1]) Vgl. die Bemerkung 6 am Ende des Abschnittes.

Die zugehörigen Eigenvektoren haben analog zu (41) die Form

$$u = -R_\lambda'^m A' \left(\sum_{j=1}^{n} \alpha_j^m u_j^0 \right) + \sum_{l=1}^{s} \beta_l^m v_l, \quad \| u \| = 1, \quad u \in H. \tag{57}$$

Die linke Seite der Gleichung (53) hat gegenüber derjenigen von (37) die bemerkenswerte Eigenschaft, daß diese Funktion von λ die Form einer endlichen Summe (bezüglich λ) besitzt. Die Zwischenprobleme zweiter Art haben daher neben (B) auch die Eigenschaft (A). In der Praxis werden deshalb nur diese Probleme zweiter Art ausgewertet, d. h., es werden nur die Eigenwerte $\lambda_\nu^{(n,m)}$ berechnet.

Die Ausführungen von 2.2.1. werden aber für später noch benötigt.

Bemerkung 6. Nach dieser Methode kann man natürlich alle Eigenwerte von A_n^m bestimmen. Es erweist sich aber, daß die weiter unten (Kap. 4 und 5) angegebenen Fehlerabschätzungen im allgemeinen nur für solche Eigenwerte $\lambda_\nu^{(n,m)}$ gültig sind, für die die entsprechenden (praktisch nicht bekannten) Eigenwerte $\lambda_\nu^{(n)}$ kleiner als λ_{n+1}^0 ausfallen, was mit der Gültigkeit der Aussage (43) zusammenhängt. Hinreichend hierfür (und von vornherein nachprüfbar) ist die Forderung, als Näherungen $\lambda_\nu^{(n,m)}$ nur solche gelten zu lassen, für die $\lambda_\nu^+ < \lambda_{n+1}^0$ mit λ_ν^+ aus (15) bis (18) gilt.

Hinsichtlich der Konvergenz dieses Verfahrens liegt bisher folgendes Resultat vor (BAZLEY und FOX [3]). Sind A und A_0 positiv definite selbstadjungierte Operatoren mit reinem Punktspektrum und ist A' ein positiv definiter symmetrischer Operator, der relativ beschränkt zu A_0 ist (vgl. (e) in 2.1.), und ist das System $\{p_i\}_1^\infty$ H'-vollständig, so läßt die Abweichung $\lambda_\nu - \lambda_\nu^{(n,m)}$ beliebig klein machen, wenn nur n und sodann $m = m(n)$ hinreichend groß gewählt werden.

POSNJAK [35] hat die Geschwindigkeit der Konvergenz $\lambda_\nu^{(n)} \to \lambda_\nu$ untersucht.

3. Fehlerabschätzungen für die Eigenwerte von Zwischenproblemen

Es sei A der gegebene positiv definite selbstadjungierte Operator im Hilbert-Raum H mit reinem Punktspektrum

$$\lambda_1 \leqq \lambda_2 \leqq \cdots \leqq \lambda_\nu \leqq \cdots, \tag{58}$$

und B sei ein Zwischenoperator

$$B \leqq A \tag{59}$$

der in 2.2. beschriebenen Form. Sein Spektrum

$$\mu_1 \leqq \mu_2 \leqq \cdots \leqq \mu_\nu \leqq \cdots \tag{60}$$

hat wegen (59) die Eigenschaft

$$\mu_\nu \leqq \lambda_\nu \quad (\nu = 1, 2, \ldots). \tag{61}$$

In Abschnitt 3.1. soll eine Formel angegeben werden, die es gestattet, die Differenz $\lambda_\nu - \mu_\nu$ $(\nu = 1, 2, \ldots)$ entsprechender Eigenwerte von A und B abzuschätzen.

3.1. *Ein Prinzip der teilweisen Konvergenz der Eigenwerte bei Zwischenproblemen*

Die Eigenwerte μ_ν $(\nu = 1, 2, \ldots)$ des Operators B mögen als Näherungen für die entsprechenden Eigenwerte λ_ν des Operators A dienen. Möglichkeiten für eine Abschätzung des Fehlers gibt der

Satz 1. *Sind $\mu_i \leqq \lambda_i$ $(i = 1, 2, \ldots, \nu)$ die ν ersten (kleinsten) Eigenwerte der beiden positiv definiten selbstadjungierten Operatoren $B \leqq A$ mit diskretem Spektrum und sind die zu μ_i gehörigen Eigenvektoren (von B) in H_A gelegen*[1], *so gilt die Abschätzung*[2])

$$\lambda_\nu - \mu_\nu \leqq \max_{\substack{\|u\|=1 \\ u \in E_\nu(B) \\ u \perp E_{\nu-1}(A)}} ((A - B)\, u, u) \leqq \max_{\substack{\|u\|=1 \\ u \in E_\nu(B)}} ((A - B)\, u, u), \tag{62}$$

wobei $E_\nu(A)$ bzw. $E_\nu(B)$ die von den zu den ersten ν Eigenwerten von A bzw. B gehörigen Eigenvektoren aufgespannten Eigenunterräume bedeuten.

Beweis. Nach dem Courantschen Minimum-Maximum-Prinzip [23, 13] (vgl. auch [21, 12, 32]) können die Eigenwerte auf zwei Weisen dargestellt werden:

$$\lambda_\nu = \max_{M_{\nu-1} \subset H} \inf_{\substack{\|u\|=1 \\ u \in H_A \\ u \perp M_{\nu-1}}} (A\, u, u), \tag{63}$$

$$\mu_\nu = \min_{N_\nu \subset H_B} \max_{\substack{\|v\|=1 \\ v \in N_\nu}} (B\, v, v). \tag{64}$$

Dabei sind M_ν und N_ν jeweils ν-dimensionale Unterräume von H. Für λ_ν werde die Darstellung (63), für μ_ν (64) verwendet. Dann folgt

$$\lambda_\nu - \mu_\nu = \max_{M_{\nu-1} \subset H} \inf_{\substack{\|u\|=1 \\ u \in H_A \\ u \perp M_{\nu-1}}} (A\, u, u) - \max_{\substack{\|v\|=1 \\ v \in E_\nu(B)}} (B\, v, v),$$

wenn zunächst berücksichtigt wird, daß das Minimum im zweiten Term für $N_\nu = E_\nu(B)$ angenommen wird. Weiter gilt, da das Maximum des ersten Termes

[1]) Zur Bedeutung des Hilbert-Raumes H_A vgl. die Bemerkung 1 in 2.1.

[2]) Das Orthogonalitätszeichen $\perp$ ist stets auf den Raum H bezogen.

für $M_{\nu-1} = E_{\nu-1}(A)$ realisiert wird,

$$\lambda_\nu - \mu_\nu = \inf_{\substack{\|u\|=1 \\ u \in H_A \\ u \perp E_{\nu-1}(A)}} (A\,u, u) - \max_{\substack{\|v\|=1 \\ v \in E_\nu(B)}} (B\,v, v)$$

$$\leqq \min_{\substack{\|u\|=1 \\ u \in H_A \\ u \perp E_{\nu-1}(A) \\ u \in E_\nu(B)}} (A\,u, u) - \max_{\substack{\|v\|=1 \\ v \in E_\nu(B) \\ v \perp E_{\nu-1}(A)}} (B\,v, v).$$

Wegen $E_\nu(B) \subset H_A$ sind diese Ausdrücke wohldefiniert und endlich, denn insbesondere existieren solche Elemente $u \in H_A$ mit $u \perp E_{\nu-1}(A)$ und $u \in E_\nu(B)$ des ersten Termes. Daher kann man weiter abschätzen

$$\lambda_\nu - \mu_\nu \leqq \min_{\substack{\|u\|=1 \\ u \in E_\nu(B) \\ u \perp E_{\nu-1}(A)}} ((A - B)\,u, u) \leqq \max_{\substack{\|u\|=1 \\ u \in E_\nu(B) \\ u \perp E_{\nu-1}(A)}} ((A - B)\,u, u)$$

$$\leqq \max_{\substack{\|u\|=1 \\ u \in E_\nu(B)}} ((A - B)\,u, u),$$

womit die Behauptung bewiesen ist.

Der drittletzte Ausdruck enthält zwar die schärfste Aussage, ist aber praktisch nur dann angebbar, wenn die Eigenunterräume der Operatoren A und B genau bekannt sind. Da in diesem Fall eine Abschätzung der Eigenwerte entfällt, sind im Satz nur die beiden letzten Ausdrücke genannt, die dann von Nutzen sind, wenn etwa $E_\nu(B)$ bekannt ist und über $E_{\nu-1}(A)$ evtl. Teilaussagen vorliegen. Zu bemerken wäre noch, daß man die Abschätzung in der zuletzt angegebenen (gröbsten) Form auch einfacher erhalten kann, wenn man generell von der Darstellung (64) ausgeht und $N_\nu = E_\nu(B)$ setzt.

Folgerung. Die gröbere Form der Aussage (62),

$$\lambda_\nu - \mu_\nu \leqq \max_{\substack{\|u\|=1 \\ u \in E_\nu(B)}} ((A - B)\,u, u), \tag{65}$$

zeigt, daß die rechte Seite zugleich auch eine Schranke für die Abweichungen $\lambda_i - \mu_i$ $(i = 1, \ldots, \nu)$ darstellt.

Bemerkung 7. Die Voraussetzungen des Satzes 1 treffen zu, wenn für B die Zwischenoperatoren erster Art $B = A_n$ und für A der gegebene Operator genommen werden (vgl. (27)). Denn wegen (38) und (41) gilt $E_\nu(A_n) \subset D\,(A_0) = D(A) \subset H_A$. Der Differenzoperator $A - B$ hat hierbei die Form

$$A - A_n = (A_0 + A') - (A_0 + A'\,P_n) = A' - A'\,P_n = A'(I - P_n) \tag{66}$$

mit I als identischem Operator in H' und folglich $(I - P_n)$ als Orthoprojektor in H' auf das orthogonale Komplement (in H') von $\mathscr{L}\,\{u_1^0, \ldots, u_n^0\}$ (man beachte dabei die Wahl (45) der Koordinatenelemente). Der Operator (66) annulliert also alle Elemente aus $\mathscr{L}\,\{u_1^0, \ldots, u_n^0\}$:

$$A'(I - P_n)\,\mathscr{L}\,\{u_1^0, \ldots, u_n^0\} = \{0\}. \tag{67}$$

Bemerkung 8. Für die Zwischenoperatoren zweiter Art (48) ist die Gültigkeit der Voraussetzungen von Satz 1 (bezüglich des gegebenen Operators A) nicht garantiert. Gemäß (54) und (57) kann man von den Eigenvektoren der Operatoren (48) nämlich nicht behaupten, daß sie zu H_A gehören müssen; die Relation $E_\nu(A_n^m) \subset D(A)$ wird daher im allgemeinen nicht erfüllt sein.[1])

Für die Abschätzung desjenigen Teils des Fehlers der Eigenwerte, der durch Übergang von den Zwischenproblemen erster Art zu solchen zweiter Art entsteht, kann deshalb nicht Satz 1 als Ausgangspunkt verwendet werden.

In 3.2. wird geklärt, inwiefern der folgende Satz in dieser Richtung ausgenutzt werden kann.

Satz 2. *Sind $\bar{\mu}_i \leqq \bar{\lambda}_i$ $(i = 1, 2, \ldots, \nu)$ die ν ersten (größten) Eigenwerte der beiden positiven selbstadjungierten Operatoren $S \leqq T$ und ist das Spektrum von S bzw. T in $[\bar{\mu}_\nu, \| S \|]$ bzw. $[\bar{\lambda}_\nu, \| T \|]$ rein diskret, so gilt die Abschätzung*

$$\bar{\lambda}_\nu - \bar{\mu}_\nu \leqq \max_{\substack{\|u\| = 1 \\ u \in E_\nu(T) \\ u \perp E_{\nu-1}(S)}} ((T - S)\, u, u) \leqq \max_{\substack{\|u\| = 1 \\ u \in E_\nu(T)}} ((T - S)\, u, u). \tag{68}$$

Der Beweis wird analog zu demjenigen von Satz 1 geführt, indem man wieder vom Courantschen Prinzip ausgeht, welches hier z. B. besagt, daß man die Eigenwerte darstellen kann als

$$\bar{\mu}_\nu = \min_{M_{\nu-1} \subset H} \max_{\substack{\|u\| = 1 \\ u \perp M_{\nu-1}}} (S\, u, u) \tag{69}$$

und

$$\bar{\lambda}_\nu = \max_{N_\nu \subset H} \min_{\substack{\|v\| = 1 \\ v \in N_\nu}} (T\, v, v). \tag{70}$$

Bemerkung 9. Gegenüber den Formeln (63) und (64) ist in (69) und (70) eine Vertauschung der Operationen „min“ und „max“ zu beachten, was in der Abschätzungsformel (68) dazu führt, daß hier die Eigenunterräume $E_\nu(T)$ des größeren der beiden Operatoren auftreten.

Bemerkung 10. Die Voraussetzungen des Satzes 2 sind z. B. erfüllt für zwei positive selbstadjungierte vollstetige Operatoren $S \leqq T$.

3.2. *Hilfssätze über die Inversen der Zwischenoperatoren*

Einige später benutzte Eigenschaften der Inversen des gegebenen Operators A, des Grundoperators A_0 und der Zwischenoperatoren erster und zweiter Art, A_n und A_n^m, sollen hier zusammengestellt werden.

---

[1]) Sie ist jedoch z. B. dann erfüllt, wenn die Bildmenge des Operators A' im Definitionsbereich von A enthalten ist.

Hilfssatz 1. *Die Operatoren A, A_0, A_n und A_n^m besitzen beschränkte Inverse. Gemeinsame Schranke für die Normen dieser Inversen Operatoren ist $(\lambda_1^0)^{-1}$ mit λ_1^0 als kleinstem Eigenwert von A_0. Ferner sind die inversen Operatoren selbstadjungiert und positiv. A^{-1}, A_0^{-1} und A_n^{-1} sind überdies vollstetig.*

Beweis. Die Existenz der beschränkten Inversen ist durch die positive Definitheit der Operatoren A, A_0, A_n, A_n^m gesichert. Es folgt weiter z. B. für A_0 aus der Spektraldarstellung

$$A_0 u = \sum_{i=1}^{\infty} \lambda_i^0 (u, u_i^0)\, u_i^0 \quad (u \in D(A_0)) \tag{71}$$

mit $\lambda_1^0 > 0$ und $\lambda_n^0 \to \infty (n \to \infty)$, daß

$$A_0^{-1} u = \sum_{i=1}^{\infty} \frac{1}{\lambda_i^0} (u, u_i^0)\, u_i^0 \quad (u \in H)$$

selbstadjungiert, positiv und vollstetig ist und

$$\|A_0^{-1}\| = \frac{1}{\lambda_1^0} \tag{72}$$

gilt. Wie der Grundoperator A_0, so sind auch A (vgl. 2.1.), A_n und A_n^m (vgl. (27) und (48)) in der Form (71) darstellbar. Da alle auftretenden Eigenwerte positiv sind, sind auch A^{-1}, A_n^{-1} und $(A_n^m)^{-1}$ positive selbstadjungierte Operatoren. Die jeweils kleinsten Eigenwerte von A, A_n, A_n^m sind nach der Beschreibung des Bazley-Fox-Verfahrens in Kapitel 2 jedoch niemals kleiner als der kleinste Eigenwert von A_0. Daher gilt

$$\left.\begin{aligned} &\|A^{-1}\| = \lambda_1^{-1} \leqq (\lambda_1^0)^{-1}, \ \|A_n^{-1}\| = (\lambda_1^{(n)})^{-1} \leqq (\lambda_1^0)^{-1}, \\ &\|(A_n^m)^{-1}\| = (\lambda_1^{(n,m)})^{-1} \leqq (\lambda_1^0)^{-1}. \end{aligned}\right\} \tag{73}$$

Ferner sind die Spektren der Operatoren A und A_n wie dasjenige von A_0 rein diskret (mit ∞ als einzigem Häufungspunkt der Eigenwerte). Folglich sind A^{-1} und A_n^{-1} vollstetig, da sie Null als einzigen Häufungspunkt ihrer Eigenwerte $(\lambda_i)^{-1}$ und $(\lambda_i^{(n)})^{-1}$ $(i = 1, 2, \ldots)$ besitzen.

Bemerkung 11. Der Operator $(A_n^m)^{-1}$ hat bis auf den Eigenwert $(\lambda_{m+1}^0)^{-1}$, der von unendlicher Vielfachheit ist, ein rein diskretes Spektrum. Insbesondere liegen in dem Intervall $((\lambda_{m+1}^0)^{-1}, \|(A_n^m)^{-1}\|]$ nur Eigenwerte endlicher Vielfachheit. Das folgt sofort aus den bei Formel (48) genannten Eigenschaften des Operators A_n^m.

Auskunft über die Größenordnung der inversen Zwischenoperatoren untereinander gibt der

Hilfssatz 2. *Die inversen Zwischenoperatoren besitzen gegenüber den Zwischenoperatoren selbst die umgekehrte größenmäßige Reihenfolge, d. h., es gilt im Vergleich zu* (28) *und* (49)

$$A_0^{-1} \geqq A_1^{-1} \geqq \cdots \geqq A_n^{-1} \geqq \cdots \geqq A^{-1} \tag{74}$$

und

$$(A_n^m)^{-1} \geqq (A_n^{m+1})^{-1} \geqq \cdots \geqq A_n^{-1}. \tag{75}$$

Beweis. 1. Sei $v \in H$ und $u = A_{n+r}^{-1} v$ ($n = 0, 1, 2, \ldots$; $r > 0$ ganze Zahl). Dann gilt mit $A_n = A_0 + A' P_n$

$$A_{n+r} u = A_n u + A'(P_{n+r} - P_n) u,$$

d. h.

$$v = A_n A_{n+r}^{-1} v + A'(P_{n+r} - P_n) A_{n+r}^{-1} v \tag{76}$$

und

$$\begin{aligned}(A_n^{-1} v, v) &= (A_{n+r}^{-1} v, v) + (A_n^{-1} A'(P_{n+r} - P_n) A_{n+r}^{-1} v, v)\\ &= (A_{n+r}^{-1} v, v) + \omega(v; v).\end{aligned}$$

Setzt man in den Ausdruck $\omega(v; v)$ für das letzte v (76) ein, so entsteht

$$\begin{aligned}\omega(v; v) &= (A_n^{-1} A'(P_{n+r} - P_n) A_{n+r}^{-1} v, A_n A_{n+r}^{-1} v\\ &\quad + A'(P_{n+r} - P_n) A_{n+r}^{-1} v)\\ &= (A'(P_{n+r} - P_n) A_{n+r}^{-1} v, A_{n+r}^{-1} v)\\ &\quad + (A_n^{-1} A'(P_{n+r} - P_n) A_{n+r}^{-1} v, A'(P_{n+r} - P_n) A_{n+r}^{-1} v)\\ &= [(P_{n+r} - P_n) A_{n+r}^{-1} v, A_{n+r}^{-1} v] + (A_n^{-1} w, w)\end{aligned}$$

mit [.,.] als Skalarprodukt in H' (vgl. (19)) und

$$w = A'(P_{n+r} - P_n) A_{n+r}^{-1} v = A'(P_{n+r} - P_n) u.$$

Da der Operator A_n^{-1} nach Hilfssatz 1 positiv ist, und weil $(P_{n+r} - P_n)$ orthogonaler Projektor in H' ist, gilt

$$\omega(v; v) = \| w' \|^2 + (A_n^{-1} w, w) \geqq 0, \quad w' = (P_{n+r} - P_n) u.$$

Damit ist zunächst bewiesen

$$A_n^{-1} \geqq A_{n+r}^{-1} \quad (n = 0, 1, 2, \ldots; r > 0).$$

Mit A statt A_{n+r} und $(I - P_n)$ statt $(P_{n+r} - P_n)$ zeigt man wortwörtlich genauso

$$A_n^{-1} \geqq A^{-1} \quad (n = 0, 1, 2, \ldots),$$

so daß (74) bewiesen ist.

2. Um die Aussage (75) zu beweisen, werde nach (48)

$$A_n^{m+1} = A_n^m + A_0^{m+1} - A_0^m, \quad A_0^{m+1} - A_0^m \geqq 0,$$

benutzt und für beliebiges $v \in H$ werde $u = (A_n^{m+1})^{-1} v$ gesetzt. Dann ist

$$A_n^{m+1} u = A_n^m u + (A_0^{m+1} - A_0^m) u,$$

d. h.

$$v = A_n^m (A_n^{m+1})^{-1} v + (A_0^{m+1} - A_0^m)(A_n^{m+1})^{-1} v$$

und

$$\begin{aligned}((A_n^m)^{-1} v, v) &= ((A_n^{m+1})^{-1} v, v) + ((A_n^m)^{-1} (A_0^{m+1} - A_0^m)(A_n^{m+1})^{-1} v, v)\\ &= ((A_n^{m+1})^{-1} v, v) + \omega_1(v; v).\end{aligned}$$

Setzt man (77) für das letzte v in $\omega_1(v;\, v)$ ein, so entsteht

$$\omega_1(v;\, v) = ((A_0^{m+1} - A_0^m)\, u, u) + ((A_n^m)^{-1}\, w, w) \geqq 0$$

mit

$$w = (A_0^{m+1} - A_0^m)\,(A_n^{m+1})^{-1}\, v = (A_0^{m+1} - A_0^m)\, u,$$

d. h., es gilt

$$(A_n^m)^{-1} \geqq (A_n^{m+1})^{-1}.$$

Indem man lediglich A_n^{m+1} durch A_n und A_0^{m+1} durch A_0 ersetzt, gelangt man ebenso zu dem Ergebnis

$$(A_n^m)^{-1} \geqq A_n^{-1},$$

womit (75) und damit der Hilfssatz bewiesen ist.

Bemerkung 12. Nach den Hilfssätzen 1 und 2 erfüllen die Inversen der Zwischenoperatoren die Voraussetzungen des Satzes 2 in 3.1. Da die inversen Operatoren im Vergleich zu den Ausgangsoperatoren jeweils die gleichen Eigenunterräume und jeweils reziproke zugehörige Eigenwerte besitzen, gelten für diese nach Satz 2 (mit $\bar{\lambda} = \lambda^{-1}$) die Abschätzungsformeln

$$\bar{\lambda}_\nu^{(n)} - \bar{\lambda}_\nu \leqq \max_{\substack{\|u\|=1\\ u\in E_\nu(A_n)\\ u\perp E_{\nu-1}(A)}} ((A_n^{-1} - A^{-1})\, u, u), \tag{78}$$

$$\bar{\lambda}_\nu^{(n,m)} - \bar{\lambda}_\nu^{(n)} \leqq \max_{\substack{\|u\|=1\\ u\in E_\nu(A_n^m)\\ u\perp E_{\nu-1}(A_n)}} (((A_n^m)^{-1} - A_n^{-1})\, u, u), \tag{79}$$

$$\bar{\lambda}_\nu^{(n,m)} - \bar{\lambda}_\nu \leqq \max_{\substack{\|u\|=1\\ u\in E_\nu(A_n^m)\\ u\perp E_{\nu-1}(A)}} (((A_n^m)^{-1} - A^{-1})\, u, u). \tag{80}$$

Diese Formeln können als Ausgangspunkt für Fehlerabschätzungen für die Eigenwerte beim Bazley-Fox-Verfahren genommen werden, und zwar (78) für den Fehler der Zwischenprobleme erster Art, (79) für den Fehler, der beim Übergang von Zwischenproblemen erster Art zu solchen zweiter Art entsteht, und (80) für den Fehler der Zwischenprobleme zweiter Art insgesamt.

Da die inversen Operatoren jedoch nicht explizit gegeben sind und die Differenzen dieser Operatoren in (78), (79), (80) relativ kompliziert gegenüber den Ausgangsoperatoren sind, wird, wenn möglich, bei den Fehlerabschätzungen auf die Formel (62) des Satzes 1 in 3.1. zurückgegriffen. Nach Bemerkung 8 in 3.1. ist dies bei der Abschätzung der Differenz $\lambda_\nu^{(n)} - \lambda_\nu^{(n,m)}$ im allgemeinen nicht möglich; deshalb wird hinsichtlich dieses Teils des Fehlers von $\bar{\lambda}_\nu^{(n,m)}$ von (79) Gebrauch gemacht werden.

Zunächst soll nun der Satz 1 zu einer Abschätzung herangezogen werden, die davon ausgeht, daß die Eigenunterräume E_ν der Zwischenoperatoren bekannt seien.

3.3. *Abschätzungen bei bekannten genäherten Eigenvektoren*

In diesem Abschnitt wird vorausgesetzt, daß ein Zwischenproblem zweiter Art (48)

$$A_n^m u \equiv (A_0^m + A' P_n) u = \lambda u$$

teilweise gelöst ist, d. h., die ersten (kleinsten) Eigenwerte $\lambda_i(n, m)$ und die zugehörigen normierten Eigenvektoren $u_i = u_i^{(n,m)}$ $(i = 1, \ldots, \nu)$ seien bekannt. Ferner mögen die Funktionen u_i in H_A gelegen sein, was wegen der Darstellung (54) bzw. (57) für die u_i z. B. dann erfüllt ist, wenn $R(A') \subset D(A) = D(A_0)$ oder wenigstens $A' u_i^0 \in D(A)$ $(i = 1, \ldots, n)$ gilt (vgl. auch Bemerkung 8).

Nach Satz 1 in 3.1. kann dann der Fehler der $\lambda_i^{(n,m)}$ $(i = 1, \ldots, \nu)$ abgeschätzt werden durch

$$\begin{aligned}\lambda_\nu - \lambda_\nu^{(n,m)} &\leqq \max_{\substack{\|u\|=1\\ u \in \mathcal{L}\{u_1,\ldots,u_\nu\}}} ((A - A_n^m) u, u) \\ &= \max_{\sum_{k=1}^{\nu} |\gamma_k|^2 = 1} \sum_{i,j=1}^{\nu} \gamma_i \bar{\gamma}_j ((A - A_n^m) u_i, u_j) = \max_{\sum_{k=1}^{\nu} |\gamma_k|^2 = 1} \sum_{i,j=1}^{\nu} \gamma_i \bar{\gamma}_j C_{ij}\end{aligned}$$

mit der positiven symmetrischen Matrix

$$\{C_{ij}\} = \{((A - A_n^m) u_i, u_j)\}.$$

Seien Λ_k $(k = 1, \ldots, \nu)$ die (positiven!) Eigenwerte dieser Matrix und Λ_1 deren größter. Dann gilt weiter

$$\lambda_\nu - \lambda_\nu^{(n,m)} \leqq \Lambda_1 \tag{81}$$

und noch etwas vergröbert

$$\begin{aligned}\lambda_\nu - \lambda_\nu^{(n,m)} &\leqq \sum_{k=1}^{\nu} \Lambda_k = \operatorname{Spur}\{C_{ij}\} = \sum_{k=1}^{\nu} C_{kk} \leqq \nu \cdot \max_{k=1,\ldots,\nu} C_{kk} \\ &\leqq \nu \cdot \max_{k=1,\ldots,\nu} ((A'(I - P_n) u_k, u_k) + ((A_0 - A_0^m) u_k, u_k)) \\ &\leqq \nu \cdot \max_{k=1,\ldots,\nu} ((A'(I - P_n) u_k, u_k) \\ &\quad + ((A_0 - \lambda_{m+1}^0 I)(I - Q_m) u_k, u_k)).\end{aligned} \tag{82}$$

Für die Differenz $A_0 - A_0^m$ wurde (47) eingesetzt.

Insbesondere hat man für den kleinsten Eigenwert

$$\lambda_1 - \lambda_1^{(n,m)} \leqq (A'(I - P_n) u_1, u_1) + ((A_0 - \lambda_{m+1}^0 I)(I - Q_m) u_1, u_1). \tag{83}$$

Im Gegensatz zu diesen Aussagen, bei denen die Kenntnis der genäherten Eigenvektoren nötig ist, sollen in Kapitel 4 apriore Fehlerabschätzungen für die Eigenwerte gegeben werden.

4. Abschätzung des Fehlers der Eigenwerte bei beschränktem Zusatzoperator A′

Gemäß Eigenschaft (a) (vgl. 2.1) wird jetzt vorausgesetzt:

$$\|A'\| = a'. \tag{84}$$

Für die gesuchten ν ersten Eigenwerte

$$\lambda_1 \leqq \lambda_2 \leqq \cdots \leqq \lambda_\nu \tag{85}$$

des Operators A seien durch Lösen des Zwischenproblems zweiter Art (48) die Eigenwerte des Operators A_n^m

$$\lambda_1^{(n,m)} \leqq \lambda_2^{(n,m)} \leqq \cdots \leqq \lambda_\nu^{(n,m)} \tag{86}$$

als Näherungswerte bestimmt. Zwischen je zwei zugeordneten Werten von (85) und (86) liegen wegen (50) die entsprechenden Eigenwerte des Zwischenoperators erster Art A_n (vgl. (27))

$$\lambda_1^{(n)} \leqq \lambda_2^{(n)} \leqq \cdots \leqq \lambda_\nu^{(n)}. \tag{87}$$

Für die ganzen Zahlen ν, n und m soll stets gelten

$$m \geqq n, \qquad n \text{ so groß, daß} \quad \lambda_\nu^+ < \lambda_{n+1}^0. \tag{88}$$

Der Fehler der unteren Schranken $\lambda_\nu^{(n,m)}$

$$\lambda_\nu - \lambda_\nu^{(n,m)} = (\lambda_\nu - \lambda_\nu^{(n)}) + (\lambda_\nu^{(n)} - \lambda_\nu^{(n,m)}) \tag{89}$$

wird in zwei Schritten abgeschätzt:

In 4.1. wird der Fehler der (nicht berechneten) Eigenwerte $\lambda_\nu^{(n)}$ untersucht, und in 4.2. wird der Fehler abgeschätzt, der beim Übergang von den Zwischenproblemen erster Art zu solchen zweiter Art entsteht.

4.1. *Der durch die Projektion des Zusatzoperators entstehende Fehler*

Zur Abschätzung dieses ersten Teils des Fehlers (89) wird auf Satz 1 in 3.1. nebst Bemerkung 6 zurückgegriffen. Insbesondere folgt aus (62) und (66)

$$\lambda_\nu - \lambda_\nu^{(n)} \leqq \max_{\substack{\|u\|=1 \\ u \in E_\nu(A_n)}} (A'(I - P_n)\, u, u). \tag{90}$$

Zunächst wird bewiesen

Hilfssatz 3. *Der Operator $A' P_n$ ist beschränkt und besitzt keine größere Norm als der Operator A', falls dieser beschränkt ist.*

Beweis. Wegen (84) gilt zunächst

$$[u, u] = (A' u, u) \leqq \|A' u\| \cdot \|u\| \leqq \|A'\| \cdot \|u\|^2 = a'(u, u), \quad u \in H.$$

Der positive selbstadjungierte Operator $A' P_n$ (vgl. (25)) hat daher eine Norm, die a' nicht übersteigt:

$$\|A' P_n\| = \sup_{u \in H} \frac{(A' P_n u, u)}{(u, u)} = \sup_u \frac{[P_n u, u]}{(u, u)} \leqq \sup_u \frac{[P_n u, P_n u]}{\frac{1}{a'}[u, u]} = a'.$$

Nunmehr folgt

Satz 3. *Unter den Bedingungen* (84) *und* (88) *und bei der Wahl* (45) *der Koordinatenelemente gilt für die Differenz entsprechender Eigenwerte des gegebenen und des Zwischenoperators erster Art die Abschätzung*

$$\lambda_\nu - \lambda_\nu^{(n)} \leqq \frac{\nu a'^3}{(\lambda_{n+1}^0 - \lambda_\nu^{(n)})^2} \leqq \frac{\nu a'^3}{(\lambda_{n+1}^0 - (\lambda_\nu^0 + a'))^2}. \tag{91}$$

Beweis. In (90) hat das Element $u \in E \subset (A_n)$, $\|u\| = 1$, die Gestalt

$$u = \sum_{k=1}^{\nu} \gamma_k u_k, \quad \sum_{k=1}^{\nu} |\gamma_k|^2 = 1,$$

wobei $u_k = u_k^{(n)}$ die orthonormierten Eigenvektoren des Operators A_n zu den Eigenwerten $\lambda_k \equiv \lambda_k^{(n)}$ [1]) $(k = 1, \ldots, \nu)$ bedeuten sollen. Nach (38) und (41) erfüllen diese Eigenvektoren die Gleichungen

$$u_k = -R_{\lambda_k}^{(\prime)} A' P_n u_k \left(+ \sum_{l=1}^{s} \beta_l v_l\right)$$

mit $R_\lambda^{(\prime)}$ als Resolvente (35) bzw. (40)[2]) des Operators A_0. Wegen (88) und der Bemerkung bei Formel (43) sind die v_l $(l = 1, \ldots, s)$ gewisse Eigenvektoren u_μ^0 des Grundoperators A_0 mit $\mu \leqq n$. Ausführlicher hat man daher mit $w = A' P_n u_k$ und den Darstellungen (35) und (40)

$$\begin{aligned} u_k &= -R_{\lambda_k}^{(\prime)} w \left(+ \sum_{l=1}^{s} \beta_l v_l\right) \\ &= \left\{- \sum_{i=1}^{n\,(\prime)}{}^{v} \frac{(w, u_i^0) u_i^0}{\lambda_i^0 - \lambda_k} \left(+ \sum_{l=1}^{s} \beta_l v_l\right)\right\} + \left\{- \sum_{i=n+1}^{\infty} \frac{(w, u_i^0) u_i^0}{\lambda_i^0 - \lambda_k}\right\} \\ &= \varphi_k + \psi_k, \end{aligned}$$

wobei offenbar

$$\varphi_k \in \mathscr{L}\{u_1^0, \ldots, u_n^0\}, \quad \psi_k \in H \ominus \mathscr{L}\{u_1^0, \ldots, u_n^0\}, \quad \|\varphi_k\| \leqq 1, \ \|\psi_k\| \leqq 1$$

gilt. Wegen $P_n \varphi_k = \varphi_k$, d. h. $(I - P_n)\varphi_k = 0$ und

$$\begin{aligned} (A'(I - P_n) u, u) &= [(I - P_n) u, (I - P_n) u] \\ &= (A'(I - P_n) u, (I - P_n) u) \end{aligned}$$

folgt schließlich aus (90)

$$\begin{aligned} \lambda_\nu - \lambda_\nu^{(n)} &\leqq \max_{\sum_{k=1}^{\nu} |\gamma_k|^2 = 1} \sum_{k,l=1}^{\nu} \gamma_k \bar{\gamma}_l (A'(I - P_n)\psi_k, \psi_l) \\ &\leqq \max_{\sum_{k=1}^{\nu} |\gamma_k|^2 = 1} \sum_{k,l=1}^{\nu} \gamma_k \bar{\gamma}_l C_{kl}. \end{aligned}$$

[1]) Dies wird nur als Abkürzung in diesem Beweis benutzt.

[2]) Hierbei gelten die in Klammern ( ) stehenden Symbole.

Seien $\Lambda_1 \geqq \Lambda_2 \geqq \cdots \geqq \Lambda_\nu \geqq 0$ die Eigenwerte der positiven symmetrischen Matrix

$$\{C_{kl}\} = \{(A'(I - P_n)\psi_k, \psi_l)\}.$$

Dann gilt weiter (wie in 3.3.)

$$\lambda_\nu - \lambda_\nu^{(n)} \leqq \Lambda_1 \leqq \sum_{k=1}^{\nu} \Lambda_k = \sum_{k=1}^{\nu} C_{kk} \leqq \nu \max_{k=1,\ldots,\nu} C_{kk}.$$

Nun ist

$$\begin{aligned} C_{kk} &= (A'(I - P_n)\psi_k, \psi_k) = [(I - P_n)\varphi_k, (I - P_n)\psi_k] \\ &\leqq [\psi_k, \psi_k] = (A'\psi_k, \psi_k) \\ &\leqq a'(\psi_k, \psi_k) = a' \sum_{i=n+1}^{\infty} \frac{|(w, u_i^0)|^2}{(\lambda_i^0 - \lambda_k)^2} \leqq \frac{a'}{(\lambda_{n+1}^0 - \lambda_k)^2} \sum_{i=n+1}^{\infty} |(w, u_i^0)|^2 \\ &\leqq \frac{a'}{(\lambda_{n+1}^0 - \lambda_k)^2} \|w\|^2 = \frac{a'}{(\lambda_{n+1}^0 - \lambda_k)^2} \|A' P_n u_k\|^2 \leqq \frac{a'^3}{(\lambda_{n+1}^0 - \lambda_k)^2}, \end{aligned}$$

indem zuletzt Hilfssatz 3 und $\|u_k\| = 1$ benutzt wurde. Somit gilt schließlich

$$\lambda_\nu - \lambda_\nu^{(n)} \leqq \frac{\nu a'^3}{(\lambda_{n+1}^0 - \lambda_\nu^{(n)})^2},$$

und mit

$$\lambda_\nu^{(n)} \leqq \lambda_\nu \leqq \lambda_\nu^+ = \lambda_\nu^0 + a' < \lambda_{n+1}^0$$

ist der Satz bewiesen.

4.2. *Der durch die Trunkation des Grundoperators verursachte Fehler*

Zur Abschätzung dieses zweiten Teils des Fehlers (89) der Eigenwerte wird von Satz 2 in 3.2. und der Bemerkung 12 Gebrauch gemacht.

Es gilt

Satz 4. *Bei gemäß* (84) *beschränktem Zusatzoperator A' vergrößert sich der Fehler der Eigenwerte beim Übergang vom Zwischenproblem erster Art zum Zwischenproblem zweiter Art höchstens um*

$$\lambda_\nu^{(n)} - \lambda_\nu^{(n,m)} \leqq \frac{1}{\lambda_{m+1}^0}\left(1 + \frac{a'}{\lambda_1^0}\right)(\lambda_\nu^0 + 2a')(\lambda_\nu^0 + a'). \tag{92}$$

Beweis. Mit $\bar\lambda = \lambda^{-1}$ gilt zunächst nach (79)

$$\bar\lambda_\nu^{(n,m)} - \bar\lambda_\nu^{(n)} \leqq \max_{\substack{\|u\|=1 \\ u \in E_\nu(A_n^m) \\ u \perp E_{\nu-1}(A_n)}} (((A_n^m)^{-1} - A_n^{-1})u, u).$$

Wegen

$$(A_n^m)^{-1} - A_n^{-1} = (A_n^m)^{-1}(A_n - A_n^m)\, A_n^{-1} \text{ (auf } H\text{)},$$

$$A_n - A_n^m = A_0 - A_0^m \text{ (auf } D(A_0) = D(A_n) = R(A_n^{-1})\text{)}$$

und

$$A_0 - A_0^m = A_0^m\, ((A_0^m)^{-1} - A_0^{-1})\, A_0 \text{ (auf } D(A_0)\text{)}$$

hat man

$$(A_n^m)^{-1} - A_n^{-1} = (A_n^m)^{-1}\, A_0^m\, ((A_0^m)^{-1} - A_0^{-1})\, A_0\, A_n^{-1} \text{ (auf } H\text{)}.$$

Mit

$$A_0\, A_n^{-1} = (A_n - A'\, P_n)\, A_n^{-1} = I - A'\, P_n\, A_n^{-1}$$

und

$$(A_n^m)^{-1}\, A_0^m = (A_n^m)^{-1}(A_n^m - A'\, P_n) = I - (A_n^m)^{-1}\, A'\, P_n$$

wird

$$\begin{aligned}
\lambda_\nu^{(n,m)} - \lambda_\nu^{(n)} &\leqq \max_{\substack{\|u\|=1 \\ u \in E_\nu(A_n^m) \\ u \perp E_{\nu-1}(A_n)}} ((I - (A_n^m)^{-1}\, A'\, P_n)\, ((A_0^m)^{-1} - A_0^{-1}) \\
&\qquad \times (I - A'\, P_n\, A_n^{-1})\, u,\, u) \\
&\leqq \max_{\substack{\|u\|=1 \\ u \in E_\nu(A_n^m) \\ u \perp E_{\nu-1}(A_n)}} (((A_0^m)^{-1} - A_0^{-1})\, (I - A'\, P_n\, A_n^{-1})\, u, \\
&\qquad \times (I - A'\, P_n\, (A_n^m)^{-1})\, u) \\
&\leqq \|(A_0^m)^{-1} - A_0^{-1}\| \max_{\substack{\|u\|=1 \\ u \perp E_{\nu-1}(A_n)}} \|(I - A' P_n\, A_n^{-1})\, u\| \\
&\qquad \times \max_{\substack{\|u\|=1 \\ u \in E_\nu(A_n^m)}} \|(I - A'\, P_n\, (A_n^m)^{-1})\, u\| \\
&\leqq \|(A_0^m)^{-1} - A_0^{-1}\|\, (1 + \|A'\, P_n\| \max_{\substack{\|u\|=1 \\ u \perp E_{\nu-1}(A_n)}} \|A_n^{-1}\, u\|) \\
&\qquad \times (1 + \|A'\, P_n\| \max_{\substack{\|u\|=1 \\ u \in E_\nu(A_n^m)}} \|(A_n^m)^{-1}\, u\|).
\end{aligned}$$

Dabei wurde benutzt, daß $(A_n^m)^{-1}$ und $A'\, P_n$ selbstadjungierte Operatoren sind (vgl. Hilfssatz 1 in 3.2. und Formel (25)); ferner die Schwarzsche Ungleichung und die Dreiecksungleichung. Wegen (46) und (47) gilt weiter

$$A_0^{-1}\, u = \sum_{i=1}^{\infty} \frac{1}{\lambda_i^0}\, (u,\, u_i^0)\, u_i^0 \quad (u \in H),$$

$$(A_0^m)^{-1}\, u = \sum_{i=1}^{m} \frac{1}{\lambda_i^0}\, (u,\, u_i^0)\, u_i^0 + \sum_{i=m+1}^{\infty} \frac{1}{\lambda_{m+1}^0}\, (u,\, u_i^0)\, u_i^0 \quad (u \in H)$$

und somit

$$((A_0^m)^{-1} - A_0^{-1})\, u = \sum_{i=m+2}^{\infty} \left(\frac{1}{\lambda_{m+1}^0} - \frac{1}{\lambda_i^0}\right) (u,\, u_i^0)\, u_i^0 \quad (u \in H),$$

$$0 \leqq (((A_0^m)^{-1} - A_0^{-1})\, u,\, u) = \sum_{i=m+2}^{\infty} \left(\frac{1}{\lambda_{m+1}^0} - \frac{1}{\lambda_i^0}\right) |(u,\, u_i^0)|^2 \leqq \frac{1}{\lambda_{m+1}^0} \|u\|^2,$$

d. h., da $((A_0^m)^{-1} - A_0^{-1})$ ein selbstadjungierter Operator ist,

$$\|(A_0^m)^{-1} - A_0^{-1}\| \leqq \frac{1}{\lambda_{m+1}^0}.$$

Mit (vgl. etwa Hilfssatz 1 in 3.2.)

$$\|A_n^{-1}\|_{H \ominus E_\nu(A_n)} = \frac{1}{\lambda_\nu^{(n)}}, \quad \|(A_n^m)^{-1}\|_{E_\nu(A_n^m)} = \frac{1}{\lambda_1^{(n,m)}},$$

wobei die Normen bezüglich der jeweils angegebenen Unterräume zu bilden sind, folgt schließlich

$$\tilde{\lambda}_\nu^{(n,m)} - \tilde{\lambda}_\nu^{(n)} \leqq \frac{1}{\lambda_{m+1}^0}\left(1 + \frac{a'}{\lambda_\nu^{(n)}}\right)\left(1 + \frac{a'}{\lambda_1^{(n,m)}}\right)$$

und

$$\lambda_\nu^{(n)} - \lambda_\nu^{(n,m)} = \lambda_\nu^{(n)}\,\lambda_\nu^{(n,m)}(\tilde{\lambda}_\nu^{(n,m)} - \tilde{\lambda}_\nu^{(n)})$$
$$\leqq \frac{1}{\lambda_{m+1}^0}\left(1 + \frac{a'}{\lambda_1^0}\right)(\lambda_\nu^0 + a')\,(\lambda_\nu^0 + 2a'),$$

womit der Satz bewiesen ist.

Abschließend soll hier noch ein Spezialfall betrachtet werden, bei dem die Trunkation des Grundoperators keinen bzw. einen geringeren zusätzlichen Fehler als (92) für die Eigenwerte bedingt.

Satz 5. *Hat der Operator A' die Eigenschaft, daß er die Koordinatenelemente u_i^0 ($i = 1, \ldots, n$; vgl. (45)) gemäß*

$$A'\,u_i^0 = \sum_{j=i-\nu_i}^{i+s_i} \eta_j^{(i)}\,u_j^0 \tag{93}$$

bei endlichem s_i abbildet, so besitzt der Operator A_n^m die gleichen ersten ν (vgl. (88)) *Eigenwerte wie A_n, sofern $m \geqq n + s_n - 1$ mit $s_n = \max\limits_{i=1,\ldots,n} s_i$ gewählt wird.*

Beweis. Wie man sich leicht anhand der Darstellungen (54) bzw. (57) für die Eigenvektoren $u = u_\nu^{(n,m)}$ des Operators A_n^m, die zu den Eigenwerten $\lambda_\nu^{(n,m)}$ gehören, überzeugt, gilt wegen (93)

$$u \in \mathscr{L}\,\{u_1^0, \ldots, u_{n+s_n}^0\} \subset D(A_0) = D(A) = D(A_n),$$

d. h.

$$E_\nu(A_n^m) \subset D(A_n).$$

Deshalb ist für die Abschätzung der Differenz $\lambda_\nu^{(n)} - \lambda_\nu^{(n,m)}$ der Satz 1 aus 3.1. anwendbar:

$$\lambda_\nu^{(n)} - \lambda_\nu^{(n,m)} \leqq \max_{\substack{\|u\|=1 \\ u \in E_\nu(A_n^m)}} ((A_n - A_n^m)\,u, u).$$

Wegen

$$(A_n - A_n^m)\,u = (A_0 - A_0^m)\,u = \sum_{i=m+2}^{\infty} (\lambda_i^0 - \lambda_{m+1}^0)\,(u, u_i^0)\,u_i^0 \tag{94}$$

wird für $m + 2 \geqq n + s_n + 1$, d. h. für $m \geqq n + s_n - 1$, stets

$$(A_0 - A_0^m)\, u = 0 \quad (u \in E_\nu\,(A_n^m) \subset \mathcal{L}\,\{u_1^0, \ldots, u_{n+s_n}^0\}),$$

d. h.

$$\lambda_\nu^{(n,m)} = \lambda_\nu^{(n)}.$$

Bemerkung 13. Die Beschränktheit des Zusatzoperators A' wurde für den Beweis dieses Satzes nicht benötigt. Die Bedingung (93) an den Operator A' bedeutet lediglich, daß die Matrixdarstellung von A' in dem System der Eigenelemente des Grundoperators A_0 ($\{u_i^0\}$, $i = 1,2, \ldots$, ist in H vollständig) diagonalähnlich ist, d. h., daß in jeder Zeile der Matrix $\{(A'\, u_i^0, u_j^0)\}$ außerhalb einer gewissen Umgebung des Diagonalelements $(A'\, u_i^0, u_i^0)$ nur Nullen stehen.

Zu einer Verallgemeinerung gelangt man, wenn der Operator A' (93) in folgendem Sinne nur fast erfüllt. Zu jedem $i = 1, \ldots, n$ existiere ein (evtl. von n abhängiges) $K > 0$ und eine ganze Zahl s_i so, daß

$$\sum_{j=i+s_i}^{\infty} \lambda_j^0\, |(A'\, u_i^0, u_j^0)|^2 = \sum_{j=i+s_i}^{\infty} (|A_0^{\frac{1}{2}}\, A'\, u_i^0, u_j^0)|^2 \leqq K. \tag{95}$$

Dann gilt

Satz 6. *Der symmetrische, gemäß* (12) *positiv definite Operator A' möge* (95) *genügen. Für gegebenes n werden $m \geqq n + s_n - 1$ mit $s_n = \max\limits_{i=1,\ldots,n} s_i$ gewählt. Die ersten ν Eigenwerte* (vgl. (88)) *von A_n unterscheiden sich dann von denjenigen des Operators A_n^m um weniger als*

$$\lambda_\nu^{(n)} - \lambda_\nu^{(n,m)} \leqq \frac{\nu\, n\, K}{\gamma}\; \frac{\lambda_\nu - \lambda_1^0}{(\lambda_{m+1}^0 - \lambda_\nu)^2}. \tag{96}$$

Beweis. Die Eigenvektoren $u = u_k^{(n,m)}$ $(k = 1, \ldots, \nu)$ von A_n^m haben nach (54) bzw. (57) die Gestalt (mit $\lambda = \lambda_k^{(n,m)}$)

$$u = -\sum_{i=1}^{m}{}^{(\prime)} \frac{(A'\, P_n\, u, u_i^0)\, u_i^0}{\lambda_i^0 - \lambda}$$

$$- \frac{1}{\lambda_{m+1}^0 - \lambda} \sum_{i=m+1}^{\infty} (A'\, P_n\, u, u_i^0)\, u_i^0 \left(+ \sum_{l=1}^{s} \beta_l^m\, v_l\right)$$

mit $\|u\| = 1$. Dabei ist $P_n\, u = \sum\limits_{j=1}^{n} \alpha_j^m\, u_j^0$ unabhängig von n und m beschränkt (vgl. dazu Hilfssatz 4 in 5.1.). Wegen (95) folgt dann sofort, daß $u \in H_{A_0} = H_A$ gilt und Satz 1 aus 3.1. anwendbar ist.

Dieser liefert zunächst, indem man wie in 3.3. abschätzt,

$$\lambda_\nu^{(n)} - \lambda_\nu^{(n,m)} \leqq \nu \max_{k=1,\ldots,\nu} ((A_n - A_n^m)\, u, u).$$

Setzt man nun $u = u_k^{(n,m)}$ und (94) für $A_n - A_n^m$ ein, so entsteht nach einer Umformung

$$\lambda_\nu^{(n)} - \lambda_\nu^{(n,m)} \leqq \frac{\nu}{(\lambda_{m+1}^0 - \lambda_\nu)^2} \sum_{i=m+2}^{\infty} (\lambda_i^0 - \lambda_{m+1}^0) \,|\, (A' P_n u, u_i^0) \,|^2$$

$$< \frac{\nu}{(\lambda_{m+1}^0 - \lambda_\nu)^2} \sum_{i=m+2}^{\infty} \lambda_i^0 \left| \sum_{k=1}^{n} \alpha_k^m (A' u_k^0, u_i^0) \right|^2$$

$$\leqq \frac{\nu}{(\lambda_{m+1}^0 - \lambda_\nu)^2} \sum_{k=1}^{n} |\, \alpha_k^m \,|^2 \sum_{i=m+2}^{\infty} \lambda_i^0 \sum_{k=1}^{n} |(A' u_k^0, u_i^0)|^2$$

$$\leqq \frac{\nu\, n\, K}{(\lambda_{m+1}^0 - \lambda_\nu)^2} \,\|\, P_n u \,\|^2.$$

Mittels $\| P_n u \|^2 \leqq (\lambda_\nu - \lambda_1^0)\, \gamma^{-1}$ nach Hilfssatz 4 in 5.1. entsteht die Behauptung (96). Für λ_ν hat man den aktuellen Näherungswert bzw. geeignete obere Schranken (z. B. (15) bis (18) aus 2.1.) einzusetzen.

Zusammenfassend gilt

Satz 7. *Der gegebene selbstadjungierte, gemäß* (11) *positiv definite Operator A im Hilbert-Raum H besitze ein rein diskretes Spektrum* (3) *und die Darstellung* (5) *in Form einer Summe $A = A_0 + A'$. Für den selbstadjungierten, positiv definiten Grundoperator A_0 mit rein diskretem Spektrum seien die Eigenwerte* (3_0) *und die zugehörigen Eigenvektoren* (4_0) *bekannt.*

Es sei A' ein positiv definiter, symmetrischer, beschränkter Operator mit $\| A' \| = a'$. Die natürlichen Zahlen n, m, ν mögen die Bedingungen (88) *erfüllen. Die Koordinatenelemente seien gemäß* (45) *gewählt. $\lambda_\nu^{(n,m)}$ $(\nu = 1, 2, \ldots)$ seien die ersten Eigenwerte des Zwischenoperators zweiter Art* (48). *Gegenüber den gesuchten Eigenwerten λ_ν des Operators A besitzen diese höchstens den Fehler*

$$\lambda_\nu - \lambda_\nu^{(n,m)} \leqq \frac{\nu\, a'^3}{(\lambda_{n+1}^0 - (\lambda_\nu^0 + a'))^2} + \frac{(1 + a'/\lambda_1^0)\,(\lambda_\nu^0 + 2\,a')\,(\lambda_\nu^0 + a')}{\lambda_{m+1}^0}, \tag{97}$$

wobei der zweite Summand dann verschwindet bzw. durch (96) *ersetzt werden kann, wenn der Operator A' noch die Eigenschaft* (93) *bzw.* (95) *und* (12) *besitzt.*

4.3. *Der Fall spezieller vollstetiger Zusatzoperatoren*

Der Zusatzoperator A' sei jetzt nicht nur stetig, sondern sogar vollstetig. Hat er überdies die Eigenschaft (b) (vgl. 2.1.), so läßt sich die Aussage des Satzes 7 von 4.2. wesentlich verschärfen. Es gilt nämlich

Satz 8. *Die Voraussetzungen des Satzes* 7 *aus* 4.2. *seien erfüllt und es sei A' ein vollstetiger Operator, der der Bedingung* (b) *aus* 2.1.,

$$(A' u, u) \leqq a_0' \,(A_0^{-1} u, u) \quad (u \in H),$$

genügt. Dann gilt für den Fehler der Eigenwerte

$$\lambda_\nu - \lambda_\nu^{(n,m)} \leqq \frac{\nu a_0' a'^2}{\lambda_{n+1}^0 \left(\lambda_{n+1}^0 - \left(\lambda_\nu^0 + \frac{a_0'}{\lambda_\nu^0}\right)\right)^2} + \frac{1}{\lambda_{m+1}^0}\left(1 + \frac{a'}{\lambda_1^0}\right)\left(\lambda_\nu^0 + a' + \frac{a_0'}{\lambda_\nu^0}\right)\left(\lambda_\nu^0 + \frac{a_0'}{\lambda_\nu^0}\right). \tag{99}$$

Beweis. Wie beim Beweis des Satzes 3 gilt zunächst

$$\lambda_\nu - \lambda_\nu^{(n)} \leqq \nu \max_{k=1,\ldots,\nu} C_{kk}$$

mit

$$C_{kk} = (A'(I - P_n)\,\psi_k, \psi_k) \leqq (A'\,\psi_k, \psi_k)$$

und

$$\psi_k = -\sum_{i=n+1}^{\infty} \frac{(A' P_n u_k, u_i^0)\, u_i^0}{\lambda_i^0 - \lambda_k},$$

$u_k = u_k^{(n)}$ normierter Eigenvektor von A_n.

Unter Benutzung der Eigenschaft (b) des Operators A' gilt nun weiter

$$C_{kk} \leqq a_0' \,(A_0^{-1}\,\psi_k, \psi_k) = a_0' \sum_{i=n+1}^{\infty} \frac{|(A' P_n u_k, u_i^0)|^2}{\lambda_i^0 (\lambda_i^0 - \lambda_k)^2} \leqq a_0' \frac{\| A' P_n u_k \|^2}{\lambda_i^0 (\lambda_i^0 - \lambda_k)^2},$$

wenn im letzten Term $i = n + 1$ gesetzt wird. Es sei a' wieder die Norm $\| A' \| = a'$. Nach Hilfssatz 3 gilt auch $\| A' P_n \| \leqq a'$ und somit

$$C_{kk} \leqq \frac{a_0' a'^2}{\lambda_{n+1}^0 (\lambda_{n+1}^0 - \lambda_k)^2} \leqq \frac{a_0' a'^2}{\lambda_{n+1}^0 \left(\lambda_{n+1}^0 - \left(\lambda_k^0 + \frac{a_0'}{\lambda_k^0}\right)\right)^2},$$

wobei die letzte Ungleichung aus (16) folgt.

Der zweite Teil des Fehlers, d. h. die Differenz $\lambda_\nu^{(n)} - \lambda_\nu^{(n,m)}$, wird genauso abgeschätzt wie (92) in Satz 4, lediglich mit (16) statt (15) für die obere Schranke von $\lambda_\nu^{(n,m)}$.

Insgesamt ist damit die Aussage (99) des Satzes bewiesen.

Schließlich soll der Fall betrachtet werden, daß der Zusatzoperator A' ein endlichdimensionaler symmetrischer positiver Operator ist, d. h., daß A' eine endliche Summe von Operatoren der Gestalt

$$A_i' u = (u, f_i) f_i \quad (f_i \in H), \quad \| A_i' \| = \| f_i \|^2 \tag{100}$$

ist. Bei einem solchen endlichdimensionalen Zusatzoperator ist natürlich, um Zwischenprobleme zu erhalten, die die Eigenschaften (A) und (B) haben, lediglich erforderlich, die Trunkation des Grundoperators auszuführen (vgl. 2.2.2.). Bezeichnet a' wieder die Norm von A', so läßt sich der Satz 4 wortwörtlich übertragen:

Die Eigenwerte $\lambda_\nu^{(m)}$ des Zwischenoperators $A^m = A_0^m + A'$ sind untere Schranken für die Eigenwerte λ_ν des Operators $A = A_0 + A'$ ($\nu = 1, 2, \ldots$), wobei für die jeweilige Differenz $\lambda_\nu - \lambda_\nu^{(m)}$ die Abschätzung (92) gültig ist, die im Satz 4 für $\lambda_\nu^{(n)} - \lambda_\nu^{(n,m)}$ aufgeschrieben wurde.

Im folgenden wird noch vorausgesetzt, daß die oben erwähnten Elemente f_i dem Definitionsbereich des Grundoperators A_0 angehören.

Der Zusatzoperator habe also die Gestalt

$$A'u = \sum_{i=1}^{r} (u, f_i) f_i \quad (u \in H), \quad f_i \in D(A_0) = D(A).$$

Für die Norm von A' hat man daher

$$\| A' \| = a' \leqq \sum_{i=1}^{r} \| f_i \|^2,$$

und die r Zahlen

$$\| A_0 f_i \| < \infty \quad (i = 1, \ldots, r)$$

sind bekannt.

Eine wesentlich schärfere Aussage als der erwähnte Satz 4 gibt dann der

Satz 9. *Hat der Zusatzoperator A' des gegebenen Operators $A = A_0 + A'$ die Gestalt* (101), *dann haben bereits die zu den Zwischenoperatoren $A^m = A_0^m + A'$ gehörigen Eigenwertprobleme die Eigenschaften* (A) *und* (B). *Für die Differenz entsprechender Eigenwerte von A und A^m gilt die Abschätzung*

$$\lambda_\nu - \lambda_\nu^{(m)} \leqq K_r \frac{\nu}{\lambda_{m+2}^0 (\lambda_{m+1}^0 - (\lambda_\nu^0 + a'))^2} \quad (\nu = 1, \ldots, N) \tag{102}$$

mit

$$K_r = \sum_{i=1}^{r} \| f_i \|^2 \sum_{i=1}^{r} \| A_0 f_i \|^2$$

und N so, daß $\lambda_N^{(m)}$ noch kleiner bleibt als λ_{m+1}^0.

Beweis. Da die Operatoren A^m kleiner sind als der Operator A (vgl. (47)) und da A' endlichdimensional ist, ist die erste Aussage des Satzes klar. Zur Berechnung von Eigenwerten und Eigenvektoren der Zwischenoperatoren A^m sind daher die Darlegungen von 2.2.2., insbesondere die Formeln (51) bis (57) übertragbar. Man hat lediglich $A' P_n u$ durch (101) zu ersetzen. Aus (54) und (57) erkennt man dann wegen $f_i \in D(A)$, daß die Eigenvektoren $u_\nu^{(m)}$ $(\nu = 1, \ldots, N)$ von A^m dem Definitionsgebiet $D(A)$ angehören und somit Satz 1 aus 3.1. anwendbar ist:

$$\lambda_\nu - \lambda_\nu^{(m)} \leqq \max_{\substack{\|u\| = 1 \\ u \in E_\nu(A^m)}} ((A - A^m) u, u).$$

Wegen (94) ist $A - A^m$ ein Operator, der auf $\mathcal{L}\{u_1^0, \ldots, u_{m+1}^0\}$ annulliert und der $\mathcal{L}^\perp\{u_1^0, \ldots, u_{m+1}^0\}$ als invarianten Unterraum besitzt. Daher können in obiger Formel die Anteile von $u \in E_\nu(A^m)$, die in $\mathcal{L}\{u_1^0, \ldots, u_{m+1}^0\}$ liegen, fortgelassen werden:

$$u \in E_\nu(A^m), \quad u = \varphi + \psi, \quad \varphi \in \mathcal{L}, \quad \psi \in \mathcal{L}^\perp,$$

$$\lambda_\nu - \lambda_\nu^{(m)} \leqq \max_{\substack{\|u\|=1\\ u \in E_\nu(A^m)}} ((A - A^m)\,\psi, \psi).$$

Es seien $u_k = u_k^{(m)}$ die normierten Eigenvektoren von A^m und ψ_k deren Projektionen (in H) auf $\mathcal{L}^\perp \{u_1^0, \ldots, u_{m+1}^0\}$. Dann hat man für $u \in E_\nu(A^m)$, $\| u \| = 1$ die Darstellung

$$u = \sum_{k=1}^{\nu} \gamma_k u_k, \quad \sum_{k=1}^{\nu} |\lambda_k|^2 = 1, \quad \psi = \sum_{k=1}^{\nu} \gamma_k \psi_k,$$

und analog zum Beweis des Satzes 3 gilt weiter

$$\lambda_\nu - \lambda_\nu^{(m)} \leqq \max_{\sum_{k=1}^{\nu} |\gamma_k|^2 = 1} \sum_{k,l=1}^{\nu} \gamma_k \bar{\gamma}_l ((A - A^m)\,\psi_k, \psi_l)$$

$$\leqq \nu \max_{k=1,\ldots,\nu} D_{kk},$$

wobei D_{kk} hier die Diagonalelemente der positiven symmetrischen Matrix $\{D_{kl}\} = \{((A - A^m)\,\psi_k, \psi_l)\}$ bedeuten. Für die auftretenden ψ_k ($k \leqq N$) folgen nun aus (54) bzw. (57) bei Beachtung von (51) bzw. (52) die Darstellungen

$$\psi_k = -\sum_{p=m+1}^{\infty} \frac{(w, u_p^0)\, u_p^0}{\lambda_{m+1}^0 - \lambda_k}, \qquad w = \sum_{i=1}^{r} (u_k, f_i) f_i.$$

Mit (94) für $(A - A^m)$ hat man

$$D_{kk} = ((A - A^m)\,\psi_k, \psi_k) = \sum_{j=m+2}^{\infty} (\lambda_j^0 - \lambda_{m+1}^0)\,(\psi_k, u_j^0)\,(u_j^0, \psi_k),$$

und mit

$$(\psi_k, u_j^0) = -\frac{(w, u_j^0)}{\lambda_{m+1}^0 - \lambda_k} = -\frac{1}{\lambda_{m+1}^0 - \lambda_k} \sum_{i=1}^{r} (u_k, f_i)\,(f_i, u_j^0)$$

wird

$$D_{kk} \leqq \sum_{j=m+2}^{\infty} (\lambda_j^0 - \lambda_{m+1}^0) \frac{1}{(\lambda_{m+1}^0 - \lambda_k)^2} \left| \sum_{i=1}^{r} (u_k, f_i)\,(f_i, u_j^0) \right|^2$$

$$= \sum_{j=m+2}^{\infty} \frac{\lambda_j^0 - \lambda_{m+1}^0}{\lambda_j^0} \frac{1}{\lambda_j^0 (\lambda_{m+1}^0 - \lambda_k)^2} \left| \sum_{i=1}^{r} (u_k, f_i)\,(f_i, \lambda_j^0 u_j^0) \right|^2$$

$$\leqq \frac{1}{\lambda_{m+2}^0 (\lambda_{m+1}^0 - \lambda_k)^2} \sum_{j=m+2}^{\infty} \left(\sum_{i=1}^{r} |(u_k, f_i)|\,|(f_i, A_0 u_j^0)| \right)^2$$

$$\leqq \frac{1}{\lambda_{m+2}^0 (\lambda_{m+1}^0 - \lambda_k)^2} \sum_{j=m+2}^{\infty} \sum_{i=1}^{r} \| f_i \|^2 \sum_{i=1}^{r} \| (I - Q_{m+1})\, A_0 f_i \|^2.$$

Daraus folgt die Behauptung (102).

5. Eine Abschätzung für eine Klasse unbeschränkter Zusatzoperatoren

Hier werden Zusatzoperatoren A' betrachtet, die gemäß der Ankündigung in 2.1. der Klasse (d) angehören, die also neben der Symmetrie den Bedingungen

$$\| A' u \| \leqq b' \| A_0^\beta u \| \quad \left(u \in D(A_0),\ 0 < \beta \leqq \frac{1}{2},\ b' > 0\right),$$

$$(A' u, u) \geqq \gamma \| u \|^2 \quad (u \in D(A'),\ \gamma > 0) \tag{103}$$

genügen.

5.1. *Zwei Hilfssätze*

Es sollen hier zwei Eigenschaften der Operatoren P_n festgehalten werden. Diese Operatoren (vgl. (22)) sind im von dem unbeschränkten Operator A' erzeugten Hilbert-Raum H' orthogonale Projektoren auf den Unterraum $\mathcal{L}\, \{u_1^0, \ldots, u_n^0\}$. Im ursprünglichen Hilbert-Raum H ist jedoch P_n im allgemeinen kein orthogonaler Projektor und die Operatorenfolge $\{P_n\}$ nicht gleichmäßig beschränkt. Trotzdem gelten die folgenden Aussagen.

Hilfssatz 4. *Es sei* $u = u_\nu^{(n)}$ *(bzw.* $u = u_\nu^{(n,m)}$*) ein normierter Eigenvektor zum* ν*-ten Eigenwert* $\lambda = \lambda_\nu^{(n)}$ *(bzw.* $\lambda = \lambda_\nu^{(n,m)}$*) des Zwischenoperators* A_n *(bzw.* A_n^m*). Dann ist, falls der Zusatzoperator* A' *gemäß* (12) *positiv definit ist, die Norm* $\| P_n u \|$ *gleichmäßig hinsichtlich* n *beschränkt.*

Beweis. Es gilt nämlich wegen (12)

$$(A' P_n u, u) = [P_n u, P_n u] = (A' P_n u, P_n u) \geqq \gamma \| P_n u \|^2$$

und, indem die im Satz formulierte Bedeutung von u berücksichtigt wird,

$$(A' P_n u, u) = (A_n u, u) - (A_0 u, u) \leqq \lambda_\nu^{(n)} - \lambda_1^0 \tag{104}$$

bzw.

$$(A' P_n u, u) = (A_n^m u, u) - (A_0^m u, u) \leqq \lambda_\nu^{(n,m)} - \lambda_1^0. \tag{105}$$

Dabei wurde noch benutzt, daß A_0 und A_0^m positive Operatoren mit der unteren Schranke λ_1^0 sind. Somit ist

$$\| P_n u \|^2 \leqq \gamma^{-1} (\lambda_\nu^{(n)} - \lambda_1^0), \quad u = u_\nu^{(n)} \quad (n, \nu = 1, 2, \ldots) \tag{106}$$

bzw.

$$\| P_n u \|^2 \leqq \gamma^{-1} (\lambda_\nu^{(n,m)} - \lambda_1^0), \quad u = u_\nu^{(n,m)} \quad (n, m, \nu = 1, 2, \ldots). \tag{107}$$

Da die Werte $\lambda_\nu^{(n)}$ und $\lambda_\nu^{(n,m)}$ jeweils untere Schranken für die (von n und m unabhängigen) Eigenwerte λ_ν des Operators A sind, ist der Satz bewiesen.

Hilfssatz 5. *Die Operatorenfolgen* $\{P_n A_n^{-1}\}$ *und* $\{P_n (A_n^m)^{-1}\}$ *sind in H gleichmäßig beschränkt hinsichtlich n und m.*

Beweis. Für jedes feste n sind die Operatoren der beiden Folgen auf ganz H definiert, denn A_n^{-1}, $(A_n^m)^{-1}$ und P_n sind stetige Operatoren in H. Nun gilt für $u \in H$ nach (12)

$$\begin{aligned}\|P_n A_n^{-1} u\|^2 &\leqq \gamma^{-1}(A' P_n A_n^{-1} u, P_n A_n^{-1} u) = \gamma^{-1}(A' P_n A_n^{-1} u, A_n^{-1} u) \\ &\leqq \gamma^{-1}((A_0 + A' P_n) A_n^{-1} u, A_n^{-1} u) = \gamma^{-1}(u, A_n^{-1} u).\end{aligned} \tag{108}$$

Auf der rechten Seite wurde dabei der nichtnegative Term $(A_0 A_n^{-1} u, A_n^{-1} u)$ hinzugefügt (man beachte $R(A_n^{-1}) = D(A_n) = D(A_0)$ nach (27)). Analog hat man für $\|u\| \leqq 1$

$$\begin{aligned}\|P_n (A_n^m)^{-1} u\|^2 &\leqq \gamma^{-1}(A' P_n (A_n^m)^{-1} u, (A_n^m)^{-1} u) \\ &\leqq \gamma^{-1}((A_0^m + A' P_n)(A_n^m)^{-1} u, (A_n^m)^{-1} u) \\ &\leqq \gamma^{-1}(u, (A_n^m)^{-1} u) \leqq (\gamma \lambda_1^{(n,m)})^{-1} \leqq (\gamma \lambda_1^0)^{-1}\end{aligned} \tag{109}$$

und folglich

$$\begin{aligned}\|P_n A_n^{-1}\|^2 &\leqq \gamma^{-1}(\lambda_1^{(n)})^{-1} \leqq (\gamma \lambda_1^0)^{-1} \quad (n = 1, 2, \ldots), \\ \|P_n (A_n^m)^{-1}\|^2 &\leqq \gamma^{-1}(\lambda_1^{(n,m)})^{-1} \leqq (\gamma \lambda_1^0)^{-1} \quad (n, m = 1, 2, \ldots).\end{aligned}$$

Der Fehler der Eigenwerte wird wieder in zwei Schritten abgeschätzt.

5.2. *Die bei den Zwischenproblemen erster Art auftretenden Fehler*

Es gilt der

Satz 10. *Die ganzen Zahlen* ν *und* n *mögen* (88) *genügen. Der mit* (12) *positiv definite Zusatzoperator* A' *sei gemäß* (103) *relativ klein gegen den Grundoperator* A_0, *und die Koordinatenelemente* (21) *seien entsprechend* (45) *gewählt. Dann gilt für die Differenz der ersten* ν *Eigenwerte des Zwischenoperators* $A_n = A_0 + A'$ *die Abschätzung*

$$\lambda_\nu - \lambda_\nu^{(n)} \leqq \nu b'^3 \gamma^{-1} \lambda_\nu^{(n)} \left(1 - \frac{\lambda_\nu^{(n)}}{\lambda_{n+1}^0}\right)^{-3\beta} (\lambda_{n+1}^0 - \lambda_\nu^{(n)})^{-(2-3\beta)}. \tag{110}$$

Bemerkung 14. Zu einer rechten Seite von (110) mit ausschließlich von vornherein bekannten Größen kommt man, wenn für die Näherungseigenwerte $\lambda_\nu^{(n)}$ geeignete obere Schranken, etwa gemäß (17) die Werte $\lambda_\nu^0 + b'(\lambda_\nu^0)^\beta$ eingesetzt werden. Der Faktor $(1 - \lambda_\nu^{(n)}/\lambda_{n+1}^0)^{-3\beta}$ strebt mit wachsendem n gegen 1; die Konvergenz wird durch den letzten Faktor $(\lambda_{n+1}^0 - \lambda_\nu^{(n)})^{-(2-3\beta)}$ erzeugt.

Beweis des Satzes. Dieselben Überlegungen wie beim Beweis des Satzes 3 führen zunächst auf

$$\lambda_\nu - \lambda_\nu^{(n)} \leqq \nu \max_{k=1,\ldots,\nu} C_{kk}$$

mit

$$C_{kk} = (A'(I - P_n)\psi_k, \psi_k) \leqq (A'\psi_k, \psi_k)$$

und

$$\psi_k = - \sum_{i=n+1}^{\infty} \frac{(A' P_n u_k, u_i^0)\, u_i^0}{\lambda_i^0 - \lambda_k},$$

wobei $u_k = u_k^{(n)}$ den normierten Eigenvektor des Operators A_n zum Eigenwert $\lambda_k = \lambda_k^{(n)}$ bedeutet.

Gemäß (103), d. h. wegen der Eigenschaft (d) des Operators A', gilt nun

$$\begin{aligned} C_{kk} &\leqq b'\left((\psi_k, \psi_k)\,(A_0^{2\beta}\psi_k, \psi_k)\right)^{\frac{1}{2}} \\ &\leqq b'\left(\sum_{i=n+1}^{\infty} \frac{|(A' P_n u_k, u_i^0)|^2}{(\lambda_i^0 - \lambda_k)^2} \sum_{i=n+1}^{\infty} \frac{(\lambda_i^0)^{2\beta}\,|(A' P_n u_k, u_i^0)|^2}{(\lambda_i^0 - \lambda_k)^2}\right)^{\frac{1}{2}} \\ &\leqq b'(\lambda_{n+1}^0 - \lambda_k)^{-(2-\beta)}\left(1 - \frac{\lambda_k}{\lambda_{n+1}^0}\right)^{-\beta} \|A' P_n u_k\|^2 \\ &\leqq b'^3(\lambda_{n+1}^0 - \lambda_k)^{-(2-\beta)}\left(1 - \frac{\lambda_k}{\lambda_{n+1}^0}\right)^{-\beta} (A_0^{2\beta} P_n u_k, P_n u_k). \end{aligned}$$

Nach Hilfssatz 4 und wegen $R(P_n) = \mathscr{L}\{u_1^0, \ldots, u_n^0\}$ ist weiter

$$(A_0^{2\beta} P_n u_k, P_n u_k) \leqq \|A_0^{2\beta}\|_{\mathscr{L}\{u_1^0,\ldots,u_n^0\}} \|P_n u_k\|^2 \leqq (\lambda_n^0)^{2\beta}\gamma^{-1}(\lambda_k - \lambda_1^0),$$

so daß

$$\begin{aligned} C_{kk} &\leqq b'^3\gamma^{-1}(\lambda_k - \lambda_1^0)\,(\lambda_n^0)^{2\beta}\,(\lambda_{n+1}^0 - \lambda_k)^{-(2-\beta)}\left(1 - \frac{\lambda_k}{\lambda_{n+1}^0}\right)^{-\beta} \\ &\leqq b'^3\gamma^{-1}(\lambda_k - \lambda_1^0)\,(\lambda_{n+1}^0 - \lambda_k)^{-(2-3\beta)}(\lambda_n^0)^{2\beta}(\lambda_{n+1}^0 - \lambda_k)^{-2\beta}\left(1 - \frac{\lambda_k}{\lambda_{n+1}^0}\right)^{-\beta} \\ &\leqq b'^3\gamma^{-1}(\lambda_k - \lambda_1^0)\,(\lambda_{n+1}^0 - \lambda_k)^{-(2-3\beta)}\left(1 - \frac{\lambda_k}{\lambda_{n+1}^0}\right)^{-3\beta} \end{aligned}$$

ist. Das Maximum der rechten Seite wird für $k = \nu$ angenommen, und die Behauptung (110) ist somit bewiesen.

Bemerkung 15. Der beschränkte selbstadjungierte Operator $A' P_n$ in H (vgl. (25)) läßt sich als Produkt von A' mit der stetigen Erweiterung von P_n (vgl. (22)) in H auffassen. Wenn die Operatorenfolge $\{P_n\}$ in H gleichmäßig beschränkt ist,

$$\|P_n\| \leqq K, \tag{111}$$

läßt sich die im Beweis des Satzes 10 auftretende Größe $\|A' P_n u_k^{(n)}\|$ auf folgende Weise besser abschätzen. Es gilt nämlich für jedes $u \in H'$, $v \in H$ und jedes n

$$(A' P_n u, v) = (u, A' P_n v) = (A' u, P_n v),$$

woraus mit $v = A' P_n u \, \|A' P_n u\|^{-1}$, $u = u_k^{(n)}$ und (103)

$$\|A' P_n u_k^{(n)}\| = (A' P_n u, v) = (A' u, P_n v)$$
$$\leqq \|A' u\| \, \|P_n A' P_n u\| \, \|A' P_n u\|^{-1} \leqq K b'(A_0^{2\beta} u, u)^{\frac{1}{2}}$$

entsteht. Nach einem Theorem von HEINZ [36] folgt aus $A_0 \leqq A_n$ auch $A_0^{2\beta} \leqq A_n^{2\beta}$ $\left(\beta \leqq \frac{1}{2}\right)$, und man hat

$$\|A' P_n u_k^{(n)}\| \leqq K b'(A_n^{2\beta} u_k^{(n)}, u_k^{(n)})^{\frac{1}{2}} = K b'(\lambda_k^{(n)})^{\beta}.$$

In diesem Fall hat man statt (110) die verbesserte Fehlerschranke

$$\lambda_\nu - \lambda_\nu^{(n)} \leqq \nu \, b'^3 K^2 (\lambda_\nu^{(n)})^{2\beta} \left(1 - \frac{\lambda_\nu^{(n)}}{\lambda_{n+1}^0}\right)^{-\beta} (\lambda_{n+1}^0 - \lambda_\nu^{(n)})^{-(2-\beta)}. \tag{112}$$

Es wird nun untersucht, unter welchen Bedingungen solche Voraussetzungen (z.B. (111)) erfüllt sind, die ebenfalls auf Abschätzungen der Art (112) führen.

Für jedes $n = 1, 2, \ldots$ bezeichne $\mathcal{L}_n$ bzw. $\mathcal{L}_n'$ den jeweils n-dimensionalen Unterraum $\mathcal{L}\{u_1^0, \ldots, u_n^0\}$ bzw. $\mathcal{L}\{A' u_1^0, \ldots, A' u_n^0\}$ in H, und es seien Q_n und Q_n' die orthogonalen Projektoren in H auf $\mathcal{L}_n$ und $\mathcal{L}_n'$. Mit $\Theta(\mathcal{L}_n, \mathcal{L}_n') = \|Q_n - Q_n'\|$ wird die Öffnung der beiden linearen Mannigfaltigkeiten $\mathcal{L}_n$ und $\mathcal{L}_n'$ bezeichnet (vgl. etwa ACHIESER und GLASMANN, Theorie der linearen Operatoren im Hilbert-Raum). Es existiere eine von n unabhängige positive Konstante Θ_0 so, daß stets

$$\Theta(\mathcal{L}_n, \mathcal{L}_n') \leqq \Theta_0 < 1. \tag{113}$$

gilt. Dann ist für jedes $u \in \mathcal{L}_n$ (n beliebig)

$$\|u\|^2 = \|Q_n' u\|^2 + \|(I - Q_n') u\|^2 = \|Q_n' u\|^2 + \|(Q_n - Q_n') u\|^2$$
$$\leqq \|Q_n' u\|^2 + \Theta_0^2 \|u\|^2,$$

d. h.

$$\|u\| \leqq C \, \|Q_n' u\|, \quad u \in \mathcal{L}_n, \quad C = (1 - \Theta_0^2)^{-\frac{1}{2}} \tag{114}$$

und ebenso für jedes $u \in \mathcal{L}_n'$ (n beliebig)

$$\|u\| \leqq C \, \|Q_n u\|. \tag{115}$$

Das Theorem von POLSKI (vgl. MICHLIN [22], S. 122) besagt dann, daß die Operatorenfolge $\{P_n\}$ punktweise (in H) gegen den identischen Operator I konvergiert. Aus dem fundamentalen Satz über Folgen linearer Operatoren folgt dann (111). Allerdings liefern die beiden erwähnten Sätze nicht den Wert der Konstanten K aus (111). Es erweist sich jedoch, daß schon die Bedingung (115) ausreicht, um zu einer Abschätzung der Form (112) mit bekannten Werten der auftretenden Konstanten zu kommen. Dies zeigt der

Satz 11. *Zusätzlich zu den Voraussetzungen des Satzes* 10 *möge ein von n unabhängiges $C > 0$ existieren, so daß die Bedingung* (115) *erfüllt ist. Dann gilt für den Fehler der Eigenwerte $\lambda_\nu - \lambda_\nu^{(n)}$ die Abschätzung* (112) *mit $K^2 = C^2 - 1$.*

Beweis. Wie beim Beweis des Satzes 10 hat man zunächst

$$\lambda_\nu - \lambda_\nu^{(n)} \leqq \nu \max_{k=1,\ldots,\nu} C_{kk},$$

$$C_{kk} \leqq b'(\lambda_{n+1}^0 - \lambda_k)^{-(2-\beta)}\left(1 - \frac{\lambda_k}{\lambda_{n+1}^0}\right)^{-\beta} \sum_{i=n+1}^{\infty} |(A' P_n u_k, u_i^0)|^2.$$

Der letzte Faktor wird jetzt nicht durch $\|A' P_n u_k\|^2$ abgeschätzt, sondern etwas günstiger durch

$$\begin{aligned}
&\|(I - Q_n) A' P_n u_k\|^2 \\
&= \|A' P_n u_k\|^2 - \|Q_n A' P_n u_k\|^2 \\
&\leqq C^2 \|Q_n A' P_n u_k\|^2 - \|Q_n A' P_n u_k\|^2 \\
&= (C^2 - 1)\|Q_n A' P_n u_k\|^2 \leqq (C^2 - 1)\|A' u_k\|^2 \\
&\leqq (C^2 - 1)\, b'^2 (A_0^{2\beta} u_k, u_k) \leqq (C^2 - 1)\, b'^2 (A_n^{2\beta} u_k, u_k) \\
&= (C^2 - 1)\, b'^2 (\lambda_k^{(n)})^{2\beta},
\end{aligned}$$

wobei (115) für $A' P_n u_k \in \mathcal{L}_n'$ und die leicht zu bestätigende Identität $Q_n A' P_n = Q_n A'$ (in $D(A')$) benutzt wurde.

Daraus folgt die Behauptung.

5.3. *Der durch Übergang zu Zwischenproblemen zweiter Art verursachte Fehler*

Für diesen zweiten Teil des Fehlers (89) der Eigenwerte $\lambda_\nu^{(n,m)}$ gilt der

Satz 12. *Unter denselben Voraussetzungen über den Zusatzoperator A' wie in Satz* 10 *vergrößert sich der Fehler der Eigenwerte beim Übergang vom Zwischenproblem erster Art zum Zwischenproblem zweiter Art höchstens um*

$$\lambda_\nu^{(n)} - \lambda_\nu^{(n,m)} \leqq \bar{K} \frac{1}{\lambda_{m+1}^0} \tag{116}$$

mit

$$\bar{K} = (\lambda_n^0)^{2\beta} (\lambda_\nu^{(n)})^2 (b'(\gamma \lambda_\nu^0)^{-\frac{1}{2}} + (\lambda_n^0)^{-\beta})(b'(\gamma \lambda_1^0)^{-\frac{1}{2}} + (\lambda_n^0)^{-\beta}).$$

Für $\lambda_\nu^{(n)}$ sind geeignete obere Schranken zu nehmen, etwa die in (17) *angegebenen.*

Beweis. Die gleichen Überlegungen wie beim Beweis des Satzes 4 führen zunächst auf die Abschätzung für die reziproken Werte $\bar{\lambda} = \lambda^{-1}$ in der Form

$$\bar{\lambda}_\nu^{(n,m)} - \bar{\lambda}_\nu^{(n)} \leqq \max_{\substack{\|u\|=1 \\ u \in E_\nu(A_n^m) \\ u \perp E_{\nu-1}(A_n)}} (((A_n^m)^{-1} - A_n^{-1})\, u, u) \leqq \cdots$$

$$\leqq \|(A_0^m)^{-1} - A_0^{-1}\| (1 + \max_{\substack{\|u\|=1 \\ u \perp E_{\nu-1}(A_n)}} \|A' \, P_n \, A_n^{-1} \, u\|)$$

$$\times (1 + \max_{\substack{\|u\|=1 \\ u \in E_\nu(A_n^m)}} \|A' \, P_n (A_n^m)^{-1} \, u\|).$$

Die Operatoren A_0 und A_0^m sind die gleichen wie in Satz 4, weswegen wie dort

$$\|(A_0^m)^{-1} - A_0^{-1}\| \leqq (\lambda_{m+1}^0)^{-1}$$

gilt. Zur Abschätzung der Ausdrücke $\|A' \, P_n \, A_n^{-1} \, u\|$ $(\|u\| = 1,\ u \perp E_{\nu-1}(A_n))$ und $\|A' \, P_n (A_n^m)^{-1} u\|$ $(\|u\| = 1,\ u \in E_\nu(A_n^m))$ wird der Hilfssatz 5 benutzt. Insbesondere folgt aus den Formeln (108) und (109)

$$\|A' \, P_n \, A_n^{-1} \, u\| = \|A' \, v\|, \quad v \in \mathscr{L}\{u_1^0, \ldots, u_n^0\},$$

$$\|v\|^2 \leqq \gamma^{-1} (u, A_n^{-1} \, u) \leqq (\gamma \, \lambda_\nu^0)^{-1} \quad (u \perp E_{\nu-1}(A_n)!)$$

und

$$\|A' \, P_n (A_n^m)^{-1} \, u\| = \|A' \, w\|, \quad w \in \mathscr{L}\{u_1^0, \ldots, u_n^0\},$$

$$\|w\|^2 \leqq \gamma^{-1} (u, (A_n^m)^{-1} \, u) \leqq (\gamma \, \lambda_1^0)^{-1}.$$

Die Eigenschaft (d) des Operators A' führt dann weiter auf

$$\|A' \, v\| \leqq b' (A_0^{2\beta} \, v, v)^{\frac{1}{2}} \leqq b' \|A_0^{2\beta}\|^{\frac{1}{2}}_{\mathscr{L}\{u_1^0, \ldots, u_n^0\}} \|v\| \leqq b' (\lambda_n^0)^\beta \, (\gamma \, \lambda_\nu^0)^{-\frac{1}{2}}$$

und

$$\|A' \, w\| \leqq b' (A_0^{2\beta} \, w, w)^{\frac{1}{2}} \leqq b' \|A_0^{2\beta}\|_{\mathscr{L}\{u_1^0, \ldots, u_n^0\}} \|w\| \leqq b' (\lambda_n^0)^\beta (\gamma \, \lambda_1^0)^{-\frac{1}{2}}.$$

Insgesamt ergibt sich somit

$$\bar{\lambda}_\nu^{(n,m)} - \bar{\lambda}_\nu^{(n)} \leqq (\lambda_{m+1}^0)^{-1} (1 + b' (\lambda_n^0)^\beta \, (\gamma \, \lambda_\nu^0)^{-\frac{1}{2}}) \, (1 + b' (\lambda_n^0)^\beta \, (\gamma \, \lambda_1^0)^{-\frac{1}{2}})$$

$$= (\lambda_{m+1}^0)^{-1} (\lambda_n^0)^{2\beta} \, (b' (\gamma \, \lambda_\nu^0)^{-\frac{1}{2}} + (\lambda_n^0)^{-\beta}) (b' (\gamma \, \lambda_1^0)^{-\frac{1}{2}} + (\lambda_n^0)^{-\beta}),$$

und mit

$$\lambda_\nu^{(n)} - \lambda_\nu^{(n,m)} = \lambda_\nu^{(n)} \, \lambda_\nu^{(n,m)} (\bar{\lambda}_\nu^{(n,m)} - \bar{\lambda}_\nu^{(n)}) \leqq (\lambda_\nu^{(n)})^2 \, (\bar{\lambda}_\nu^{(n,m)} - \bar{\lambda}_\nu^{(n)})$$

folgt die Behauptung (116).

Unter der Bedingung (115) (bzw. (111)) kann die Abschätzung (116) des Satzes 12 insofern verbessert werden, als dann in der Konstanten K von (116) der Einfluß von λ_n^0 als unbequemer Faktor verringert wird. Diese Möglichkeit zeigt die

Bemerkung 16. Wenn zusätzlich zu den Voraussetzungen des Satzes 12 der Operator A' die Eigenschaft (115) besitzt (bzw. wenn die eng mit A' zusammenhängenden Operatoren P_n der Bedingung (111) genügen), dann gilt (116) mit einer Konstanten K' statt K, die gegeben ist durch

$$K' = (\lambda_n^0)^\beta (\lambda_\nu^{(n)})^2 (1 + C\, b' (\lambda_\nu^0)^{-(1-\beta)}) (b'(\gamma\, \lambda_1^0)^{-\frac{1}{2}} + (\lambda_n^0)^{-\beta}), \qquad (117)$$

wobei C aus (115) (bzw. $C = K$ aus (111)) zu entnehmen ist. Zur Bestätigung genügt es, die im Beweis des Satzes 12 auftretende Größe

$$\max_{\substack{\|u\|=1 \\ u \perp E_{\nu-1}(A_n)}} \|A' P_n A_n^{-1} u\|$$

unter den neuen Bedingungen genauer abzuschätzen. Zunächst gilt wegen (115) und der Identität $Q_n A' P_n = Q_n A'$ (auf $D(A')$)

$$\|A' P_n A_n^{-1} u\| \leqq C \|Q_n A' P_n A_n^{-1} u\| = C \|Q_n A' A_n^{-1} u\| \leqq C \|A' A_n^{-1} u\|.$$

Unter Beachtung von (103) und $u \perp E_{\nu-1}(A_n)$ gilt weiter

$$\|A' P_n A_n^{-1} u\| \leqq C\, b' (A_0^{2\beta} A_n^{-1} u, A_n^{-1} u)^{\frac{1}{2}} \leqq C\, b' (A_n^{2\beta} A_n^{-1} u, A_n^{-1} u)^{\frac{1}{2}}$$

$$\leqq C\, b' (u, A_n^{2\beta-2} u)^{\frac{1}{2}} \leqq C\, b' (\lambda_\nu^{(n)})^{-(1-\beta)} \leqq C\, b' (\lambda_\nu^0)^{-(1-\beta)}.$$

Ist (111) statt (115) gegeben, so ist dieselbe Abschätzung mit K statt C richtig (man vgl. Bemerkung 15).

Durch Einsetzen ergibt sich unmittelbar (116) mit K' aus (117).

Zusammenfassend gilt im Falle eines gemäß (103) relativ kleinen unbeschränkten Zusatzoperators der

Satz 13. *Der gegebene selbstadjungierte, positiv definite Operator A im Hilbert-Raum H besitze ein rein diskretes Spektrum* (3) *und die Darstellung* (5) *in Form einer Summe $A = A_0 + A'$. Dabei seien für den selbstadjungierten, positiv definiten Grundoperator A_0 mit rein diskretem Spektrum die Eigenwerte* (3_0) *und die zugehörigen Eigenvektoren* (4_0) *bekannt. A' sei ein gemäß* (12) *positiv definiter, symmetrischer, unbeschränkter Operator, der nach* (103) *relativ klein gegen den Grundoperator A_0 ist. Die Koordinatenelemente* (21) *seien gemäß* (45) *gewählt. Falls die natürlichen Zahlen n, m, ν die Bedingung* (88) *erfüllen, dann haben die nach dem Bazley-Fox-Verfahren ermittelten Eigenwerte höchstens einen Fehler*

$$\lambda_\nu - \lambda_\nu^{(n,m)} \leqq K_1(\nu) (\lambda_{n+1}^0 - \lambda_\nu^{(n)})^{-(2-3\beta)} + K_2(\nu, n) (\lambda_{m+1}^0)^{-1} \qquad (118)$$

mit $\lambda_\nu^{(n)} \leqq \lambda_\nu^0 + b' (\lambda_\nu^0)^\beta$ und den positiven Konstanten

$$K_1(\nu) = \nu\, b'^3 \gamma^{-1} (\lambda_\nu^{(n)} - \lambda_1^0) (1 - \lambda_\nu^{(n)}/\lambda_{n+1}^0)^{-3\beta}$$

und

$$K_2(\nu, n) = (\lambda_n^0)^{2\beta} (\lambda_\nu^{(n)})^2 (b'(\gamma\, \lambda_\nu^0)^{-\frac{1}{2}} + (\lambda_n^0)^{-\beta}) (b'(\gamma\, \lambda_1^0)^{-\frac{1}{2}} + (\lambda_n^0)^{-\beta}).$$

Dabei gilt $K_2 = 0$ bzw. (96) *anstelle des zweiten Summanden in* (118), *falls der Operator A' die Eigenschaft* (93) *bzw.* (95) *besitzt* (*und im letzten Fall $m \geqq n + s_n - 1$ gewählt wird; vgl. die Sätze* 5 *und* 6). *Des weiteren bekommt man gemäß Satz* 11 *und den Bemerkungen* 15, 16 *verbesserte Abschätzungen, wenn A' die Bedingungen* (115) *oder* (111) *erfüllt: Statt des ersten Summanden in* (118) *hat man dann die Größe* (112) *und statt des zweiten den Ausdruck mit $K_2 = K'$ aus* (117).

6. Zusammenfassung und Schlußbemerkungen

Das Bazley-Fox-Verfahren [3], welches hier in 2.2. dargelegt wurde, gestattet es, untere Schranken für die Eigenwerte gewisser Operatoren $A = A_0 + A'$ zu ermitteln. Diese unteren Schranken werden gewonnen als die Eigenwerte von gegenüber A verkleinerten Operatoren $A_n^m = A_0^m + A' P_n$. Die Konstruktion dieser sogenannten Zwischenoperatoren erfolgt in zwei Schritten. Der wesentlichere von beiden besteht in der Projektion $A' P_n$ des Zusatzoperators A' (vgl. 2.2.1.), während der zweite, die Trunkation A_0^m des Grundoperators A_0 (vgl. 2.2.2.), dazu dient, daß das numerisch zu lösende Problem die Gestalt eines endlichen algebraischen Systems bekommt.

In dieser Arbeit wurden die Abweichungen der unteren Schranken von den genauen Eigenwerten abgeschätzt. Diese Abschätzungen wurden jeweils pauschal für einige Klassen von Zusatzoperatoren A' durchgeführt, und zwar in Kapitel 4 für beschränkte und in Kapitel 5 für relativ (zum Grundoperator A_0) kleine unbeschränkte Operatoren A'. Die Fehlerschranken sind apriori gegeben, d. h., sie enthalten nur Terme des bekannten Spektrums (3_0) des Grundoperators A_0 und gewisse charakteristische Konstanten für den Zusatzoperator A' (z. B. die Norm a' (84) bei beschränktem A', γ aus (12) für die Positivität, b', β aus (103) für die „relative Kleinheit“ von A' und K, C aus (111), (115)).

Ausgangspunkt der Betrachtungen ist das Courantsche Extremalprinzip für Eigenwerte. Bei Zwischenproblemen erhält man aus ihm quantitative Ergebnisse, wie in den Sätzen 1 und 2 gezeigt wurde. Die endgültigen Resultate sind in den Sätzen 7 (vgl. 4.2.) und 13 (vgl. 5.3.) zusammengefaßt. Die Ausnutzung speziellerer Eigenschaften des Zusatzoperators führt zu verbesserten Fehlerschranken; solche Aussagen enthalten die Sätze 5 und 6 (vgl. 4.2.), Satz 11 (vgl. 5.3.) sowie die Bemerkungen 15 und 16 (vgl. 5.3.), wo Voraussetzungen über die Bildelemente $A' u_i^0$ (u_i^0 i-ter Eigenvektor von A_0) gemacht werden, wie auch die Sätze 8 und 9 (vgl. 4.3.), in denen A' spezielle vollstetige Operatoren sind.

Bei konkreten Beispielen zeigt sich oft eine bessere Genauigkeit als es die allgemeinen Abschätzungen erwarten lassen (vgl. etwa [37]). Dies ist aber nicht allzu erstaunlich, wenn man bedenkt, daß beim Beweis aller Sätze keine konkreten Werte für die Näherungseigenvektoren verwendet wurden. Sind diese bekannt, so liefert (82) in 3.3. günstigere Fehlerschranken.

Für wertvolle Hinweise bei der Fertigstellung der Arbeit dankt der Verfasser herzlich den Herren Professoren F. KUHNERT und N. W. BAZLEY.

Literatur

[1] ARONSZAJN, N., Approximation methods for eigenvalues of completely continous symmetric operators. Proc. Symp. Spectral Theory and Diff. Problems, Stillwater 1951, p. 179–202.

[2] ARONSZAJN, N., The Rayleigh-Ritz and Weinstein methods for approximation to eigenvalues. Proc. Nat. Acad. Sci. USA **34** (1948), 474–480, 594–601.

[3] BAZLEY, N. W., and D. W. FOX, Truncations in the method of intermediate problems for lower bounds to eigenvalues. J. Res. Nat. Bur. St. B **65** (1961), 105–111.

[4] BAZLEY, N. W., Lower Bounds for eigenvalues. J. Math. Mech. **10** (1961) 2, 289–307.

[5] BAZLEY, N. W., and D. W. FOX, Methods for lower bounds to frequencies of continuous elastic systems. ZAMP **17** (1966), 1–37.

[6] BAZLEY, N. W., Lower bounds for eigenvalues with applications to the helium atom. Phys. Rev. **120** (1960) 1, 144–149.

[7] BAZLEY, N. W., and D. W. FOX, Lower bounds for eigenvalues of Schrödinger's equation. Phys. Rev. **124** (1961) 2, 483–492.

[8] BAZLEY, N. W., and D. W. FOX, Lower bounds for energy levels of molekular systems. J. Math. Phys. **4** (1963), 1147–1153.

[9] BAZLEY, N. W., D. W. FOX and J. T. STADTER, Upper and lower bounds for the frequencies of rectangular clamped plates. ZAMP **47** (1967), 191–198.

[10] BAZLEY, N. W., D. W. FOX and J. T. STADTER, Upper and lower bounds for frequencies of rectangular free plates. ZAMP **18** (1967) 4, 445–460.

[11] BAZLEY, N. W., D. W. FOX and J. T. STADTER, Upper and lower bounds to frequencies of rectangular cantilever plates. ZAMM **47** (1967) 4, 251–260.

[12] COLLATZ, L., Eigenwertaufgaben mit technischen Anwendungen, 2. Aufl., Akademische Verlagsgesellschaft Geest & Portig, Leipzig 1963.

[13] COURANT, R., und D. HILBERT, Methoden der mathematischen Physik. Springer, Berlin 1931.

[14] Diaz, J. B., Upper and lower bounds for eigenvalues. Proc. 8. Symp. Appl. Math. Amer. Math. Soc. 8 (1956), 53–78.

[15] Faddejew, D. K., und W. N. Faddejewa, Numerische Methoden der linearen Algebra, 3. Aufl., VEB Deutscher Verlag der Wissenschaften, Berlin/R. Oldenbourg-Verlag, München-Wien 1973 (Übersetzung aus dem Russischen).

[16] Fichera, G., Approximation and estimates for eigenvalues. Vortr. d. 3. TMP, Karl-Marx-Stadt 1966, Heft 1, 60–67.

[17] Fichera, G., Approximation and estimates for eigenvalues. Numerical solution of partial differential equations. Academic Press, New York 1966.

[18] Gould, S. H., Variational methods for eigenvalue problems. An introduction to the methods of Rayleigh, Ritz, Weinstein and Avonszajn. Toronto Univ. Press, Toronto/Oxford Univ. Press, Oxford 1957.

[19] Kuhnert, F., Fehlerabschätzungen beim Weinstein-Bazley-Fox-Verfahren. Vortr. d. 3. TMP, Karl-Marx-Stadt 1966, Heft 1, 163–177.

[20] Kuhnert, F., und G. Bässler, Untere Schranken für die Eigenwerte positiv definiter Operatoren. ZAMM 47 (1966), T 71–T 72 (Sonderheft).

[21] Michlin, S. G., Variationsmethoden der mathematischen Physik. Akademie-Verlag, Berlin 1962 (Übersetzung aus dem Russischen).

[22] Michlin, S. G., Numerische Realisierung von Variationsmethoden. Akademie-Verlag, Berlin 1969 (Übersetzung aus dem Russischen).

[23] Poincaré, H., Sur les équations aux derivées partielles de la physique mathématique. Amer. J. Math. 12 (1890).

[24] Ritz, W., Über eine neue Methode zur Lösung gewisser Variationsprobleme der mathematischen Physik. J. Reine Angew. Math. 135 (1909), 1–61.

[25] Ritz, W., Theorie der Transversalschwingungen einer quadratischen Platte mit freien Rändern. Ann. d. Phys. 28 (1909) 4, 737–786.

[26] Савинова, Л. Т., Об оценках снизу для собственных значений положительных операторов. Ж. вычисл. матем. и матем. физ. 1 (1961) 4, 714–718.

[27] Свирский, И. В., Об оценке точности приближенных методов определения частот колебаний. Изв. Казанск. фил. АН СССР. Сер. физ.-матем. и техн. н., 1 (1953), 59–86.

[28] Weinstein, A. On minimal problems in the theory of elasticity. J. London Math. Soc. 10 (1935), 184–192.

[29] Weinstein, A., Sur la stabilité des plaques encostrées. C. R. Acad. Sci. Paris 200 (1935), 107–109.

[30] Weinstein, A., Etudes des spectres des equations aux derivées partielles. Mém. des Sci. Math. 88 (1937).

[31] Weinstein, A., On the Sturm-Liouville-theory and the eigenvalues of the intermediate problems. Numes. Math. 5 (1963) 3, 238–245.

[32] Weinstein, A., The intermediate problems and the maximum-minimum theory of eigenvalues. J. Math. Mech. 12 (1963) 2, 235–245.

[33] Weyl, H., Das asymptotische Verteilungsgesetz der Eigenwerte linearer partieller Differentialgleichungen. Math. Ann. 71 (1912), 1–11.

[34] Weyl, H., Raminification, ode and new, of the eigenvalues problem. Bull. Amer. Math. Soc. 56 (1950) 2, 115–139.

[35] Позняк, Л. Т., Об оценке скорости сходимости одного варианта метода промежуточных задач. Ж. вычисл. матем. и матем. физ. 8 (1968) 5, 1117–1126.

[36] Heinz, E., Beiträge zur Störungstheorie der Spektralzerlegung. Math. Ann. 123 (1947), 415–438.

[37] WEINELT, W., Über die Konvergenzgeschwindigkeit und Fehlerabschätzungen beim Bazley-Fox-Verfahren zur näherungsweisen Bestimmung der Eigenwerte selbstadjungierter Operatoren im Hilbert-Raum. Dissertation TH Karl-Marx-Stadt 1969.

Manuskripteingang: Dissertation 1969

Verfasser:
Dozent Dr. rer. nat. WILFRIED WEINELT, Sektion Mathematik der Technischen Hochschule Karl-Marx-Stadt

Kolibri 360 GmbH
Ferdinand-Jühlke-Straße 7
99095 Erfurt, Deutschland
produktsicherheit@kolibri360.de